基礎分子生物学

第５版

田村隆明・村松正實 著

東京化学同人

表紙画像：ヌクレオソームの立体構造（PDB ID: 1ZBB）．中央のヒストンコアの周囲にDNA（黄緑）が巻き付いている様子．株式会社アルティフ・ラボラトリーズ提供．

はじめに

このたび『基礎分子生物学 第4版』を改訂し，第5版として世に送り出すことになった．本書は文系を含めたさまざまな分野の大学生や専門学校生，そして生物関連領域を専攻する大学生が専門課程に進む前に利用することを想定した分子生物学の教科書である．

これまで多くの分子生物学の教科書が出版されてきているが，それらは大学院でも使えるような高度な内容を含む重厚なものか，あるいは基本的内容で構成される初学者を対象にしたシンプルなもののいずれかであることが多く，その中間に位置する適度な水準をもった汎用性の高い成書はけっして多いとはいえなかった．本書はそのような状況に対応すべく，“利用勝手のいい教科書を”という声に促される形で1997年に初版を出版し，以来，4度の改訂を重ねてきた．これまで多くの読者に利用され続け，今では本邦における標準的水準の分子生物学教科書の定番となったのではないかと自負している．作り手としてはむろん達成感もあるが逆に身の締まる思いもある．

生物学やその周辺学問領域の成書は5～10年も経つとどうしても用語や内容，解釈が古くなってしまうため，一定期間ごとの改訂は必須である．今回の改訂ではまず用語の定義変更に沿った修正を施したうえで，思いきってページ数を減じた．これは載せる情報量が改訂の度に増えてしまって真に必要な内容がぼやけしまったためで，今回，必要性の低いものや古くなったもの，分子生物学からずれた内容は思いきって省くことにした．章立てやその中の小見出しの順番をより自然の流れに沿ったものに変えて読みやすい形に整え，さらに新しい取組みとして，いくつかの図についてはナレーション付き動画による説明を本文中のQRコードから閲覧できるようにした（詳細は本書最終頁を参照）．これによって分子構造の詳細のみならず，分子間相互作用や分子運動といった分子機構も，臨場感をもって正確にとらえることができるものと期待している．

『基礎分子生物学』は初版から一貫して分子生物学を学ぶための基盤情報，基礎的な分子遺伝学，真核生物を中心とした制御も含めた中核となる生命過程，最新の分子生物学と関連技術といった内容を扱っている．第5版は大きく四つの部分から構成される．第Ⅰ部“まず覚えること”では原子や分子の基本情報，細胞の構造，古典的遺伝学，核酸やアミノ酸/タンパク質に関する構造情報を扱った．第Ⅱ部“基礎となる分子遺伝学”ではDNA複製を含むDNAダイナミクス，転写とその制御やRNAの転写後修飾，翻訳機構とその制御について述べ，加えて細菌の分子遺伝学についても説明した．第Ⅲ部“真核生物の分子生物学”では真核生物に関してゲノム，遺伝子，RNA，クロマチン，染色体などを解説し，さらに一部であるが細胞の増殖や個体の成長についても説明した．第Ⅳ部は“核酸に関わる分子生物学的技術”と題し，基本的な核酸の取扱いから遺伝子工学，ゲノム工学，そしてヒトに関わる技術などの代表的なものを解説した．

本書が分子生物学のアウトラインを理解したり，高いレベルの分子生物学修得の基礎固めをするための一助となり，また分子生物学に興味をもつ読者を一人でも多く発掘することができれば，作り手としてこれに勝る喜びはない．

最後になりますが，本書を出版するにあたり編集・制作を精力的に進めていただいた東京化学同人の平田悠美子氏と，アルティフ・ラボラトリーズの相川聖一氏，松澤史子氏にこの場を借りて御礼申し上げます．

記録的な暑さだった2023年，師走のある1日

著者を代表して　田　村　隆　明

目　次

第Ⅱ部 基礎となる分子遺伝学

第Ⅲ部 真核生物の分子生物学

第Ⅳ部　核酸に関わる分子生物学的技術

序章 分子生物学の潮流

生命を神秘的で特別なものととらえ，生気論や生物自然発生説を基盤として進んできた19世紀までの生物学は，その後自然発生説を否定し，細胞説や生物機械論，遺伝学や進化論を取入れながら近代生物学へと進化してきた．代謝が物質の化学変化であることがわかると物質を基盤とする生化学が興り，それを機に複雑な生命現象である遺伝も生物学の対象となると，ついに1952年，DNA二重らせん構造が解明されて分子生物学が一気に進むことになった．

分子生物学の最初の成果はDNA複製機構の解明であったが，ほどなくして遺伝情報がセントラルドグマに基づいて流れることがその機構も含めて転写研究や翻訳研究によって明らかにされ，1990年頃には遺伝情報ダイナミクスの分子機構は大筋では一定の理解に到達することになった．しかしそれはまだ潮流の通過点であり，分子生物学はさらに発展することになる．これを支えたのが多くの新規生命現象の発見とその分子的理解，そして分子生物学を基盤とした革新的技術の創出である．遺伝子組換え技術，DNAシークエンシング，PCR，RNAi，ゲノム編集などはその一部であり，それらを含むノーベル賞受賞テーマが幾多とあることからも新技術の重要性は明らかである．

分子生物学は今もとまることなく発展し，生活の中にも入り込んでいる．ゲノム編集技術は動植物の育種を劇的に加速させ，医学・医療分野では超高速シークエンサーによるハイスループットなゲノム解析や，核酸/遺伝子を利用する創薬および治療法がますます進化しており，mRNAワクチンや抗体医薬の開発はその顕著な例である．遺伝情報の正しい理解は今や，ゲノム解析を越えたエピゲノム解析によってもたらされようとしている．純粋な分子生物学的発展という目で見た場合も，ここ10〜15年間はビッグデータの取得とAIなどを駆使した解析に加え，ナノ秒レベルでの経時解析，シングルセル解析や1分子解析，視覚的分子理解など，これまでにはなかった詳細で掘り下げた解析が進み，生物学における従来の常識を覆すような非典型的な生命機構の存在も次々に明らかになるなど，真の意味での生命現象の分子的理解がもうそこまできている．“木を見て森を見ず”と揶揄されたこともあった分子生物学であったが，執ってきた戦略はおそらく正しかったのだろうし，これからどこへ向かうのかといった興味も尽きることはない．

I

まず覚えること

1

生物と細胞

1・1　生物と無生物の違い：休眠していた古代のハス

2000 年前の古代のハスの種子が芽を出して花をつけたというニュースがあった．化石の種子とは違い，その種子はたしかに生きていた．一方，活火山は日々変化するので“生きている”と比喩的に表現されるが生物でないことは明らかであり，成長したり動くことが生物の定義ではないことがわかる．発見されたハスの種は，花を咲かせて種をつくり，子孫を増やしていると聞く．古代のハスは，環境が整ったので**自己増殖**した（自力で増えた）のである．寄生虫など，自力では生きられない寄生生物という生物がある．しかしそれらは栄養依存性が高いだけで，栄養さえ与えられれば成長できるはずである．生物のもつもう一つの特徴として，子が親に似る**遺伝**があり，ハスの種からハス以外の生物はできない．また，生物は柔らかな体をもつが，これは生物が**細胞**からできているためである．以上のように，生物は“自己増殖・遺伝・細胞”という条件を満たす．

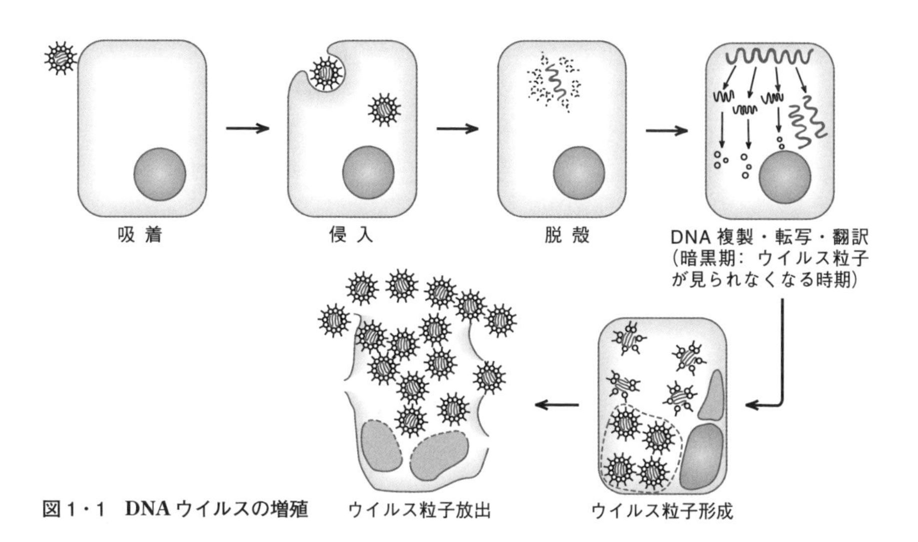

図 1・1　DNA ウイルスの増殖

1・2 ウイルスは生物？

インフルエンザやはしかは**ウイルス**（virus）によって起こる．ウイルスは細胞をもたず，細菌すら通さない細かなふるいを素通りするくらいの大きさをもつ，1 mm の1万分の1からその数十分の1程度の粒子で，電子顕微鏡でしか見ることができない．ウイルスが細胞に入ると，ウイルスの遺伝子は細胞がもつ酵素やリボソームのような細胞内の装置を借りて自分の遺伝子やタンパク質をつくる．細胞の中にウイルスの遺伝子とタンパク質からなるウイルス粒子が多数形成され，やがて細胞を殺して外に出てくる（図1・1）．

大量のウイルス粒子も瓶の中にあればただの白い粉であり，前述の古代ハスの種と比べてみるとおもしろい．ウイルス粒子は栄養を与えるだけでは増えない．増えるためには生きている細胞がもついろいろな道具や材料が必要である．つまり自己増殖能がないため，一般にはウイルスを生物とはみなさない．しかし遺伝子をもち，その情報に従って分身がつくられる点に関しては生物の定義の一部を満たしている．

1・3 分子生物学的な生物の分類

当初，生物学では遺伝子の存在様式，構造，発現様式の違いにより生物を大きく二つの領域（ドメイン）に分けて論じていた．核のある**真核生物**とない**原核生物**であるが（表1・1），この分類法を**二ドメイン説**という．前者は動物，植物，菌類，

表1・1 原核生物と真核生物の違い

	原核生物(特に真正細菌)	真核生物
核(核膜)	な い	あ る
細胞小器官(小胞体など)	な い	あ る
DNAの存在様式	裸の環状DNA	タンパク質の結合したクロマチン
核 相	一倍体	二倍体(以上)
DNA量	約 0.01 pg	約 0.05～10 pg
遺伝子数	少ない(約 5000 以下)	多い(5000～30000)
細胞分裂	無糸分裂	有糸分裂
分裂様式	二分裂	二分裂・出芽
細胞構成	単細胞	単細胞または多細胞
細胞壁	あ る	ある・ない
細胞骨格(微小管，ミクロフィラメント)	な い	あ る
原形質流動	な い	あ る

原生生物からなり，後者には細菌類が含まれる．菌類の一種である酵母は大腸菌などの仲間には入らず，ヒトと同じ真核生物の仲間である．真核生物には小胞体などの**細胞小器官**（§1・6参照）があるが，原核生物にはそのような構造体はなく，また核膜で仕切られた明瞭（めいりょう）な形をもつ核もない．真核生物は細胞分裂の際，繊維（紡錘糸）で染色体が引っ張られる**有糸分裂**を行い，染色体DNAにはヒストンというタンパク質が結合して**クロマチン**（染色質）構造をとる．

20世紀の中頃，**古細菌**（Archaea: **アーケア**）といわれる新しい生物群の存在が

コラム1

細胞内共生と真核生物，植物の誕生

ミトコンドリアDNAも遺伝子をもつが，遺伝暗号の使い方が細菌のリボソームに近い．このため，ミトコンドリアは太古の昔，好気呼吸を行う細菌が寄生した名残ではないかと想像されている．高等植物の葉緑体もラン藻に似た細菌が寄生したもの，またペルオキシソームも過酸化物を分解する細菌が寄生した名残ではないかと考えられている．この仮説を**細胞内共生説**とよぶ．この仮説によると，寄生された嫌気性の従属栄養生物は古細菌に近いものであり，ミトコンドリアの侵入により核（あるいは核膜）も形成されて真核生物が誕生したと考えられる．植物のなかには，もとになる植物細胞に無色の真核細胞が入り込んだ二次共生（例：ワカメ），あるいはそれ以上に高次の共生の結果生じたと考えられるものもある．

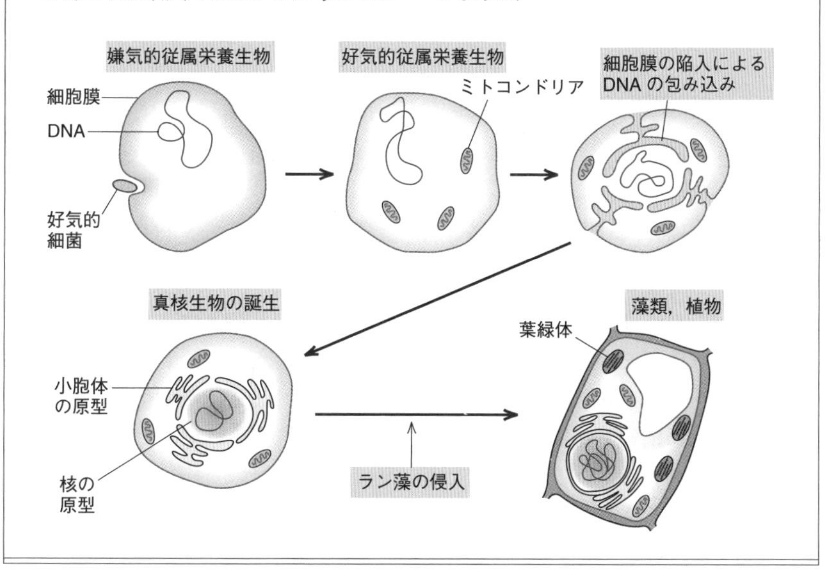

明らかになり，生物界を大きく三つに分ける**三ドメイン説**が提唱された．従来の細菌は**真正細菌**（Eubacteria）といわれる．古細菌は細胞の形や核がないことなど，いくつかの点で真正細菌と似ているものの，遺伝子発現の形式や一部の分子の構造はむしろ**真核生物**（Eucarya）に近い（表1・2）．古細菌は原始の地球に生きた生物の名残と考えられ，沸騰水中や高濃度食塩水中でも生きられるものがあったり，メタンガスや硫黄を栄養として利用するものもある．古細菌と真正細菌がまず分かれ，その後，古細菌をもとに真核生物が進化したという説が提唱されている．

表1・2 古細菌と真正細菌の比較[†1]

	真正細菌	古細菌	※[†2]
大きさ	1～10 μm		×
細胞分裂	無糸分裂		×
細胞小器官	な し		×
細胞壁	ペプチドグリカン ムラミン酸をもつ	独自のタンパク質 ムラミン酸を欠く	×
ゲノムサイズ	小さい		×
DNAの形態	環 状		×
DNAの存在様式	裸のDNA	クロマチン様	○
複製機構	dnaA	pre-RC	○
岡崎フラグメント	1000塩基以上	100～200塩基	○
転写プロモーター	プリブノウボックス	TATAボックス	○
転写開始機構	σ(シグマ)因子	基本転写因子群	○
RNAポリメラーゼサブユニット構造	単 純	複 雑	○
リボソーム結合部位	SD配列	5′キャップ構造？	○
開始tRNA	ホルミルメチオニルtRNA	メチオニルtRNA	○

†1 表中のそれぞれの用語については第5～8章を参照
†2 ※は古細菌と真核生物の特徴との一致（○）・不一致（×）

1・4 物質は分子からなる

物質は100種類以上の**元素**とよばれる要素を構成単位とし，元素は**原子**という粒子の形で存在し，原子核という中心部分とそれをとりまく**電子**からなる．電子は軽く，マイナスの電気をもち（負に**荷電**している），原子核はプラス（正）に荷電して両電荷はつり合っている．電子は簡単に飛び出したり外から入り込んだりでき，電子を失った原子は正に荷電して**イオン**，この場合は陽イオンになり，入り込むと負に荷電して陰イオンとなる．同じ電荷同士は反発し合い，異なる電荷同士は引きつけ合い，そのことが**化学反応**の原動力となる．

分子生物学で論ずる物質の基本単位は**分子**で，通常，複数の原子間の安定な結合（**共有結合**）によってできる．他方，分子の立体構造の形成や分子同士のゆるい結合（あるいは**会合**）にはさまざまな**非共有結合**が関わる．原子の質量の相対値を**原子量**といい，分子の相対的質量（**分子量**）は原子量の総和となる．分子量 N の分子が 6.02×10^{23} 個（**アボガドロ数**）集まると N グラムとなり，アボガドロ数は**モル**（mol）という単位で表す．生化学の分野では通常の炭素原子（$^{12}_{6}C$）を基準として，その12分の1の質量（1.66×10^{-27} kg）である1**ドルトン**（Da）がよく用いられる．原子量や分子量はDaと近い値になるため，タンパク質の質量数の目安としてDaが使われる場合もある．分子は大きさにより**低分子**，**高分子**［巨大分子，重合分子．例：タンパク質，核酸，多糖類（セルロースなど）］，重合度が数十までの**小分子**に分けられる．炭素を含む分子を**有機物**といい（ただし二酸化炭素やシアン化物などは除く），生物に関連して生成する．

1・5 生物は細胞からなる

生物個体は，**細胞**（cell）が有機的・機能的に集合してつくられる．このように多数の細胞からなる生物を**多細胞生物**といい，それに対し1個の細胞が1個体であるものを**単細胞生物**（例：細菌類，原生生物，酵母）という．多細胞生物の一つ一つの細胞は個体の中で特定の部位に存在し，赤血球や骨細胞など，特異的な形態と機能をもつように分化している．分化した細胞がまとまって組織がつくられる．細胞の大きさは10 μmから100 μm程度とさまざまであるが，なかにはニワトリの卵（卵黄の部分）や神経細胞のようにそれぞれ10 cmや1 mに達するものまである．真核生物の細胞には1個の核があるが，その大きさは約10 μmとどれもほぼ一定である．

1・6 細胞の構造と機能

原核細胞は図1・2のように単純な構造をしている．細胞の中にはリボソームが散在しているだけで，核はない．遺伝物質としてのDNAはタンパク質と結合してまとまって存在し，**核様体**というぼんやりとした構造体をつくっている．細胞は**細胞膜**で包まれ，その周囲には**細胞壁**があって細胞を保護している．細胞壁の成分（多糖類や脂質を含むタンパク質）が病原性に関与することがある．細菌によっては細胞膜から長い鞭毛や多数の短い繊毛が出ており，それぞれ運動性や付着性を担う．細菌の中には生育環境が悪くなると胞子（**芽胞**）をつくり，休眠状態に入るも

のがある．芽胞は熱や乾燥に非常に強く，長期間生き続けることができる

真核生物は**細胞膜**（細胞質膜あるいは**原形質膜**）に包まれた内部の**細胞質**（**サイトゾル**ともいう）に多くの構造体があり，それらは**細胞小器官**（**オルガネラ**）と総称される（図1・3）．最大の細胞小器官は**核**で，**核膜**に囲まれ，中に遺伝物質のDNAとタンパク質との複合体である**クロマチン**（染色質）を含む．**染色体**はクロマチンが凝集したもので，細胞分裂期には光学顕微鏡で見ることができる．核には**核小体**とよばれる構造体が少数あり，リボソームRNAの合成に関与する．核膜には多数の小孔（**核孔**あるいは核膜孔）があり，物質輸送が行われる．細胞質には**小胞体**という核に接した幾層にもなる膜状の構造がみられるが，その表面には**リボ**

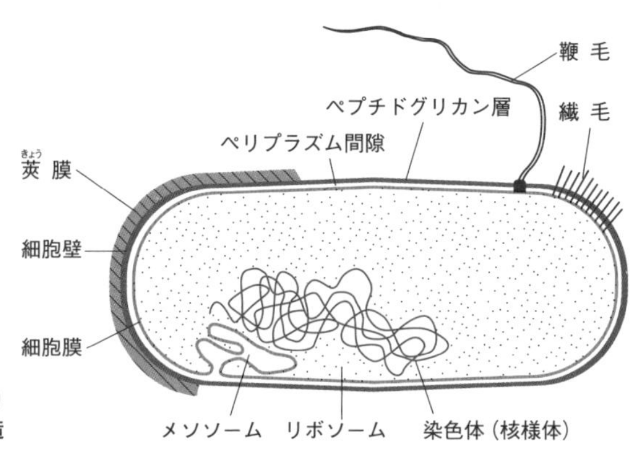

図1・2　原核生物（真正細菌）の細胞の構造

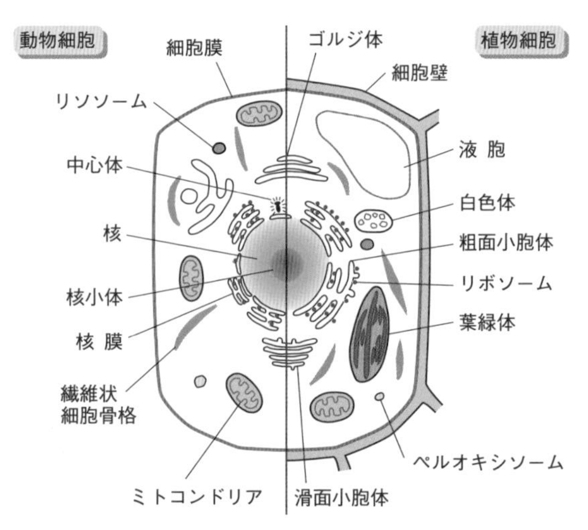

図1・3　真核生物の細胞の構造

ソームが付着し，そこでタンパク質がつくられる．リボソームの付着した小胞体を**粗面小胞体**といい，リボソームのない**滑面小胞体**と区別される．リボソームは遊離の状態でも細胞質内に存在する．**ゴルジ体**（ゴルジ装置）はタンパク質に糖鎖をつけて加工したり，できたタンパク質の分配や細胞外への分泌に関与する．**ミトコンドリア**は酸素を使った好気呼吸を行う場で，ATP を生産する．ミトコンドリアは自前の DNA をもち，自己複製する．**中心体**は動物細胞でははっきり見える．核のそばにあって，細胞分裂時には星状体となって二つに分かれ，染色体を両極に分けて引っ張る**紡錘糸**を集合させる．**ペルオキシソーム**は細胞に有害な過酸化物の分解を行う．**リソソーム**は多くの分解酵素を含み，物質の分解（＝消化）に関与する（§4・6 参照）．核や細胞質のような細胞に必須なものをまとめて**原形質**という場合がある．植物細胞に特有な構造としては，**葉緑体**（光合成を行う）や有色体などの色素体と，細胞質の外側にあって細胞を保護している**細胞壁**がある．

メモ 1・1 **細胞膜を通らない物質**

一般にグルコースのような電荷のない親水性分子，イオン，そしてアミノ酸，ATP，タンパク質のような電荷のある親水性分子は細胞膜を通過しない．細胞膜を通過できない物質の出入りにはチャネル，トランスポーター（輸送体）といった特異的な通過・運搬装置が必要である．

2

遺伝学に続く遺伝物質 DNA の発見

2・1 生物の本質は遺伝にある

生物と非生物を分ける基準の一つとして，子孫をつくること，つまり増えることがあげられる．子は親に似るが，これが**遺伝**といわれる現象で，この部分だけをみるとウイルスは生物としての特徴を部分的にもつということができる．個体が死んでもその遺伝子は遺伝情報として子孫に累々(るいるい)と伝わるため，個体の死は遺伝子の死ではない．遺伝子は子孫の細胞の中で脈々と生き残っていくのである．この章では，古典的遺伝学の歴史や遺伝物質発見の経緯について述べる．

2・2 遺伝学の潮流

白毛のイヌからは白毛のイヌが多く生まれるが，ある頻度で黒毛が生まれ，その黒毛のイヌがつぎに白毛の仔イヌを産んだりする．このような現象はどう考えればよいのであろうか．G. Mendel(メンデル) はエンドウを使い，丸い種子としわのある種子をつくる品種を交配して次世代をつくると，その種子は丸くなることを見いだした．Mendel はしわのある種子は**潜性**＊（これまでの用語は**劣性**）で，丸い種子は**顕性**＊（これまでの用語は**優性**）の遺伝要素で決まると考え，一つの遺伝的性質（**形質**または**表現型**）が対立する（顕性と潜性）二つの遺伝要素の組合わせで決められることを発見した（図 2・1）．Mendel の発見した遺伝要素は，現在われわれが用いている**遺伝子**（gene）という用語とほぼ同義であり，対立する形質に関わる遺伝子は**対立遺伝子**（allele: **アレル**）とよばれる．純系の顕性および潜性の形質をもつ個体を交配させると雑種第一代（F_1）はすべて顕性となり［**顕性（優性）の法則**］，その F_1 同士を自家受粉させると，潜性と顕性の個体が 3：1 の比で出現する（**分離の法則**）．さらに複数組の対立遺伝子が存在してもそれぞれの対立遺伝子は独立して子孫に伝達されること（**独立の法則**）が明らかにされ，加えて遺伝子は混ざり合わないことも述べられた（1865 年）．

＊ 日本遺伝学会により，優性→顕性，劣性→潜性に改められた（2017 年 9 月）．

35年後にH. de VriesはMendelの研究を再評価し，またオオマツヨイグサの変異体の研究から**変異**（mutation）という概念を確立した．変異とは，メンデル遺伝学で予期されない異質な子孫が生まれることである．一方，エンドウの個体は背丈の高いものから低いものまでさまざまみられるが，それは生育環境の違いによるもので，**環境変異**，あるいは“ばらつき”である．

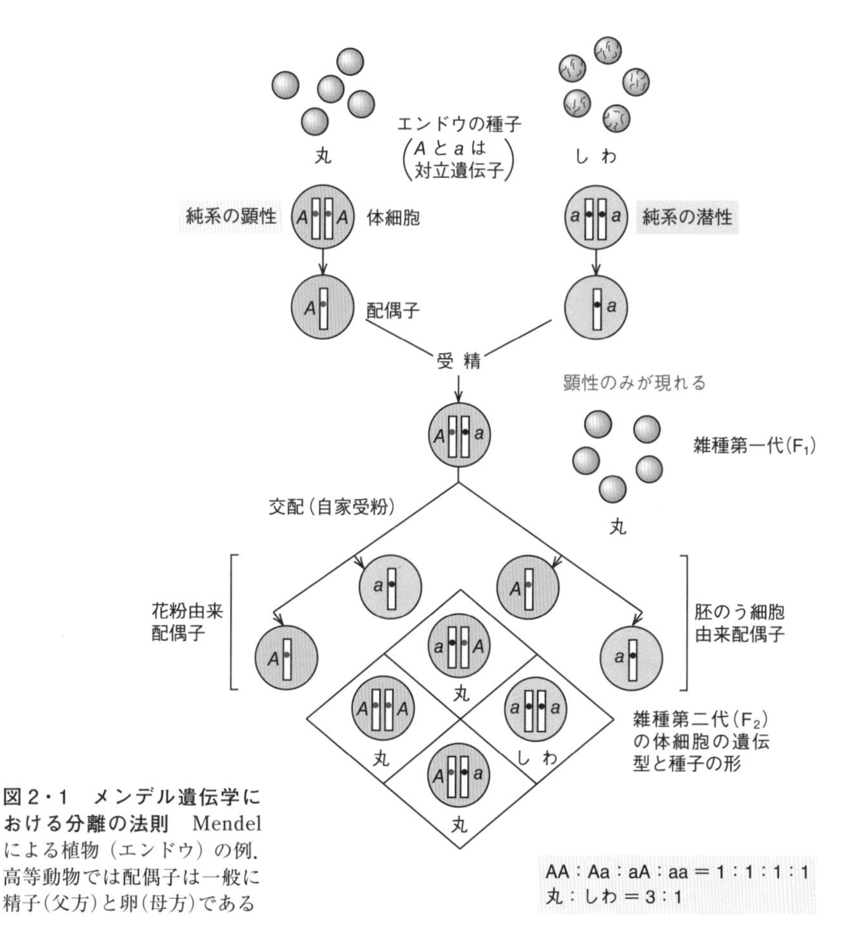

図2・1 メンデル遺伝学における分離の法則 Mendelによる植物（エンドウ）の例．高等動物では配偶子は一般に精子（父方）と卵（母方）である

変異の発見は進化論にも影響を与えた．19世紀初頭，J. B. Lamarckは**用不用説**を唱え，“獲得形質は遺伝する”と主張した．高い木の上の葉を食べているキリンは首が長くなり，次に生まれる子どもも首が長くなるというものであるが，このよ

うな変化は遺伝せず，この説は否定されている．1859年C. Darwinは，起こった変異が生存に有利かどうかで生き残る個体の確率が決まるという**自然選択説**を提唱し，生物集団の隔離などによって新種が生まれる過程も巧みに説明したが，変異が生み出される原因は依然として不明のままであった．また1946年には，当時物理学の分野で盛んに研究されていた放射線に変異を起こす活性が見いだされ，遺伝学後の分子生物学に大きく貢献した．

コラム2

突然変異から変異に

当初“色素欠損”や“生育不能”といった野生型と明らかに違う形質の変異個体の出現に，“予期しない”という意味から**突然変異**の訳語が当てられた．しかし現在では，変異は基本的にゲノムDNAの構造変化が原因で起こり，しかも形質変化が生じない変異があることもわかっている．分子生物学では，形質変化の有無にかかわらずDNAに生じた構造変化をすべて**変異**（ミューテーション），変異をもつ個体を**変異体**（ミュータント）と表現する．

2・3　遺伝の染色体説と一遺伝子一酵素説

19世紀後半，W. S. Suttonは細胞分裂では染色体の半分だけが娘細胞に分配されることから，**遺伝の染色体説**を提唱した．T. H. Morganはショウジョウバエ遺伝学の研究で眼の色や翅の形が野生型と異なる多くの変異体を発見したが，いくつかの変異は挙動をともにする（**連鎖**する）ことを発見した．この遺伝形質の連鎖という現象は遺伝子が同一の染色体上にあるために起こる．真核生物の複数の染色体は生殖細胞では**相同染色体**（真核生物の体細胞には相同な染色体が通常2本ずつある）間での**組換え**が起こるため，時として遺伝子が連鎖しなくなる．組換え頻度は二つの遺伝子が遠ければ遠いほど頻度が高いので，**組換え率**から染色体上での遺伝子の相対的位置関係がわかり，**遺伝子地図**や**染色体地図**をつくることができる．

アカパンカビの変異体のなかには生育のためにアルギニンなどのアミノ酸を要求するものがある．これはその物質を自身で合成できないためにみられる現象であり，実際G. W. BeadleとE. L. Tatumはこうした変異体は特定の合成酵素を欠いていることを示した（図2・2）．彼らは遺伝学と生化学の結果をもとに，**一遺伝子一酵素説**，正確にいうと一遺伝子一タンパク質説を提唱した．遺伝子が特定のタンパク質を指定するということは，**鎌状赤血球貧血**患者赤血球中の**βグロビンタンパク質**の化学構造中に変異が発見されたことにより最終的に証明された（図10・7参照）．

アルギニン合成反応

前駆体 ----→ オルニチン —酵素Ⅱ→ シトルリン —酵素Ⅰ→ アルギニン

アルギニン要求性変異株の遺伝解析

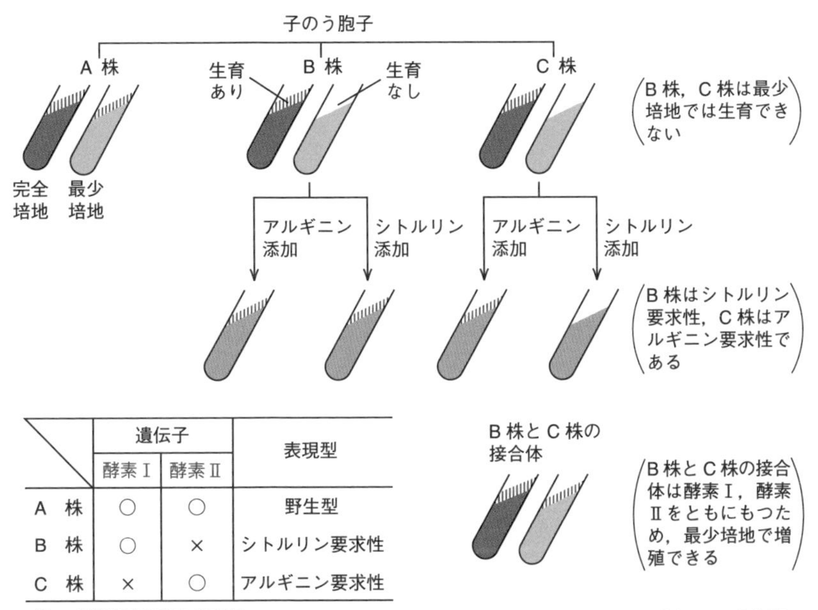

	遺伝子		表現型
	酵素Ⅰ	酵素Ⅱ	
A 株	○	○	野生型
B 株	○	×	シトルリン要求性
C 株	×	○	アルギニン要求性

○× は遺伝子の存在の有無

図 2・2　一遺伝子一酵素説

2・4 遺伝物質の条件

遺伝物質は，1）細胞分裂前後でその量が変わらず，2）物質的に安定で，3）減数分裂でその量が半分になり，4）子孫に正確に伝わって，5）遺伝形質を支配し，6）ある程度の変異を許容する，という条件を満たさなくてはならない．はじめに核の顕微鏡観察により，そこに塩基性色素で染まる**染色体**が存在することが発見された（染色体は酸性である）．

1871 年には膿（うみ）（白血球の死骸を含む）の中に核内の酸性物質として，大量のリン酸基を含む**核酸**（nucleic acid）が発見された．19 世紀後半，核酸には **DNA**（**デオキシリボ核酸**）と **RNA**（**リボ核酸**）があることがわかり，また遺伝物質が染色体にあるとする**遺伝の染色体説**も信じられはじめてきた．染色体はタンパク質と核酸が結合したものであるが，当時はタンパク質の研究が盛んで，また核酸はタンパク質に比べて化学的組成が単純であったこともあり，複雑な遺伝現象をつかさどる分子にはなりえないと思われていた．

遺伝物質の条件

・細胞内に一定量存在する　　・遺伝形質を子孫に伝える
・物質的に安定　　・遺伝形質を支配する
・減数分裂後，半分になる　　・ある程度の変異を許容する

2・5　遺伝物質は DNA である

1928 年，F. Griffith（グリフィス）はある重要な発見をした．**肺炎（双）球菌**は細胞壁のまわりに**莢膜**（きょうまく）という粘液層があり，これが病原性に関わっている．この強毒菌をマウスに

図 2・3　肺炎球菌の形質転換実験

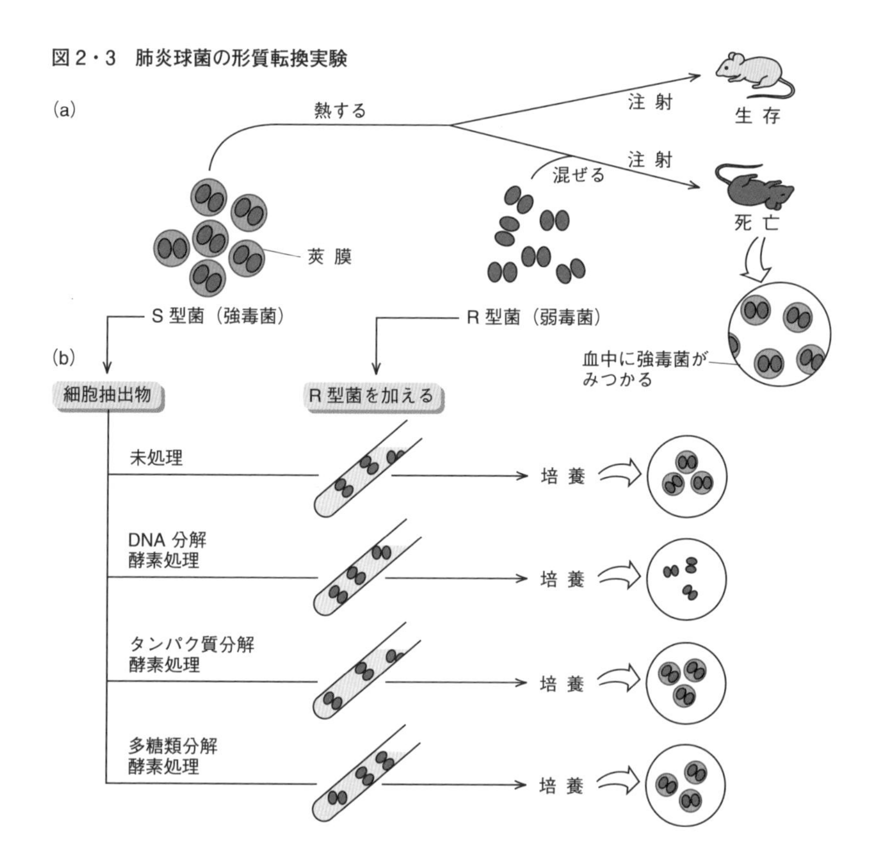

注射すると血液中に大量の肺炎球菌が出現してマウスは敗血症で死ぬが，莢膜をもたない別の系統の細菌（弱毒菌）はマウスを殺すことはない．ところがあらかじめ熱で殺した強毒菌と生きている弱毒菌を混ぜ，それを注射したところ，マウスは死に，血中から大量の強毒菌が見つかった（図2・3a）．つづいて1944年，O. T. Avery らが強毒菌からの抽出物を用いて似た実験を行って細菌を培養したところ予想どおり強毒菌が出現したが，抽出物をあらかじめ DNA 分解酵素で処理するとそのような結果にはならなかった（図2・3b）．この**形質転換**（DNA を導入して細菌の性質を変えること）実験により DNA が遺伝物質であろうと考えられた．

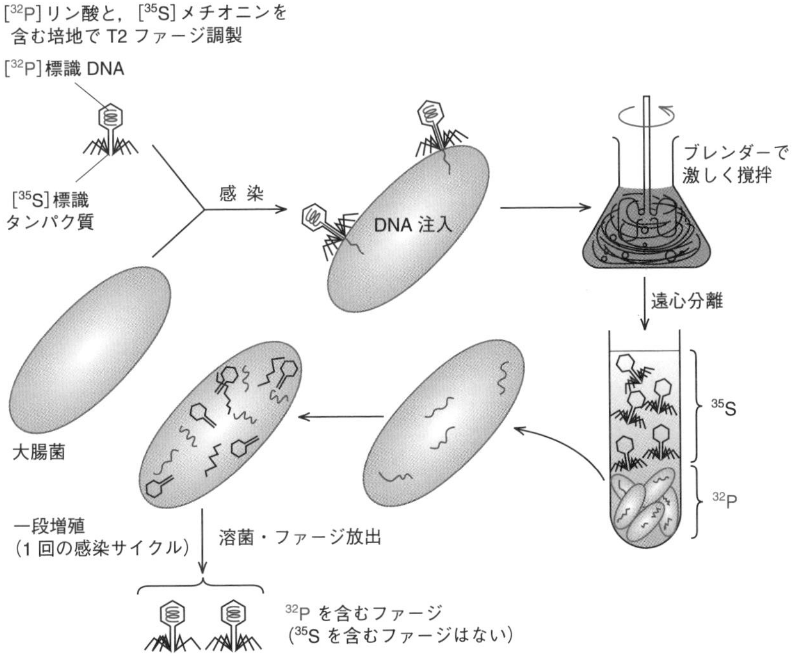

図2・4　Hershey と Chase によるブレンダー実験

決定的な結果が A. D. Hershey と M. Chase によって得られた（1952年，図2・4）．彼らは**放射性同位体**（RI: 放射線で容易に検出できる．§17・4 参照）である ^{35}S で標識したメチオニンと ^{32}P で標識したリン酸を含む培地で大腸菌に感染するバクテリオファージ T2（以下，ファージ）をつくった．^{35}S はタンパク質に取込まれ，^{32}P は DNA に取込まれる．こうしてつくったファージを細菌に感染させ，その後すぐにブレンダーで激しく撹拌して細菌表面のファージを取除いた．遊離ファージを含む遠心分離の上清には ^{35}S のみが検出され，沈殿した細菌には ^{32}P のみがみられた．やがて子ファージが増えてくるが，子ファージには ^{32}P が含まれていたものの，^{35}S は含まれていなかった．親ファージの DNA が子ファージをつくるために再利用されたが，タンパク質はされなかったのである．この**ブレンダー実験**により DNA が遺伝物質であることが証明された．

2・6 遺伝子の定義

遺伝子に対する理解は時代とともに変わってきた．DNA はたくさんの遺伝情報が書かれたテープのようなものであるが，細かくみると，遺伝子として利用される部分とされない部分からなる．すなわち，遺伝子は DNA であるが，DNA のすべてが遺伝子ではない．ヒトの場合，典型的な遺伝子領域が DNA 中に占める割合は 25～30% である．分子生物学的にみれば，遺伝子は RNA に転写される DNA の領域ということになる．ただ，遺伝子の範囲をどこまでとするかは必ずしも明確でない場合も多い．たとえば，真核生物の mRNA では必要以上の下流領域まで転写され，その後下流の不要な部分が除かれて成熟する．

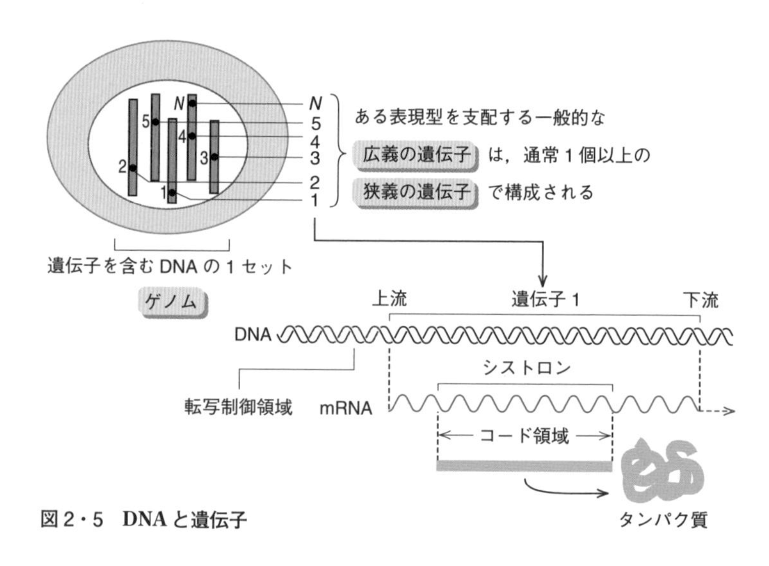

図 2・5 **DNA と遺伝子**

一つの遺伝子を**コード**する（指定する）DNA 領域には通常その遺伝子しか入っていないが，この原則に合致しない場合もまれにある．遺伝子の外側には遺伝子の発現（すなわち転写）を調節するタンパク質が結合する部分（**転写制御領域**，§8・7）が存在するため，その部分のDNAが変異すると遺伝子そのものの発現が影響を受ける．一般的に，転写制御領域は遺伝子には含まれないが，転写制御領域には遺伝子発現に必要な情報が含まれているため，遺伝子は広い意味では遺伝子本体と周囲の関連部分からなると考えることができる．

タンパク質をつくる遺伝子の場合，タンパク質本体の構造に関わるDNA部分は**コード領域**といい，これが遺伝子の最小単位，すなわち**シストロン**（§8・3）とほぼ同義である（図2・5）．古典的遺伝学で定義される一つの**表現型**（形質，例：眼が黒い）は，通常は1個以上のシストロンの共同作業（例：酵素遺伝子*A*，酵素遺伝子*B*，…酵素遺伝子*N*）の結果現れる．**構造遺伝子**と**調節遺伝子**という分け方があり，前者はタンパク質をつくる遺伝子で，後者はその発現に関わるという意味である．しかし調節遺伝子も結局は調節タンパク質をつくるので，役割分担以外の厳密な違いはない（RNA自身が調節分子である例がいくつか知られている）．

2・7 ゲ ノ ム

多くの遺伝子とその周辺部分や遺伝子連結部分が集まって生命活動に必須な1組のDNAを構成するとき，その1組を**ゲノム**（genome）といい，一般には染色体DNAの総体を表す用語として用いられる．大腸菌の染色体は大腸菌のゲノムであり，ヒトの24本の染色体に含まれる1組のヒトDNAはヒトのゲノムである．高等真核生物は通常二倍体（→父方由来と母方由来）なので2組のゲノムをもつことになる．ただ父方と母方のDNAの構造は完全に同一ではなく，まして両者のエピゲノムは通常は異なるので，2組のゲノムの同一性を論じる場合には注意する必要がある．細胞に寄生し，細胞の生存には不可欠ではないもの（§11・5で述べるプラスミドなど）はゲノムではない．なお便宜的に，ミトコンドリアにあるDNAセットをミトコンドリアゲノム，ウイルスがもつ核酸全体をウイルスゲノムという場合がある（RNAをゲノムにもつウイルスもある）．

3

核 酸: DNA と RNA

3・1 遺伝情報の流れ

遺伝情報は染色体中の**デオキシリボ核酸**（**DNA**）中にある．DNA からの遺伝情報は図 3・1 のように，DNA をもとに**リボ核酸**（**RNA**）が合成されること（**転写**）により RNA に伝達される．タンパク質コード遺伝子の場合，RNA の遺伝情報は**翻訳**によりタンパク質へと伝わる．この遺伝情報の流れを F. H. C. Crick（クリック）は分子生物学における**セントラルドグマ**（中心命題，図 3・1）といった．DNA をもとに同じ DNA がつくられる過程を **DNA 複製**（あるいは単に**複製**）という．ただし RNA ウイルスには RNA から RNA をつくる **RNA 複製**や，RNA から DNA をつくる**逆転写**という現象も存在する．生物の遺伝情報は基本的にはセントラルドグマに従って伝達され，直接の遺伝情報をもつ高分子を**情報高分子**という．情報高分子には核酸（DNA と RNA）とタンパク質が含まれる．

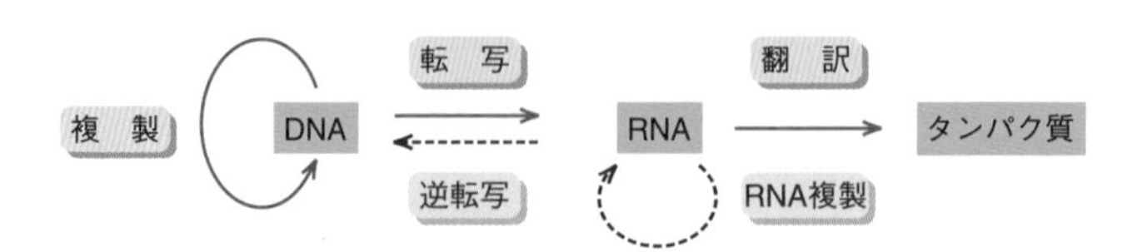

図 3・1 分子生物学のセントラルドグマ 黒い点線は一部のウイルスにみられるが，弱いながら細胞にもその活性がある

3・2 DNA の構造: 糖とリン酸基と塩基

DNA が遺伝子の本体であることは，Avery や Hershey らの実験により 1940～1950 年代にかけて明らかになった（§2・5）．**DNA** を構成する成分は糖，リン酸基，塩基の 3 種である．糖として**デオキシリボース**をもつ DNA はデオキシリボ核酸（deoxyribonucleic acid）の略で，リボースの 2′ 位の炭素についている OH が H になり，デオキシ（酸素がない）形になっている．RNA は糖として 2′ 位が OH のままのリボースをもつ．糖の 1′ の位置には塩基（生体に含まれる塩基性物質の一種）

が結合する．糖に塩基の結合したものを**ヌクレオシド**（nucleoside）といい，ヌクレオシドの糖の5′位にリン酸基の結合したものが**ヌクレオチド**（nucleotide）で，これが核酸の基本単位となる．核酸に含まれる塩基は，**プリン環**（DNAでは**アデニンとグアニン**）と，**ピリミジン環**をもつもの（DNAでは**シトシンとチミン**）とに分けられる（図3・2）．それぞれの塩基にリボースがつくと，アデニンはアデノシン，**ウラシル**はウリジンなどと，別の名称でよばれる．DNAに限っていえば，デオキシアデノシン，デオキシグアノシン，デオキシシチジン，デオキシチミジン（チミンはDNAにしか使われないので，単にチミジンともいう）が構成ヌクレオ

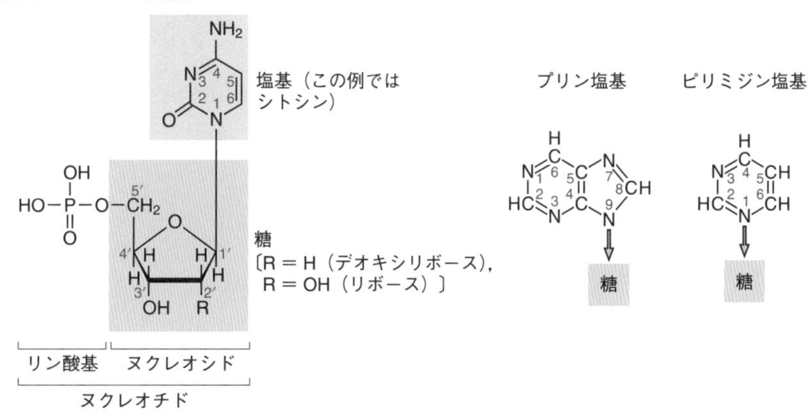

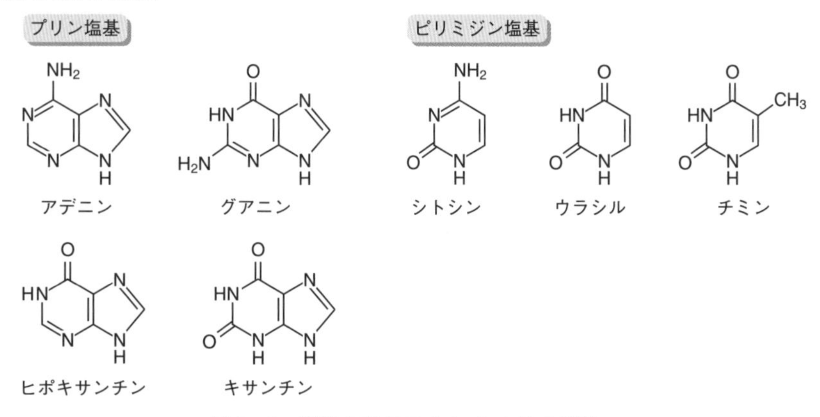

図3・2　核酸の単位ヌクレオチドの構造

シドである（表3・1）．**ヒポキサンチン**を塩基にもつヌクレオシドであるイノシンはDNAには含まれないが，ヌクレオチド合成の過程でできる重要な中間代謝産物である（§3・9）．

表3・1 ヌクレオチド類の名称と略号

塩基	ヌクレオシド		ヌクレオチド		
	糖[†]	名称	一リン酸	二リン酸	三リン酸
プリン					
アデニン(A)	R	アデノシン	アデニル酸(AMP)	ADP	ATP
	D	デオキシアデノシン	デオキシアデニル酸(dAMP)	dADP	dATP
グアニン(G)	R	グアノシン	グアニル酸(GMP)	GDP	GTP
	D	デオキシグアノシン	デオキシグアニル酸(dGMP)	dGDP	dGTP
ヒポキサンチン	R	イノシン	イノシン酸(IMP)	IDP	ITP
ピリミジン					
シトシン(C)	R	シチジン	シチジル酸(CMP)	CDP	CTP
	D	デオキシシチジン	デオキシシチジル酸(dCMP)	dCDP	dCTP
ウラシル(U)	R	ウリジン	ウリジル酸(UMP)	UDP	UTP
	D	デオキシウリジン	デオキシウリジル酸(dUMP)	dUDP	dUTP
チミン(T)	D	(デオキシ)チミジン	(デオキシ)チミジル酸(TMP)	TDP	TTP

† R: リボース，D: デオキシリボース

ヌクレオシドの炭素の5′位にはリン酸基が3個まで結合でき，それぞれを一リン酸，二リン酸，三リン酸型のヌクレオチドという［注: リン酸基の位置は糖に近い方からα（アルファ），β（ベータ），γ（ガンマ）という］．リン酸基同士が両側に酸素原子を介してつくる化学結合を**リン酸ジエステル**（phosphodiester）**結合**という．二リン酸や三リン酸の構造はリン酸基のもつ負の荷電が互いに反発して切れやすく，

そのときに**自由エネルギー**が放出される．高エネルギー物質**ATP**（adenosine triphosphate）が，リン酸基が2個のADP（adenosine diphosphate），あるいは1個のAMP（adenosine monophosphate）になるときにエネルギーが放出される（注：連続したリン酸基の個数1，2，3，をmono，di，triで表し，日本語では一リン酸，二リン酸，三リン酸と表記する）．リン酸基は水素イオンを放出して負に荷電しやすく，核酸が酸の性質を示すのはこのためである．

2個のヌクレオシド三リン酸は，一方のヌクレオチドの5′-リン酸基部分が他のヌクレオチドの糖の3′位ヒドロキシ基の酸素との間で二リン酸（ピロリン酸）を放出してリン酸ジエステル結合を形成して結合する（**ヌクレオチドの重合反応**）．この反応はデオキシヌクレオシド三リン酸があればさらに続けて起こる．すなわち，デオキシヌクレオチドが5′-リン酸ジエステル結合の形で，前の糖の3′位に次々連結し，線状の分子ができる．これがDNAである（図3・3）．

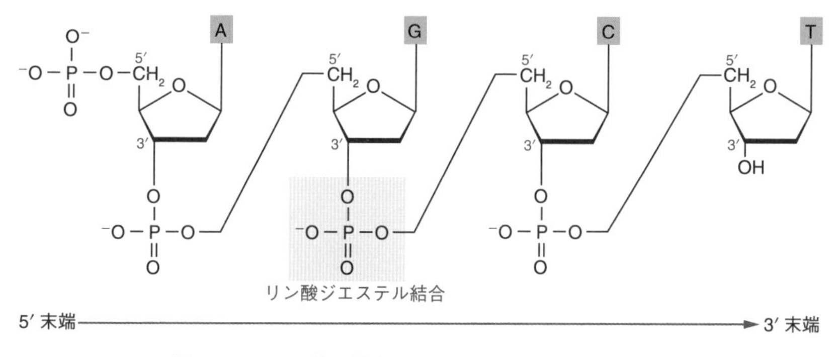

図3・3　DNA鎖の構造　(5′-P，3′-OHになっている)

DNAはヌクレオチドの**重合体**（**ポリマー**）であり，**ポリヌクレオチド**ともいう（polyは多いの意）．ヌクレオチドが2個から数十個のものを**オリゴヌクレオチド**という（oligoは少ないの意）．**DNA骨格**は糖とリン酸基から構成されているが，**5′末端**は糖に結合しているリン酸基が遊離の形になり，他方，**3′末端**は糖のヒドロキシ基が遊離の形になっている．**核酸**（DNAやRNA）はこのように**極性**（**方向性**ともいう）をもつ分子である．核酸の構造は一般に図3・3のように表すが，図からわかるように，塩基は**糖リン酸骨格**の上に付いている．DNAは非常に長い分子であり，最も小さいウイルスでも約3000塩基の長さをもつ．ヒトのゲノムは約30億塩基対のサイズをもつので，一つの細胞に含まれるDNAを1本につなげて伸ばすと下式のように約1mにもなる.

$$塩基対の間隔\ [3.4\ \text{Å}\ (図3・5)] \times 30億 = [3.4 \times 10^{-10}\ \text{m}] \times 3 \times 10^9 = 1.02\ \text{m}$$

3・3 WatsonとCrickによるDNA二重らせん構造の発見

1950年, E. Chargaff(シャルガフ)はDNAの塩基組成に関する重要な法則を発見した(**シャルガフの規則**, 表3・2). その要点は, すべての生物において1) A=T, G=Cということ(ただし一本鎖DNAには当てはまらない)と, 2) A, G, T, Cの比率は生物ごとに異なるというものである.

いくつかの研究により, DNAは何本かの繊維が集まったような細長い分子であることもわかりはじめていた. このような状況の中, 1953年, WatsonとCrickはDNA構造に関する新しいモデル, すなわち**DNAの二重らせんモデル**を提唱した. それは, 1) 2本のDNA鎖が逆方向に, 1本の軸を中心にらせんを巻いている. 2) 塩基はらせんの内部にあり, 糖-リン酸の骨格は外を向いている. 3) 塩基と塩基同士が向かい合い, らせんは約10塩基で1回転する. 4) 塩基同士は水素結合で結合しており, AはTと, CはGと**塩基対**をつくる(図3・4). 5) 塩基の順序(**塩基配列**)は自由であり, おそらくそれが遺伝情報を担う, というものであった. 彼らの発見の重要性は, 塩基対の組合わせが特異的であり, 塩基対の結合により2本のDNAが結びつくという点にある. この仮説はM. H. F. Wilkins(ウィルキンス)のDNAの**X線結晶回折**によってただちに確認された(図3・5). DNAをつくるそれぞれ一方の鎖の塩基配列は, 他方のそれと裏表の関係にある. このような関係を塩基配列あるいは塩基対の**相補性**といい, DNA複製の法則(第5章参照)を暗示している.

表3・2 DNAの塩基組成

生 物	DNAの塩基組成〔mol%〕				比 率	シャルガフの規則
	A	G	C	T	A/T	
ファージφX174	24.0	23.3	21.5	31.2	0.77	1)A=T, G=C (つまりPu=Py)
大腸菌	23.8	26.8	26.3	23.1	1.03	
酵 母	31.7	18.3	17.4	32.6	0.97	
ショウジョウバエ	30.7	19.6	20.2	29.5	1.03	2)A, G, T, Cの比率は生物で異なる
トウモロコシ	26.8	22.8	23.2	27.2	0.99	
ウ シ	27.3	22.5	22.5	27.7	0.99	
ヒ ト	29.3	20.7	20.0	30.0	0.98	

Pu: プリン塩基, Py: ピリミジン塩基. φX174は一本鎖DNAファージ

ワトソン・クリック型の**右巻き DNA** は **B 型**といわれるが，DNA にはこのほかにも水分の少ないところでできる **A 型**や GC の繰返しでできる左巻きの **Z 型**がある．

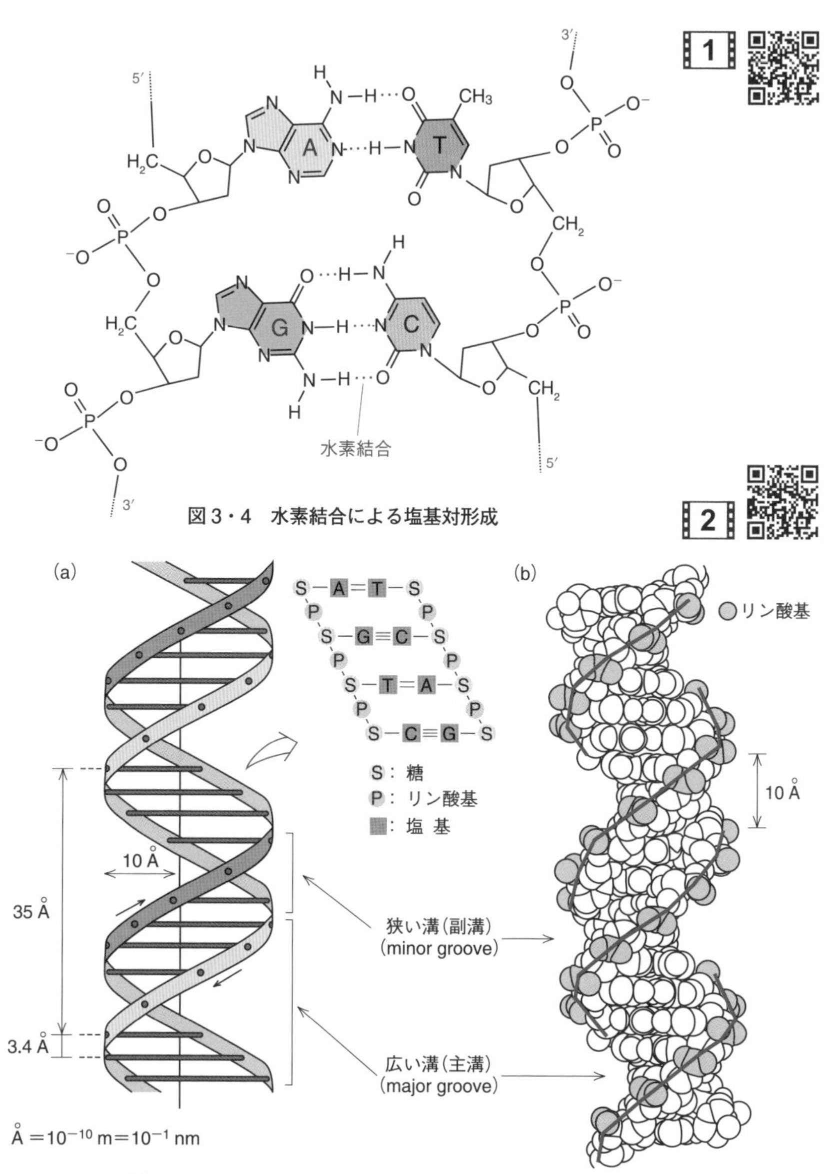

図 3・4　水素結合による塩基対形成

図 3・5　ワトソン・クリックの **DNA** の二重らせん構造のモデル

生体内ではほとんどのDNAはB型の形態をとり，一部がZ型になっている．なお，二本鎖RNAはA型に近い構造をとる．

コラム3

二重鎖を超える多重鎖核酸

二重鎖を超える多重鎖核酸が存在し，代表的なものに三重鎖DNAと四重鎖DNAがある．このような構造は細胞内にも存在し，DNAが関わるさまざまな生命過程（**DNAトランザクション**）に影響を及ぼす．三重鎖DNAはB型DNAの広い溝に同じ軸で一本鎖DNAがらせん状に入り込み，フーグスティーン型塩基対をつくることで構築される．三重らせんDNAともいうが，プリン塩基の連続・ピリミジン塩基の連続というDNA部分にでき，RNAが入り込んだ場合にもできる．他方，四重鎖核酸はDNAのG連続配列が短いスペーサーを介して複数（少なくとも4箇所）存在する一本鎖がヘアピン-ループ構造をとって形成される．典型的な四重鎖形成配列は$G_3N_{1\sim7}G_3N_{1\sim7}G_3N_{1\sim7}G_3N$である．四本のDNAのグアニン間でのフーグスティーン型塩基対形成によりグアニン四重鎖がつくられるが，四重鎖の鎖の向きは平行，逆平行のいずれもある．四重鎖はDNA上のみならず，RNA上やDNA-RNAハイブリッド上でも形成される．

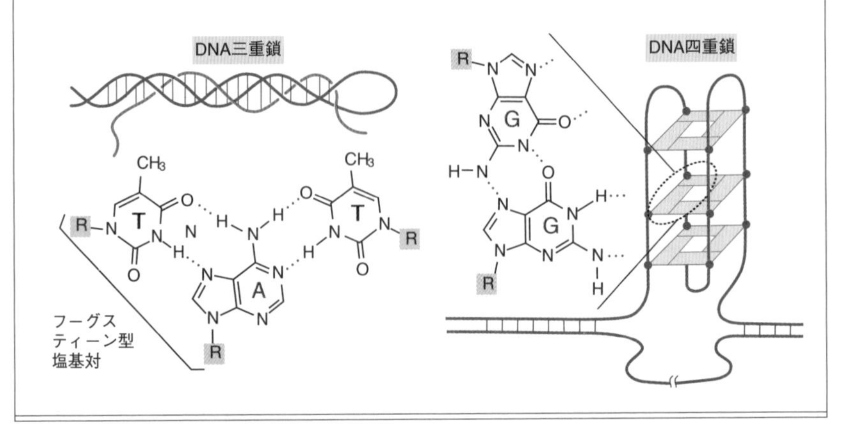

3・4 DNAの物理的性質 I —— 変性，アニーリング，剪断

DNAは同じ線状分子であるタンパク質と比べると，リン酸ジエステル結合が回転可能なため，柔軟性に富み折れ曲がりやすい．このため，塩基が一時的に外側を向くこともあり，塩基を化学変化させる反応などが容易に起こる．また，二本鎖DNAの水素結合は弱く，熱することで結合を簡単に壊すことができる．**水素結合**

の数はA：T対で2個，G：C対では3個なので（図3・4），G：C対の方が安定である．DNAを十分に熱すると水素結合がすべて切れ，DNAは一本鎖となる．これを**DNAの変性**という．DNAの溶けている溶液を徐々に熱すると部分部分で変性が進むが，50％変性する温度を**融解温度** T_{m} という（図3・6）．通常のDNAの T_{m} は70～90℃付近で，GC含量が多いほど高い．変性によりDNA溶液の粘度が下がり，紫外線の吸収（§3・5）が増大する（**濃色効果**）．DNAは水素結合を切るような化合物（尿素，ホルムアミド）や高いpH（アルカリ）でも変性する．一方，NaClなどで1価陽イオン濃度を上げるとDNAの負電荷が中和され，水素結合が安定化して変性しにくくなる．ある種のタンパク質（RNAポリメラーゼやDNAヘリカーゼなど）もDNAを部分的に変性させる．

熱変性DNAをゆっくり冷ますと，一本鎖DNAのそれぞれの部分が相手方の相補的な塩基の場所を見つけて再び水素結合をつくり，もとと同じ二本鎖DNAができる．これを**DNAの再生**という．この操作を俗に“焼きなまし”［**アニーリング**

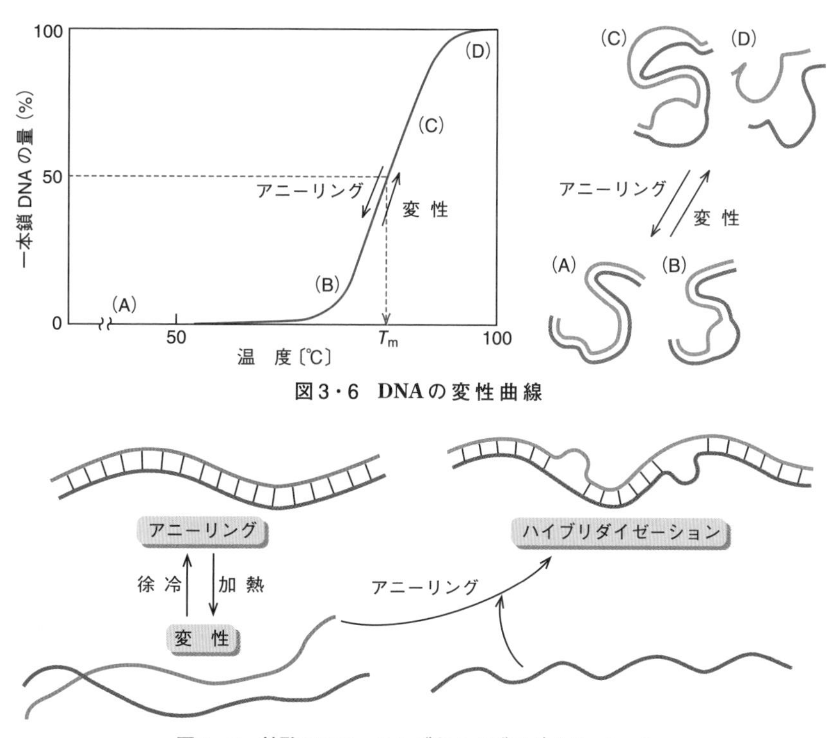

図3・6　DNAの変性曲線

図3・7　核酸のアニーリングとハイブリダイゼーション

(annealing). もとのDNAが再生する場合は特に**リアニーリング**] という. DNAアニーリングの程度は, DNA濃度が高いほど, 時間が長いほど高くなる. さらにアニーリングする各一本鎖DNAが同じ二本鎖DNAに由来しない場合でも, 塩基配列がほぼ同じであれば相補性に従ってアニーリングさせることができる. この反応を**ハイブリダイゼーション**といい, できたものを**ハイブリッド**という (図3・7). RNAもDNAとアニーリングでき, DNAとRNAからなる安定な**ヘテロ二本鎖** (heteroduplex) を形成する. RNA同士もアニーリングでき, DNAよりも安定な二本鎖ができる.

DNAの物理変化は変性だけではない. リン酸ジエステル結合が切断されることがあり, これを**剪断**(せん)という. DNAは糸状分子のため, 大きな分子量のものほど力学的な力で切られやすい. 実験的にDNAを短く切る場合には超音波を当てる. DNAの剪断は化学的な引き金 (例: 強い酸) によっても起こる. DNAが酸で処理されるとプリン塩基が外れ (**脱プリン**), リン酸ジエステル結合が不安定化して剪断が起こる. DNA鎖は分解酵素であるDNアーゼ (DNase) によっても切られる. RNAは強いアルカリで加水分解される.

3・5 DNAの物理的性質 II ── 紫外線の吸収

光 (電磁波) が分子に衝突すると光が分子に吸収され, その結果, 分子には光エネルギーが化学エネルギーの形で蓄積する. 化合物 (化学結合) の種類により吸収される光の波長と光量の程度が異なる. **紫外線**は波長180〜400 nmの目に見えない光だが, DNAは吸収極大値 (260 nm) の紫外線を特異的に吸収し, DNAの検

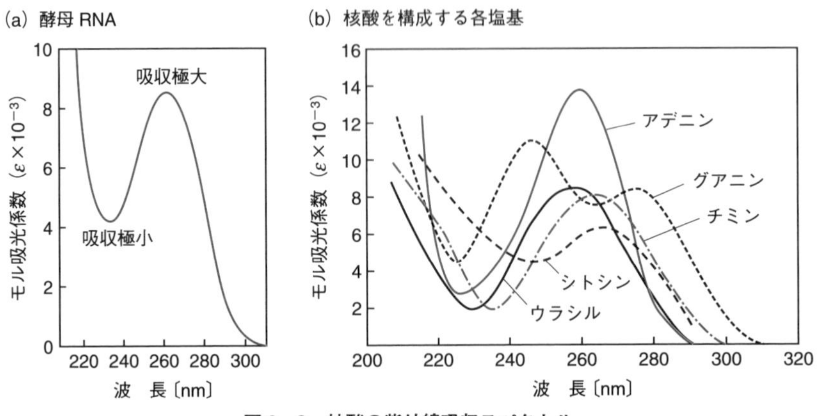

図3・8　核酸の紫外線吸収スペクトル

出にもこの波長を用いる．紫外線吸収は塩基のもつ性質であり，RNAも同様の性質を示す（図3・8）．紫外線の当たったDNAは構造変化を起こし，遺伝子機能も阻害される（紫外線殺菌ができるのはこの理由による）．

3・6 DNAの立体構造

DNAは柔軟な線状分子なため，分子全体でいろいろな形をとることができる．DNAの立体構造を考える場合，分子の末端部分がどうなっているかが重要である．DNAは末端の形により三つの形をとりうる．第一は線状DNAで，自由に動ける末端をもつ．**線状DNA**の末端が互いに結合すると，切れ目のない**環状DNA**，特に**閉環状DNA**ができ，自然界でも細菌のゲノムやプラスミドとよばれる小さなDNAとして実際に存在する．閉環状DNAの一方の鎖のリン酸ジエステル結合に切れ目（**ニック**）が入ったDNAを**開環状DNA**という（図3・9）．DNAは1回転10.5塩基のピッチで安定だが，天然の閉環状DNAは，らせんの巻き方が理論値よりわずかに少ない．そこで閉環状DNAは，安定になろうと，部分的に一本鎖部分をつくるか，分子全体がねじれ，後者の場合には**超らせん（スーパーコイル）構造**ができる．逆に，らせんの巻き数が多すぎると，DNAはそれを解消しようとやはり超らせん構造をとる．前者を**負の超らせん**，後者を正の超らせんというが，一般的には負の超らせんをとりやすい．線状DNAでも，端にタンパク質が結合して末端が固定されると閉環状DNAに相当し，やはり負の超らせん構造をとりやすくなる．細胞内にあるDNAも通常は負の超らせん構造をとっていると考えられる．閉

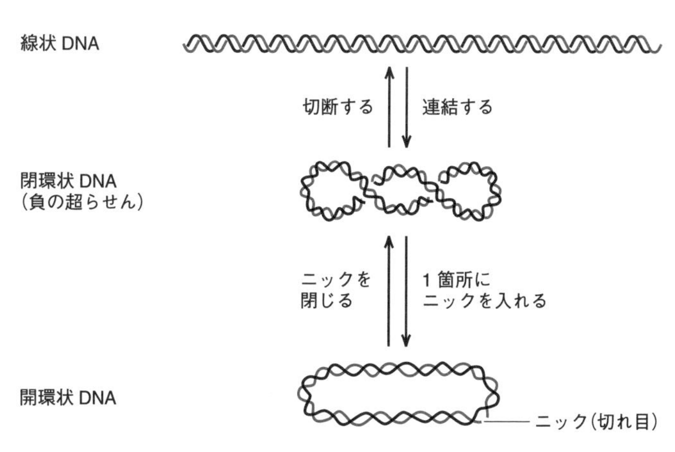

図3・9 DNAのトポロジー変化

環状DNAの塩基対間に物質が結合してDNAの二本鎖がこじ開けられると周囲にらせんがたまり，正の超らせんができる．

DNAの複製やRNAへの転写を表す場合に，便宜上ジッパーを開いたり閉じたりする図が用いられるが，実際のDNAは右巻きにらせんを巻いており，反応はそれほど単純ではない．線状DNAの一端を固定し，反対側から二本鎖を強引に開い

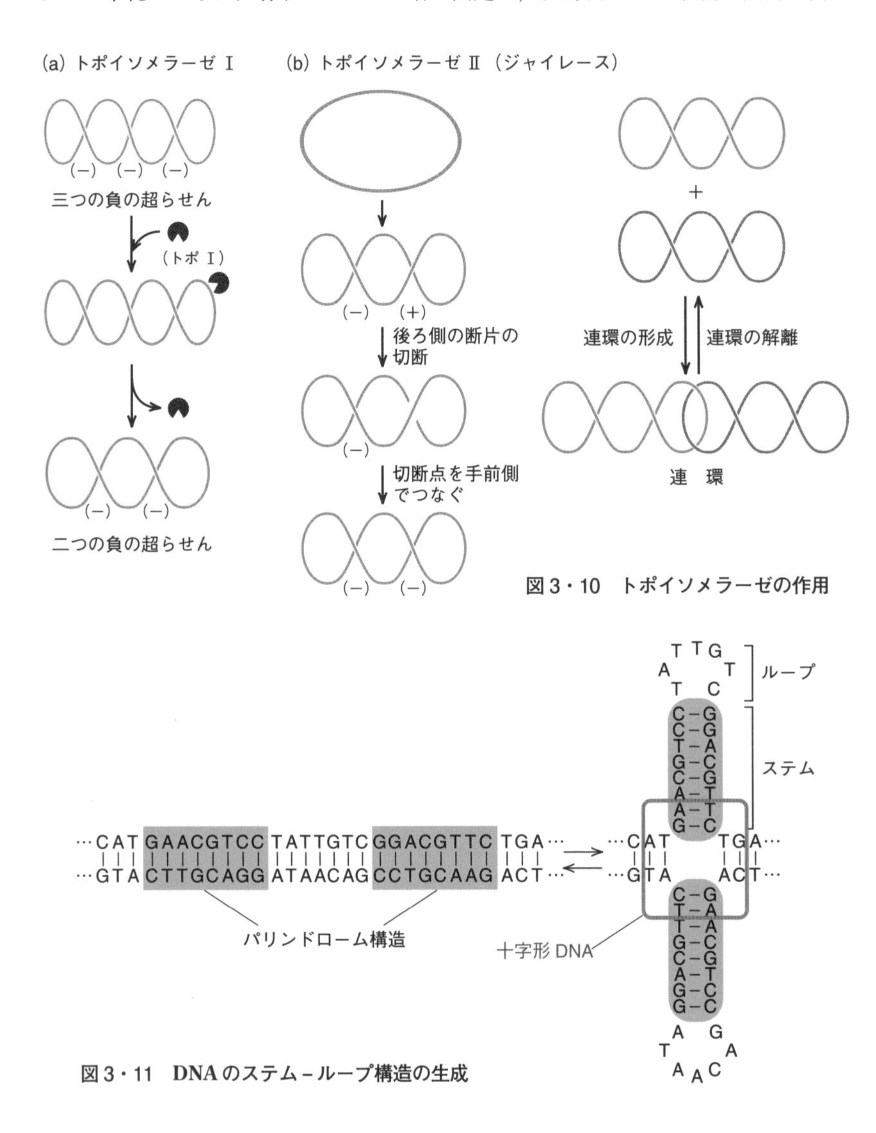

図3・10　トポイソメラーゼの作用

図3・11　DNAのステム－ループ構造の生成

ていくと，らせんが混んでそれ以上開けなくなる．逆に，新しくDNAが合成された場合，できた一本鎖DNAは鋳型鎖に巻きつかなくてはならない．正や負の超らせんをつくったり，あるいはそれを解消する酵素，**トポイソメラーゼ**が発見されている．大腸菌の**トポイソメラーゼⅠ**は，一本鎖の切断と再結合によって超らせんを1個解消させ，**トポイソメラーゼⅡ（ジャイレース）**は二本鎖DNAの切断と再結合を起こし，2個の超らせんをつくったり（ATPを必要とする），解消したりする（図3・10）．このような酵素が存在することは，超らせん構造が生物学的に意味をもっていることを示している．DNAが超らせん構造をとるのは，もとのDNAがらせん構造をもっていることにほかならない．らせん状態は力学的エネルギーを蓄積でき，それを利用してさまざまな反応を起こすメリットがあると考えられる．超らせんと平衡関係にあって生じるDNAの部分的一本鎖部分は，DNA上に特殊な構造をつくり，さまざまな反応に関与する．図3・11のようにDNA上に**2回回転対称構造（回文構造**または**パリンドローム構造）**があると，一本鎖内で**十字形DNA**に続く部分的二本鎖構造，いわゆる**ステム-ループ構造**をとりやすい．

3・7 RNAの構造

RNA（ribonucleic acid，**リボ核酸**）は天然に存在するDNA以外のもう一つの核酸である［非天然型の骨格をもつ人工核酸は**ゼノ核酸（XNA）**といわれる］．RNAは二本鎖DNAの一方の鎖をコピーした分子で，その組成はDNAに似る．基本単位はやはりヌクレオチドであるが，DNAと違い糖として2′位にヒドロキシ基をもつリボースを含む（図3・12）．RNAもDNAと同様に，糖の3′位のヒドロキシ基が次のヌクレオチドの5′位にある1個のリン酸と**リン酸ジエステル結合**を介して重合した**ポリヌクレオチド**であり，DNAと同様に方向性をもつ．細胞内で安定に存在しているRNAの長さは，数十から1万塩基である．4種類の塩基をもつこともDNAと同じであるが，チミンの代わりに**ウラシル**が用いられる．高エネルギー物質の**ATP**（アデノシン三リン酸）も，RNA合成の材料となるヌクレオチド

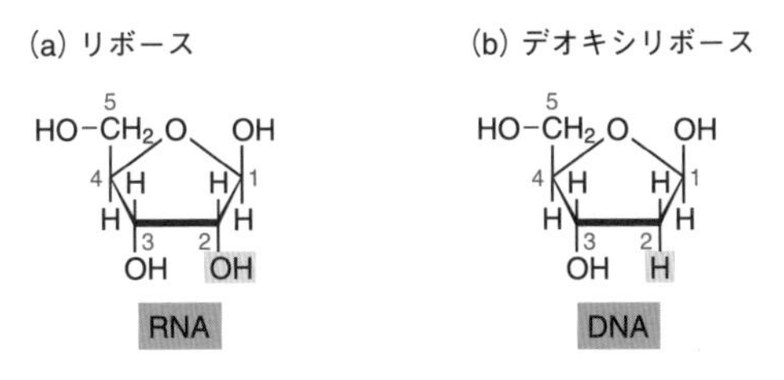

図3・12 核酸を構成する糖

の一つである．RNAがDNAと異なるもう一つの点は，DNAが通常二本鎖で安定に存在するのに対してRNAは**一本鎖**で存在することが多い点である．**二本鎖RNA**は，RNAウイルスの生活環の中や制御RNA（miRNAなど）などでみられる．ただ，RNAは分子内にある相補的塩基配列との間で部分的な二重らせん構造をつくることが多い．たとえば，tRNAは**クローバー葉形（二次）構造**がよりコンパクトに折りたたまれた**L字形（三次）構造**とよばれる立体構造をとる（図10・4参照）．RNA二本鎖はA型DNAに近い構造をもち，あまり長くはならない．またグアニンがウラシルと対合したり，アデニンにウラシルが2個対合するなど，DNAにはない特徴がみられる．

3・8 RNAの種類，機能，分布

RNAのおもな役割はタンパク質合成である．タンパク質合成に関わるRNAは細胞内RNAの大多数を占め，構造と機能によって三つに分けられる．タンパク質をつくるための個々の遺伝子から転写されたRNAは**mRNA（メッセンジャーRNA）**とよばれ，大きさや種類のバリエーションが最も豊富である．mRNAはタンパク質をコードする**コードRNA**で，内部にタンパク質をつくるアミノ酸配列を塩基配列という形でもつ．リボソームの中にあるRNAを**rRNA（リボソームRNA）**というが，RNAとしては細胞内で最も量が多く，RNA全体の90%以上を占める．動物細胞では5S，5.8S，18S，28Sの4種の沈降係数をもつRNAがあり，このうち18S rRNAはリボソームの小サブユニット中（40S）に，その他はすべて大サブユニット中（60S）に含まれる．リボソームにアミノ酸を運んでくるRNAは**tRNA（転移RNA）**といい，4.5Sの沈降係数をもち，少なくとも個々のアミノ酸に対応するだけの種類が存在する．

表3・3 RNAの種類

	種類(大きさ)	特徴，役割
タンパク質合成	mRNA(500～10,000塩基長)†	遺伝コードをもち，タンパク質合成の鋳型となる
	tRNA(70～80塩基長，4.5S)	アミノ酸に結合し，それをリボソームに運ぶ
	rRNA(大腸菌では5S，16S，23S．動物細胞では5S，5.8S，18S，28S)	リボソームの成分．その他
上記以外	リボザイム，miRNA，snRNA，プライマーRNA，RNAウイルスのRNAゲノム，その他	

† mRNAのみコードRNA．他はすべて非コードRNA

原核生物のRNAは細胞内に一様に分布し，特別な局在パターンは示さないが，真核生物のRNAは，mRNA前駆体（**プレmRNA**という）やスプライシング制御に関与するもの［**snRNA**，**核内低分子RNA**（**小分子RNA**）］などを除けば，大部分は細胞質に存在する．真核生物ではRNA合成とタンパク質合成の場が異なるが，核内でより長い**プレmRNA**として合成されたあとスプライシングにより短くなり，成熟して核外に出る．核内にあるスプライシング前のRNA集団はサイズも大きく長さも不ぞろいで，その集団は**ヘテロ核RNA**（**hnRNA**）とよばれる．

mRNA以外はすべて**非コードRNA**（**ノンコーディングRNA**，**ncRNA**）で，タンパク質合成に関わる2種類以外は多様な役割をもつ．表3・3に示すようにRNAはDNA複製のプライマーになったり，酵素活性をもって**リボザイム**として機能するものもある．なかには，**miRNA**のように遺伝子発現調節因子として働いたり，他の物質と結合するアプタマーとなったりするものもある（第13章参照）．さらにRNAはスプライシングの制御（§9・3）にも関わり，テロメラーゼRNAのように逆転写の鋳型になるものもある．RNAウイルスではRNAがゲノムとして使われる．以上のように，RNAは機能と構造の両面において多様である（表3・3）．

メモ3・1　**S値：沈降係数**

S値（**沈降係数**）は沈降速度に基づいて算出され，RNAやタンパク質の大きさを表す場合に用いる．分子量が大きいほど大きいが分子形も影響する．4S，16S，28SのRNAにはそれぞれ約80，1600，5000個の塩基が含まれる．

3・9 ヌクレオチドの生合成と分解

核酸の構成成分であるヌクレオチドは複雑な合成反応によりつくられる．細胞のヌクレオチドの供給経路は大きく分けて二つある．一つは簡単な化合物から幾多の同化反応によって合成される**新生**（**デノボ**，***de novo***）**経路**であり，もう一つはすでにできた塩基をヌクレオチドの材料に用いる**再利用**（**サルベージ**）**経路**である．プリンヌクレオチド新生経路ではまず**リボース5–リン酸**とATPから**PRPP**［**ホスホリボシル二リン酸**（ホスホリボシルピロリン酸）］ができる（図3・13a）．PRPPはグルタミンや**葉酸誘導体**，二酸化炭素，アスパラギン酸が関与するいくつかの反応を経て，**IMP**（イノシン一リン酸または**イノシン酸**，**ヒポキサンチン**を塩基にもつ）になる．IMPはその後塩基がアデニンやグアニンに変化したり，リボースがデオキシリボースになったり，あるいはリン酸基が付加されたりして，三リン酸型のヌクレオチドとなる．ピリミジンヌクレオチド新生経路の場合，二酸化炭素，アミノ酸，ATPから**オロト酸**（オロチン酸）ができ，PRPPとともに**オロチジル酸**（一リン酸），そしてUMPとなる．UMPをもとにアミノ酸，ATP，葉酸誘導体などの分子が参加し，塩基の変換，リン酸基の付加，リボースからデオキシリボースへの変換などの反応が進み，三リン酸型のヌクレオチドとなる（図3・13b）．

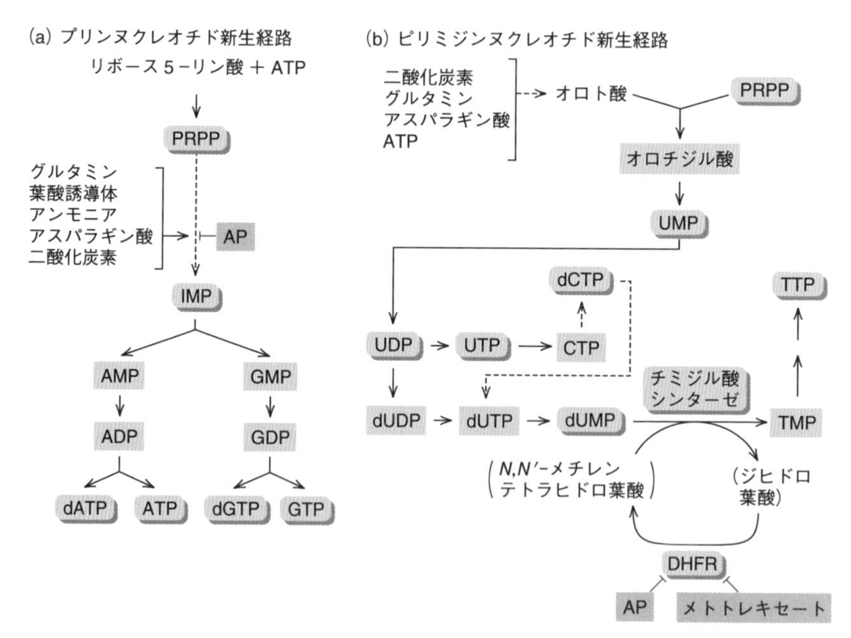

図3・13　ヌクレオチド新生（*de novo*）経路　AP：アミノプテリン（葉酸類似物質），PRPP：ホスホリボシル二リン酸，DHFR：ジヒドロ葉酸レダクターゼ，⊥：反応の阻害を表す

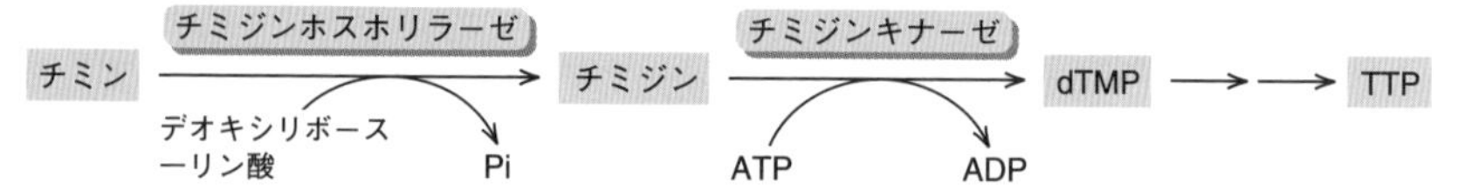

図3・14　ヌクレオチド再利用（サルベージ）経路　HGPRT：ヒポキサンチン−グアニンホスホリボシルトランスフェラーゼ

プリン塩基再利用系では，**ヒポキサンチン**がPRPPと酵素（ヒポキサンチン－グアニンホスホリボシルトランスフェラーゼ，**HGPRT**．単に**HPRT**ともいう）によりIMPとなり，同様にグアニンはPRPPとHGPRTによりGMPとなり，以下同様に代謝される．チミンはデオキシリボース一リン酸とチミジンホスホリラーゼで**チミジン**になる（図3・14）．チミジンは**チミジンキナーゼ**によってリン酸基が

コラム4

最初にできた情報高分子は何か：RNAワールド仮説

最初の情報高分子は何か？ DNAとRNAを比べた場合，RNAはDNAよりも反応性が高く，またDNA（遺伝情報）とタンパク質（**リボザイム**がもつ触媒活性）の両方の特徴を兼ね備えているため，RNAが先だとする説が有力である．タンパク質が先という意見もあるが，タンパク質は複製の鋳型にはなりえない．原始地球の海にはいろいろな有機物が溶け，そのなかでRNAが自己複製能をもつようになったのではないかと考えられ，リボヌクレオチドが自分自身で重合しうることも実験的に示されている．RNA開始説に関しても，RNAが物質的に不安定で，反応で攻撃できる塩基がシトシンに限られているなど，まだ未解決の問題もある．このためタンパク質とRNAが同時に存在し，それらに共生関係が生まれたという中間的な仮説もある．2種類の分子の共生の結果，RNAを情報高分子の基本とする**RNAワールド**，あるいはRNAとタンパク質が共存する**RNPワールド**ができたと考えられる．RNAはやがて，今も実際に存在している逆転写酵素を使って遺伝情報保持の役割をより安定なDNAに託し，現在のDNAワールドができたのであろう．原始の地球では今とは逆に，RNAを鋳型にDNAがつくられていたことになる．RNAウイルスも多数存在していることなどから，この仮説の信憑（ぴょう）性は高い．

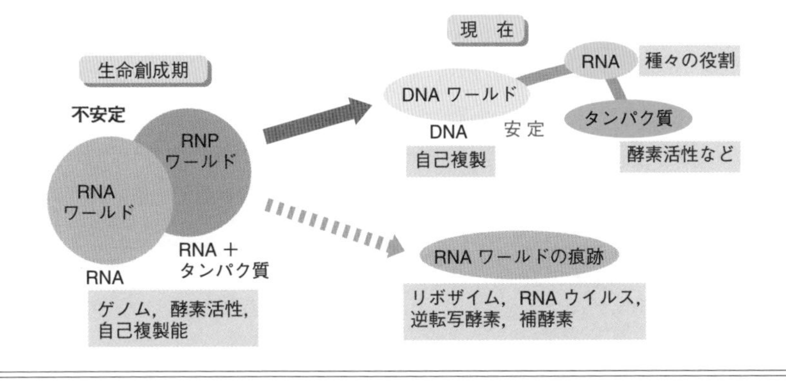

付いてdTMPとなり，やはり同様に代謝経路に入る．抗がん剤である**メトトレキセート**は**DHFR**（**ジヒドロ葉酸レダクターゼ**）反応を阻害するため，結果として細胞はチミジン（チミン）要求性になる．

別の抗がん剤である葉酸類似物質の**アミノプテリン**は，正常な葉酸誘導体の代わりに取込まれ，チミジル酸シンターゼによる反応の中でdUMPからのチミジル酸の合成を抑えたり，プリンヌクレオチド新生経路の中のPRPPからIMPを生じる反応を抑える．以上の代謝経路は**HAT培地**を使ったチミジンキナーゼ陽性細胞の選択に利用される（メモ3・2参照）．

細胞が死ぬと核酸はヌクレオチドに加水分解され，そのヌクレオチドも分解される．プリンヌクレオチドはヒトではキサンチンを経て**尿酸**となり，尿として排泄される．ピリミジンヌクレオチドは最終的に二酸化炭素とアンモニアに分解される．**痛風**という**プリン代謝病**があるが，これはPRPPシンテターゼの濃度上昇によりプリンヌクレオチドが過剰になり，その分解産物の尿酸が高くなることが引き金となる．血液中の尿酸が不溶性の針状結晶となって関節などにたまり，痛みを生じる．痛風はHGPRTの部分欠損でも起こる．HGPRTの完全な欠損症でX染色体劣性の遺伝病**レッシュ・ナイハン症候群**は小児期からPRPP濃度が上昇し，自損症や精神遅滞を伴う重篤な神経症状を示す．

メモ3・2 **HAT培地**

培養細胞の栄養液にアミノプテリンを加えると，プリン新生とチミンヌクレオチド合成が抑えられて細胞は生きることができないが，そこにヒポキサンチンとチミジンを加えると，それぞれの合成経路が途中から働き，細胞は生育することができる（図3・13参照）．**ヒポキサンチン**，**アミノプテリン**，**チミジン**の入った培地を**HAT培地**とよぶ．**チミジンキナーゼ欠損細胞**はチミンヌクレオチドの再利用経路が断たれているので，HAT培地を用いて殺すことができる．また本文で述べた理由により，HAT培地ではHGPRTをもたない細胞は増えることができない．

メモ3・3 **DNA合成と抗がん剤**

がん細胞は正常細胞に比べて増殖能が高く，DNA合成も盛んなので，DNA合成を阻害する物質を使って，がん細胞の増殖を優先的に抑えることができる．ヌクレオチド合成酵素を抑える分子，ヌクレオチドの類似分子（**アナログ**．間違ってDNAに取込まれるとそれ以後のDNA合成が停止する．グアニン類似物質の**8-アザグアニン**など），あるいはDNAを分解したり，そこに結合するような分子は抗がん剤になりうる．

4

アミノ酸とタンパク質

4・1　タンパク質はアミノ酸からできている

タンパク質［protein: ギリシャ語で最も重要なものという意味の *proteios* に由来する．日本語のタンパク（蛋白）質はドイツ語の卵白 *Eiweiss* に由来］は細胞を構成する中心的分子である．タンパク質は**アミノ酸**が連結してつくられる情報高分子で，mRNA を鋳型として合成される．アミノ酸は炭素骨格に**アミノ基**（$-NH_2$）と**カルボキシ基**（−COOH）をもつ分子であり，アミノ酸が酸とよばれるのはカルボキシ基が$-COO^- + H^+$に電離して水素イオンを放出するためである．アミノ酸には非常に多くの種類があるが，タンパク質の材料となるものは基本的に表 4・1 の 20 種に限られる．1 個の炭素原子に水素が 1 個，アミノ基とカルボキシ基が各 1 個ずつ結合し，残りの 1 箇所に各アミノ酸特有の原子団である**側鎖**が結合する．カルボキシ基の結合する炭素を**α 炭素**といい，グリシンを除き，4 箇所の結合位置にすべて異なる原子団が結合する**不斉炭素**である．p. 39 の図 4・1のように，カルボキシ基と側鎖をそれぞれ上と下奥とに置いたときアミノ基が右側にあるものを D 形，左側にあるものを L 形といい，両者は**キラル分子**で，互いに鏡像関係にある**鏡像異性体**である．タンパク質をつくるアミノ酸は，すべて **L-α-アミノ酸**である．

アミノ酸は側鎖構造の違いにより個性が発揮される．20 種類のアミノ酸を側鎖の種類により分類することができる．疎水性アミノ酸はアラニン，イソロイシン，ロイシン，バリン，システイン，メチオニン，フェニルアラニン，チロシンなどである．またアミノ酸の中にはその電気的性質により正に荷電しやすい**塩基性アミノ酸**（リシン，アルギニン，ヒスチジン），や負に荷電しやすい**酸性アミノ酸**（グルタミン酸，アスパラギン酸）がある．特別な性質をもつアミノ酸としてはシステイン（−SH を含み，二つの−SH 間で **S−S 結合**，**ジスルフィド結合**をつくる），グリシン（側鎖が水素で，不斉炭素が存在しない），プロリン（α 炭素と窒素が環状構造に入る）がある．このほか，**脂肪族アミノ酸**（炭素と水素を基本とした非環状構造），**芳香族アミノ酸**（ベンゼン環構造をもつ），**含硫アミノ酸**（硫黄を含む）といった分け方もある．このようなアミノ酸の性質の違い（親/疎水性，大きさ，原

3

表4・1　タンパク質をつくる20種のアミノ酸

分類			名称	略号 3文字	略号 1文字	側鎖の構造†	等電点	疎水性
中性アミノ酸	脂肪族アミノ酸		グリシン	Gly	G	$-H$	6.0	
			アラニン	Ala	A	$-CH_3$	6.0	○
		分枝アミノ酸	バリン	Val	V	$-CH(CH_3)_2$	6.0	○
			ロイシン	Leu	L	$-CH_2-CH(CH_3)_2$	6.0	
			イソロイシン	Ile	I	$-CH(CH_2-CH_3)(CH_3)$	6.0	
		ヒドロキシアミノ酸	セリン	Ser	S	$-CH_2OH$	5.7	
			トレオニン	Thr	T	$-CH(OH)-CH_3$	6.2	
		含硫アミノ酸	システイン	Cys	C	$-CH_2-SH$	5.1	○
			メチオニン	Met	M	$-CH_2-CH_2-S-CH_3$		
		酸アミドアミノ酸	アスパラギン	Asn	N	$-CH_2-CO-NH_2$	5.4	
			グルタミン	Gln	Q	$-CH_2-CH_2-CO-NH_2$	5.7	
	イミノ酸		プロリン	Pro	P	$^{+}H_2N$（ピロリジン環）COO^- 中性pHにおける全構造	6.3	
	芳香族アミノ酸		フェニルアラニン	Phe	F	$-CH_2-C_6H_5$（ベンゼン環）	5.5	○
			チロシン	Tyr	Y	$-CH_2-C_6H_4-OH$	5.7	
			トリプトファン	Trp	W	$-CH_2-$（インドール環，N-H）	5.9	
酸性アミノ酸			アスパラギン酸	Asp	D	$-CH_2-COO^-$	2.8	
			グルタミン酸	Glu	E	$-CH_2-CH_2-COO^-$	3.2	
塩基性アミノ酸			リシン	Lys	K	$-(CH_2)_4-\overset{+}{N}H_3$	9.7	
			アルギニン	Arg	R	$-(CH_2)_3-NH-C(=\overset{+}{N}H_2)-NH_2$	10.8	
			ヒスチジン	His	H	$-CH_2-$（イミダゾール環，$\overset{+}{N}H$，N-H）	7.8	

†　電離（イオン化）しやすいものはイオンの形で示す

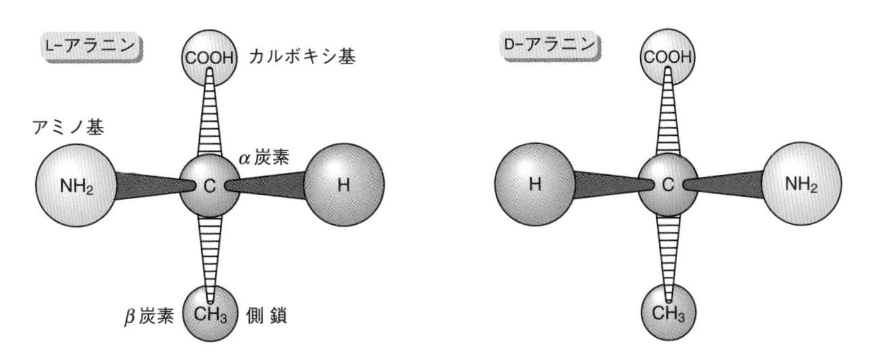

図4・1　アミノ酸の構造　カルボキシ基のついている不斉炭素をα炭素という．天然のタンパク質を構成するアミノ酸はL形であり，タンパク質をつくるアミノ酸はL形α-アミノ酸である

4

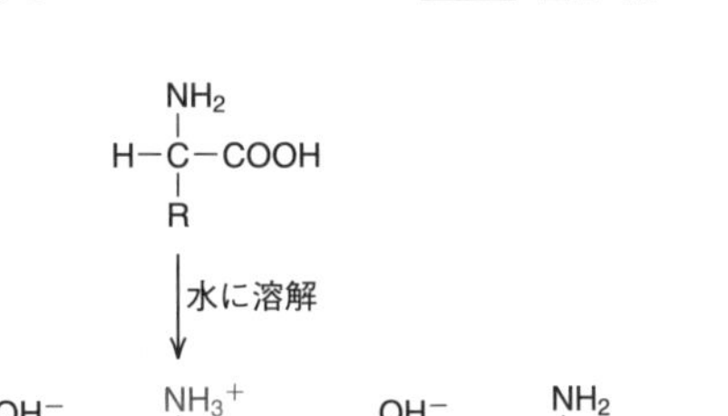

図4・2　アミノ酸のイオン化　アミノ酸のイオン化状態はpHに依存する．中性アミノ酸の例

子の回転自由度，電気的性質）はタンパク質にも反映される．

アミノ酸は水に溶けて**イオン化**（電離）し，通常はアミノ基もカルボキシ基もわずかに電離して図4・2のようになっている．正と負の電荷がつり合っていればアミノ酸は電気的に中性である．アミノ酸溶液を酸性にすると過剰な水素イオンによって COO^- が中和され，分子は正に荷電し，逆に塩基性にもっていくと過剰な OH^- が NH_3^+ を中和し，分子は負に荷電する．アミノ酸の荷電する傾向（**イオン化傾向**）は側鎖の性質による．アミノ酸が電気的に中性を保つpHを**等電点**といい，多くは微酸性（pH 5.5〜6.0）であるが，塩基性アミノ酸のリシンではpH 9.7，酸性アミノ酸のアスパラギン酸はpH 2.8であり，通常の水溶液中では，それぞれは正，負に荷電している（表4・1）．タンパク質の等電点は個々のアミノ酸の等電点の総体で決まる．

メモ4・1　　　　　**光学異性体**

分子が偏光面を回転させる性質を**旋光性**といい，不斉炭素をもつ有機物によく見られる特徴である．同じ分子でも原子の配位位置の違いによって旋光性が異なるが，それぞれを**光学異性体**という．このうち右旋性と左旋性を示すものをそれぞれ *d* 形（あるいは+形），*l* 形（あるいは−形）という．この表記記号は**鏡像異性体**の D 形，L 形とは無関係で，D 形でも右旋性とは限らない．

4・2　ペプチド結合

タンパク質は図4・3に示す**ペプチド結合**によりアミノ酸同士が結合している．ペプチド結合中の−C(=O)−N(H)−は−C(−O⁻)=N⁺(H)−と**共鳴**していて，ペプチド結合の自由な回転は制限されている（ただし α 炭素は自由に回転できる）．最初のアミノ酸のカルボキシ基の OH と 2 番目のアミノ酸のアミノ基の H が**脱水縮合**（水分子 H_2O が 1 個とれる形で 2 個の分子が結合する）したものをジペプチド（2ペプチド）という．2 番目のアミノ酸のカルボキシ基と 3 番目のアミノ酸のアミノ基との間で脱水縮合するとトリペプチド（3ペプチド）ができ，こうして次々にカルボキシ基の方向に伸びることができる．ペプチド鎖伸長の方向は mRNA を鋳型にしてタンパク質が合成される方向でもあり，実際の表記も**アミノ末端**（**N 末端**）から**カルボキシ末端**（**C 末端**）に向かって右に向かって書く．2 個から数十個程度のアミノ酸をもつものを**オリゴペプチド**（または単に**ペプチド**）といい，それ以上のものを**ポリペプチド**とよぶ．ペプチド中のアミノ酸側鎖を**アミノ酸残基**とよぶ．ポリペプチド鎖が機能をもつように一定の立体構造をとったものが**タンパク質**である．アミノ酸の平均分子量は 110 なので，タンパク質の分子量は数千以上となり，大部分のタンパク質が分子量 15,000〜60,000 の範囲に入る．アミノ酸配列は遺伝子により決められるが，これを**タンパク質の一次構造**という．質量分析（MS）や**エドマン分解**という化学反応によりアミノ酸配列が分析できる．合成も数十残基のペプチドであれば機械を使って簡単に行うことができる．

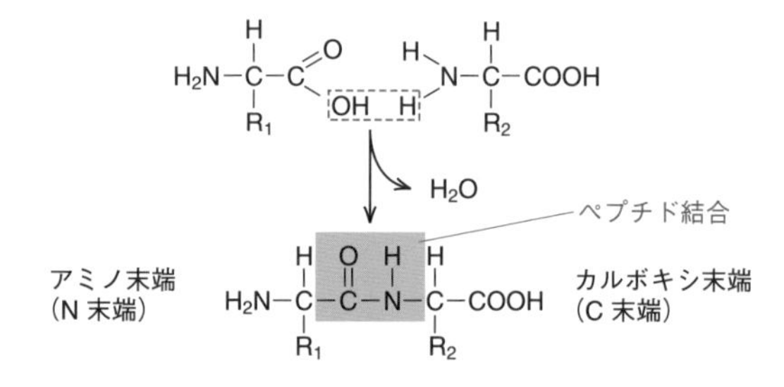

図4・3　アミノの脱水縮合によるジペプチドの生成

4・3　タンパク質の高次構造

線状に連なった各アミノ酸が，近傍のアミノ酸と種々の物理化学的な相互作用によって折りたたまれ，局所的に特異的な構造をとることが L. C. Pauling（ポーリング）により発見された．それらは**タンパク質の二次構造**と総称される（図 4・4）．

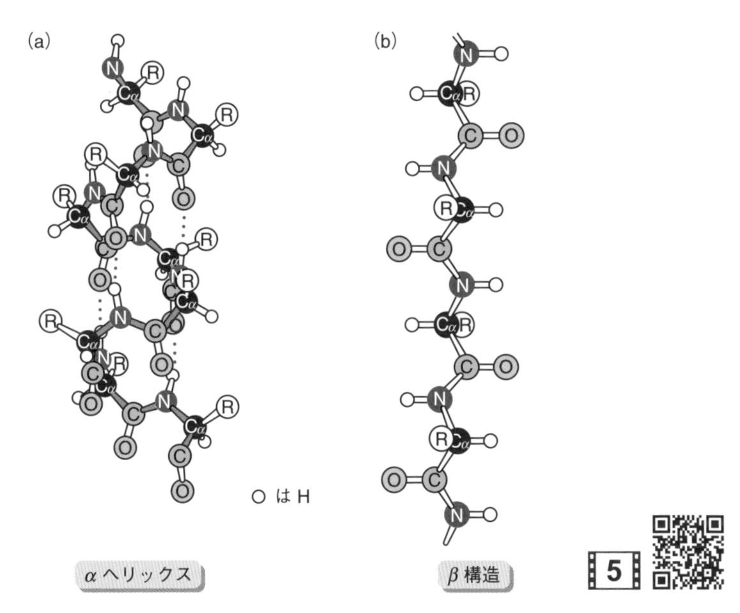

図 4・4　タンパク質の二次構造　(a) 4 番目ごとのアミノ酸残基の−NH−と−CO−の間は水素結合（…）で結ばれている．(b) ポリペプチド鎖がほぼ伸びきった状態になっている

二次構造にはらせん状の**α ヘリックス**（α らせん），ひだ状の**β 構造**，β 構造が折れ曲がった**β ターン**やそれが平面上で平行または逆平行に並んだ**β シート構造**などがある．どの構造をとるかはアミノ酸の種類や配列により決まる．繊維状タンパク質の一種ミオシンは大部分が α ヘリックスである．β シートは伸びた硬い構造であり，絹糸タンパク質のフィブロインはこの構造をもつ．複数の二次構造が疎水性アミノ酸を芯（しん）に全体が密に折りたたまれた構造を**タンパク質の三次構造**という．三次構造の安定化に 2 個のシステイン残基の−SH が酸化されて互いに結合する**ジスルフィド結合**（**S−S 結合**）が関わる場合もある（図 4・5）．S−S 結合は異なるポリペプチド鎖間でも形成されうる．

リボヌクレアーゼの 8 M 尿素と還元剤を使って，二次構造や三次構造を壊すと活性を失うが，尿素を除き，酸化してジスルフィド結合を再度つくらせると二次構造，三次構造がまた形成されて活性も復活することから，タンパク質の三次構造は一次構造から自動的に決まり自発的に起こると考えられる．この考え方を**アンフィンセンのドグマ**という．細胞内にはこのような反応を制御して生理的構造をより効率的につくらせる仕組みもある（コラム5参照）．三次構造をとるポリペプチドが数個集合して**四次構造**（**サブユニット構造**）をつくることがある．二次構造から四次構造までを**高次構造**（図4・6）という．

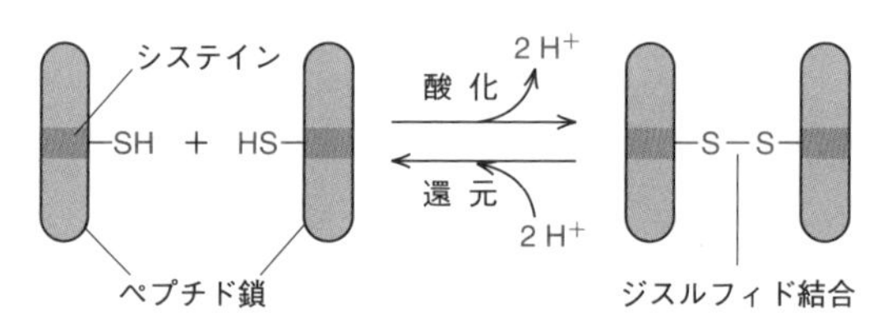

図4・5　ジスルフィド結合　三次構造成因の一つ

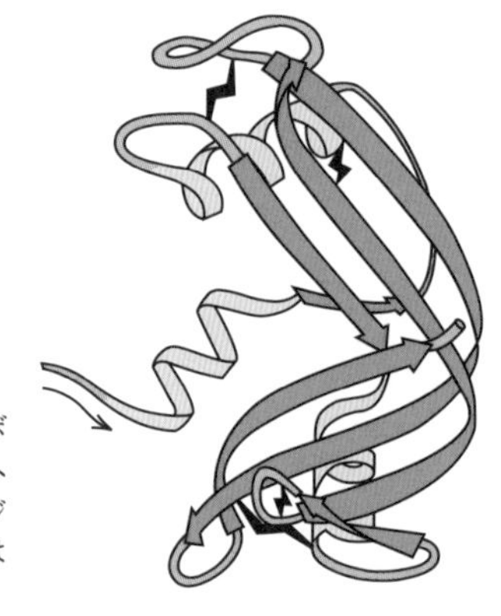

6

図4・6　タンパク質の高次構造　リボヌクレアーゼSのリボンモデル．αヘリックスを▨，βシートを■，ジスルフィド結合を⌐で示した．矢印はN末端からC末端に向かう

タンパク質の高次構造，立体構造解析の王道は，結晶化タンパク質にX線を当て，その回折パターンを解析する**X線回折**であるが，分子量が小さくゆらぎのない構造であれば**核磁気共鳴**（**NMR**）による解析もある程度は可能である．通常の電子顕微鏡は解像度が高くても分子のゆらぎで鮮明な像は得られないが，凍結試料を自然に近い状態で観察できる**クライオ電子顕微鏡**ではこの問題が解決され，近年はX線回折にとってかわりつつある．分子接触プローブの走査軌跡を画像化する**原子間**

力顕微鏡も自然に近い形で分子形を解析することができる．最近は一次構造からのタンパク質の立体構造予測も徐々に可能になってきている．

コラム5

シャペロン

細胞内でタンパク質が変性すると細胞に悪影響を与える．そのようなとき一群のタンパク質が発現し，変性したタンパク質の二次構造，三次構造を直して再生させたり，場合によっては速やかにタンパク質分解酵素を働かせて分解させる．このような，タンパク質の正しい折りたたみを行ったり，そこへの別種タンパク質の会合を介助したりする一群のタンパク質を**シャペロン**あるいは**分子シャペロン**という(chaperone: 社交界にデビューする若い未婚女性に付き添う人という意味のフランス語)．**Hsp70** という熱ショックタンパク質群などがこれにあたり，反応に ATP を要求する．

シャペロンは**タンパク質の折りたたみ**，膜透過，タンパク質分解，タンパク質相互作用，変性タンパク質への結合など，タンパク質の動態が関与する多くの局面で働き，またリボソーム上でつくられたタンパク質が正しく折りたたまれるときにも働く．

シャペロンの種類

シャペロン	細胞内局在	生物種	補助因子
GroEL	細胞質	原核生物	GroES
Hsp60	ミトコンドリア	酵　母	Hsp10
DnaK	細胞質	原核生物	DnaJ，GrpE
Hsp70	細胞質，核	哺乳類	Hsp40
Hsp90	細胞質	哺乳類	p59，イムノフィリン

4・4 タンパク質の変性

タンパク質の高次構造が壊れ，溶解度が変化するなどして活性を失った（失活した）状態を**タンパク質の変性**という．熱によってゲル化するまで変性した（すなわち凝固した）タンパク質はもとには戻らず，これを**不可逆的変性**という．タンパク質を不可逆的に変性させる要因としては，このほか強酸，重金属（水銀など），ハロゲン（ヨウ素，塩素など），有機溶媒などがある．**ドデシル硫酸ナトリウム(SDS)** などの**界面活性剤**や，水素結合を切る尿素，グアニジンなどの変性剤はむしろタンパク質をよく溶かす．この状態から変性剤を除くと，タンパク質を**再生**できる場合があり，この場合の変性を**可逆的変性**という．タンパク質の変性は，殺菌，消毒などの目的で生活のなかにも取入れられている．

コラム6

天然変性タンパク質

タンパク質内には，安定な構造をとる構造領域と，アンフィンセンのドグマから逸脱し，安定な構造をとらない天然変性領域がある．後者を含むものを**天然変性タンパク質**といい，真核生物タンパク質のおよそ3割と意外に多い．天然変性領域が化学修飾部位，タンパク質相互作用部位，足場部位になっている例がみられるものの，その機能はいまだ不明である．

4・5　タンパク質の分類と機能

タンパク質の形の多くは球状であるが，ケラチン，コラーゲンなどは繊維状である．リボソームで合成されたばかりのタンパク質はアミノ酸だけからなっている**単純タンパク質**であるが，ここにいろいろな分子が結合して成熟タンパク質となる複合タンパク質がある（糖タンパク質，金属タンパク質など）．

タンパク質の機能は多彩である．**酵素**は最もよく知られた機能性タンパク質で，**生体触媒**として働き，化学反応などをスムーズに行わせる．分子とのゆるい結合を通して反応を制御するものとして**調節タンパク質**があり，分子生物学ではとりわけ重要である．生体防御の主役である**抗体**もタンパク質からなり，物質運搬もタンパク質の役割の一つである（アルブミンにより栄養素が，ヘモグロビンにより酸素が運ばれる）．**ホルモン**の多く（インスリンや成長ホルモンなど）はタンパク質である．タンパク質にはこのほか**増殖因子**や**受容体**，チャネルやポンプなどもある．細胞そのものの形や接着性もタンパク質により維持されており，アクチン，ミオシンなどのように，運動に関わるタンパク質もある．

メモ4・2　**モータータンパク質**

ATPアーゼ活性をもち，ATPの加水分解で生じる自由エネルギーを力学的エネルギーに変換できるタンパク質を総称して**モータータンパク質**あるいは**分子モーター**という．筋収縮，細胞運動，植物の原形質流動などに関わる**ミオシン**は特に有名であるが，ほかにも，細胞内移送に関わるキネシンやダイニンがある．膜能動輸送に関与するF型ATPアーゼ，DNA上を動くRNAポリメラーゼやDNAヘリカーゼなども広い意味では分子モーターである．

4·6 タンパク質の分解

細胞内タンパク質は一定の速度で分解され，新しいものと置き換わる（このような生体分子の更新を一般に**代謝回転**という）．タンパク質分解を限定的に行うことにより（**限定分解**），そのタンパク質に機能をもたせるという機構がある．限定分解では未熟な前駆タンパク質（proprotein，**プロタンパク質**）の一部が切取られて活性型になるが，インスリンや**血液凝固系**の酵素や**補体活性化系**，あるいは**消化酵素**にそのような例が知られている．分泌性タンパク質が細胞膜を通過するときには，N 末端の一部の疎水性ペプチド（**シグナルペプチド**）が切取られる．生体内には多くのタンパク質分解酵素（**プロテアーゼ**）が存在しており，その作用機構や役割もさまざまである．

コラム7

オートファジー

細胞は取込んだ異物や病原体，過剰につくりすぎたタンパク質，機能異常を起こしたタンパク質を，酸性条件で働く**リソソーム酵素**で分解・消化して処理する働きがあるが，このような現象を一般に**オートファジー**（**自食**）という．オートファジーではまず標的タンパク質が**隔離膜**という膜構造によって包まれ，**オートファゴソーム**という小胞に入る．オートファゴソームはリソソームと融合することによって**オートリソソーム**となり，標的タンパク質はその内部で分解される．細胞小器官もオートファジーで分解される．ミトコンドリアは活性酸素が発生するために常にストレスを受けており，膜電位の消失や断片化などが起こると機能できなくなる．このような欠陥ミトコンドリアもやはりオートファジーで処理されるが，この現象は特に**マイトファジー**といわれ，ミトコンドリアの品質管理や細胞維持にとってとりわけ重要である．オートファジーは，生理的にはタンパク質の再利用，細胞内清掃，病原体排除，免疫応答，アポトーシス，がん抑制や老化抑制などと多くの役割を果たす．オートファジーに欠陥があると，アルツハイマー病，パーキンソン病，糖尿病，がんなど，多くの病気をひき起こす．

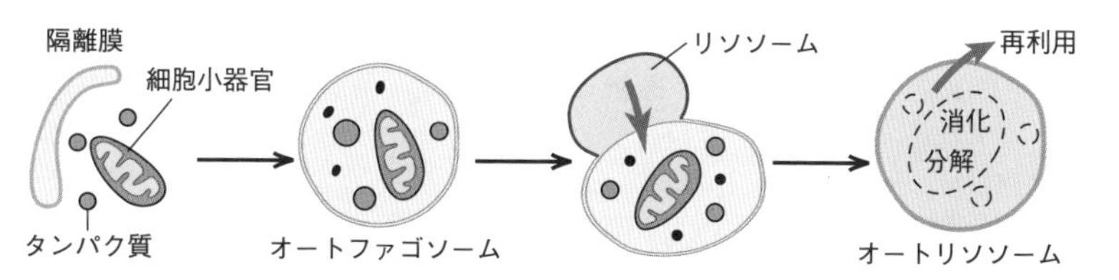

オートファジーのプロセス

4・7　タンパク質の分離と検出

タンパク質を扱う場合，pHを中性にしたり低温で操作することは一般的に安定化に効果がある．システインの −SH 基を保護する目的で **SH 試薬**（S−S 結合ができるのを防ぐ．β-メルカプトエタノールなど）を加えたりする．タンパク質の性質は千差万別であり，その分離法も多種多様である（表4・2）．細胞内タンパク質を得る場合，まず細胞を機械的に壊し，毎分 10,000 回転（約 20,000×*g*）で遠心分離してミトコンドリアや膜成分を除き，その上清を可溶性タンパク質画分として用いる．リボソームを除くためには 100,000×*g* の遠心力が必要である（この遠心上清を **S100 画分**という）．目的タンパク質が細胞膜に埋込まれている場合は作用の穏和な非イオン性の界面活性剤を使って溶かし出す．タンパク質を濃縮するには沈殿させたり，高分子を通さない**限外沪過膜**に試料を入れて水を除く．タンパク質は塩のないところでは溶けにくいが，塩を少し加えるとよく溶けるようになり（**塩溶**），さらに加えると逆に溶けにくくなる（**塩析**）が，実際の濃縮操作では**硫酸アンモニウム**による塩析がよく行われる．タンパク質の検出・定量法の一つに紫外線吸収法がある（芳香族アミノ酸は 280 nm の紫外線に吸収極大をもつ）．

表4・2　タンパク質の分離法

原　理	分　離　法
大きさによる分離	超遠心分離，ゲル沪過（分子ふるいクロマトグラフィー），分子ふるい膜，SDS−ポリアクリルアミドゲル電気泳動
電気的性質による分離	ゲル電気泳動，等電点電気泳動，イオン交換クロマトグラフィー
吸着による分離	吸着クロマトグラフィー（ヘパリン，セルロース，核酸，ヒドロキシアパタイト，色素など）
親和力による分離	アフィニティークロマトグラフィー［キレート試薬，金属，特異的核酸，抗体，特異的タンパク質，特異的リガンド（糖，レクチン，グルタチオン）など］
溶解度による分離	塩溶，塩析（硫酸アンモニウムなど），有機溶媒（アセトン，ポリエチレングリコールなど），分配クロマトグラフィー（逆相クロマトグラフィーなど）

メモ4・3　**透析とゲル沪過**

低分子と高分子が入っている試料を**半透膜**であるニトロセルロース膜に入れて緩衝液に浸すと，低分子だけが出ていくので，塩のような低分子を除くことができる．この操作を**透析**という．低分子除去法には**ゲル沪過**という方法もある．試料をゲルの微粒子が入った管に通すと，低分子ほどゲル内に拡散するので結果的にゆっくりと移動する．

コラム8

遺伝子をもたないタンパク質からなる病原体：プリオン

1996年の初頭，**狂牛病**（ウシ海綿状脳症，**BSE**．脳が萎縮してスポンジ状になり死亡する）騒ぎがヨーロッパを中心に再燃した．英国産のウシがこの病気にかかっていることがわかったが，その後もEU諸国をはじめとする複数の国で発生が確認されている．

この病気はヒトにも感染し，汚染された硬膜の移植で起こるヒトの類似疾患［クロイツフェルト・ヤコブ病，**CJD**］をひき起こす．汚染されたウシからつくった家畜飼料（くず肉や骨を砕いて乾燥させた肉骨粉）も感染源になる．

2001年後半，日本でも狂牛病を発症したウシが確認され，しかもそのウシの肉が市場に出回り問題となった．

この病気の病原体は**プリオン**とよばれる感染性のタンパク質粒子である（prion は proteinaceous infectious particle という語の中の5文字のアルファベットを組合わせた，S. B. Prusiner による造語）．類似の病気には，パプアニューギニア先住民の風土病の一つであるクールーやヒツジのスクレイピーなど多くのものがある．

プリオンは遺伝子にコードされる通常のタンパク質で神経機能や概日（日周期）リズムの維持に関与すると考えられている．変性した病原型プリオンにより正常プリオンが自己触媒的に構造変化を受け，分解されにくい形に変わり，こうしてできた病原型プリオンが他個体の細胞や組織に蓄積，沈着することで“感染”が成立すると考えられる．プリオンには核酸が存在しないので，あたかもタンパク質だけで増殖するかのようにみえる．

プリオン病

病　名	自然界での発病	原　因	潜伏期間
スクレイピー	ヒツジ，ヤギ	感　染	数カ月～数年
クロイツフェルト・ヤコブ病(CJD)	ヒ　ト	遺伝性：遺伝子の変異 医原性：硬膜移植 変異型：BSEからの感染	数十年以上 数カ月～数年 2～3年
クールー	ヒ　ト	感染(食人が原因？)	数十年以上
致死性家族性不眠症	ヒ　ト	プリオンタンパク質の変異による遺伝	30年以上
ウシ海綿状脳症(BSE)	ウ　シ	感　染	数カ月～数年
ネコ海綿状脳症	ネ　コ	ペットフードからBSE病原体が感染	―
慢性消耗性疾患	シ　カ	不　明	―

コラム9

ユビキチン-プロテアソームシステム

プロテアソームは26Sの沈降係数をもつATP依存性プロテアーゼで，中心に円筒状のコア粒子（CP），両端にPA700あるいは19Sプロテアソームとよばれる制御複合体をもつ．PA700は複数のATPアーゼを含む．

プロテアソームは不要になったタンパク質や変性したタンパク質のうち，**ユビキチン鎖**をもつタンパク質を選択的に分解する．ポリユビキチン化に関与する酵素の中では**E3**といわれる**ユビキチンリガーゼ**（ユビキチン連結酵素）が特に重要である．ユビキチンリガーゼに多様性があるため，E3や標的タンパク質の種類も多様である．細胞周期制御に関わる多くのタンパク質もユビキチン-プロテアソームシステムで分解される．分解系が働くのはおもにG_1/S期（**G_1サイクリン**，CDKインヒビターp21とその誘導に関わるp53，E2Fなど）とM期（**サイクリンB**）である（§16・1）．それぞれの時期のタンパク質は特異的E3複合体（それぞれ**SCF**，**APC**というE3）で認識され，プロテアソームで分解される．プロテアソームはこのほか，転写因子の完全分解（c-Jun，c-Fos，βカテニン，IκB）や限定分解（NF-κB），そしてマクロファージが抗原提示するための抗原タンパク質の分解にも関与する．

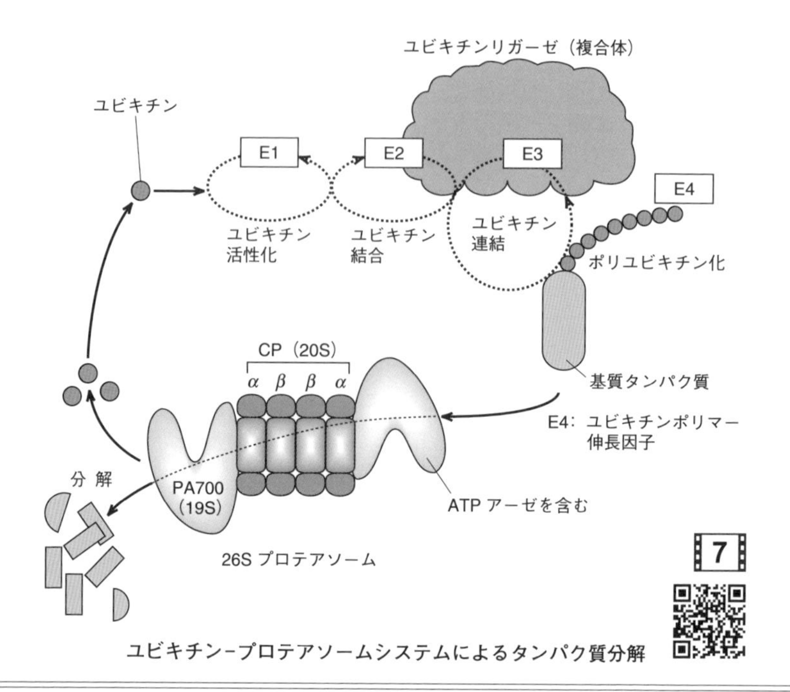

ユビキチン-プロテアソームシステムによるタンパク質分解

4・8 タンパク質の精製法

タンパク質は固有の分子量をもつので，遠心分離やゲル沪過により分子サイズで分離できる．タンパク質を電気的に分離する方法もある．タンパク質に**SDS**を結合させると，その電気的性質の違いを無視できるほど強く負に荷電する．これを陽極に向かって**ポリアクリルアミドゲル**中で電気泳動すると小さいものほど速く移動するので，タンパク質を分子量の順に分離できる（**SDS−ポリアクリルアミドゲル電気泳動**，図4・7）．一方，タンパク質は固有の等電点をもつので，pHを変化させたゲルの中で電気泳動するとタンパク質は固有の等電点のpHのところまで移動して停止する．これを**等電点電気泳動**という．等電点と分子量に基づく2回の電気泳動でタンパク質を分離する**二次元電気泳動**という方法もある．

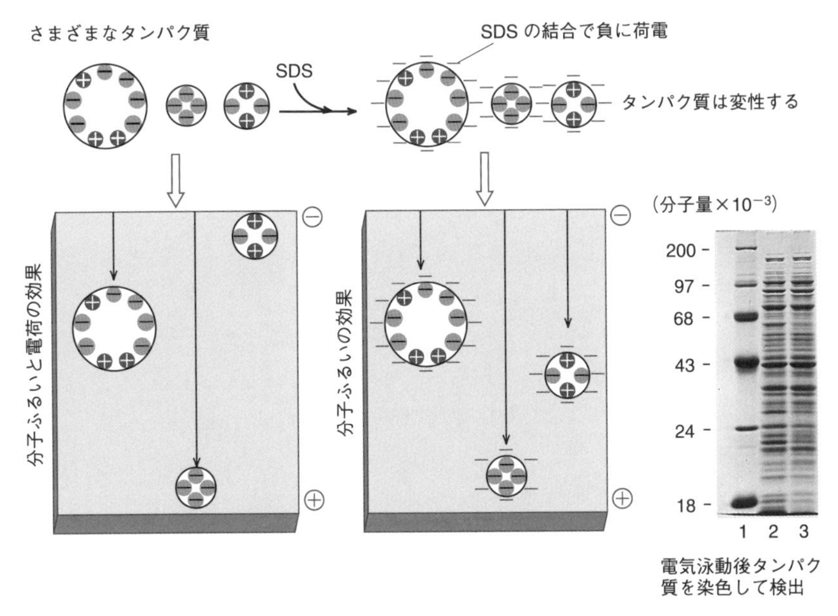

図4・7 SDS−ポリアクリルアミドゲル電気泳動 写真のレーン1は分子量既知の6種類のタンパク質．レーン2，3は大腸菌内のタンパク質．黒く見えるバンド1本が1種類のタンパク質に相当する

タンパク質分子は局所的に正や負の電荷をもつ．セルロース粉末に正に荷電する分子を共有結合させ，ここにタンパク質を通すと，タンパク質がその負電荷を介してセルロースと結合する．そこに濃いCl^-を流すと，Cl^-がタンパク質とセルロー

スの間の結合を切るので，タンパク質を溶出させることができる．溶出に必要なCl^-濃度はタンパク質固有なので，タンパク質同士を分離できる．この方法を**イオン交換クロマトグラフィー**という．タンパク質と物質（例：金属，ヘパリン）の吸着性を利用した**吸着クロマトグラフィー**という方法もある．タンパク質との間の結合が特異的な場合は特に**アフィニティー（親和性）クロマトグラフィー**といい，金属タンパク質の場合のキレート試薬，糖タンパク質のためのレクチンなどのような特異性の比較的弱いものから，DNA結合タンパク質のための特定DNA配列や抗原のための抗体などのように特異性の高いものまでさまざまなものがある．タンパク質の親水性・疎水性の差を利用したタンパク質の分離方法に**分配クロマトグラフィー**があり，担体の方が溶媒よりも極性が小さい場合は特に**逆相クロマトグラフィー**とよばれる．

II

基礎となる分子遺伝学

5

遺伝情報の保存：DNA 複製

5・1　DNA は半保存的に複製される

DNA が遺伝物質であることは 1950 年代の半ばにはほぼ信じられていたが（第 2 章），DNA が遺伝子そのものであることが証明されたのは 1950 年代の後半である．A. Kornberg は試験管の中で DNA を合成して二重らせんモデルに実験的根拠を与え，V. Ingram は鎌状赤血球貧血患者のヘモグロビンにアミノ酸の変化（図 10・7 参照）を発見して遺伝子–タンパク質–形質の関係を証明した．この章では，もとと同じ DNA がつくられる**複製**（replication）について述べる．

DNA の二重らせんモデルから，3 通りの DNA 複製機構が考えられる．1 組の DNA 鎖が新しい DNA（**娘 DNA**）に 1 本ずつ入る半保存的複製と，いずれも入らない保存的複製，そして断片的に入る分散的複製であるが（図 5・1a），M. Meselson と F. Stahl の実験により，**半保存的複製**（図 5・1b）が正しいことが証明された．細菌を，重い窒素 ^{15}N を含む培地（アンモニウム塩に ^{15}N を使用）で増やすと，細菌 DNA の塩基が ^{15}N に置き換わって，重い DNA ができる．次にこの細菌をふつうの（^{14}N のある）培地に移して数回分裂させ，各分裂段階の細菌 DNA の比重を超遠心分離機を用いて調べる．図 5・2 に示すように，もとの DNA は重いところにみられるが，1 回複製した DNA はそれより少し軽いところにみられる．さらにもう一度分裂させると，DNA は 1 回目と同じところとそれよりさらに軽いところの二つの部分に分かれる．分裂を繰返すとこの二つの部分の比率が変化し，最も軽い DNA が優勢になる．この実験では，1 回分裂した細菌の DNA に重い DNA が残らないことから保存的複製仮説が否定され，2 回目分裂以降の DNA 密度が二つに分かれるという状態が続くことから（中間密度にはならないので）分散的複製は否定される．細菌 DNA の ^{3}H 標識チミジンによる**パルスチェイス法**を用いた実験（§17・4 参照）でも ^{3}H の放射能が娘細胞に均等に配分され，標識 DNA をもつ細菌ともたない細菌に分離しなかったため，半保存的複製が確かめられた．

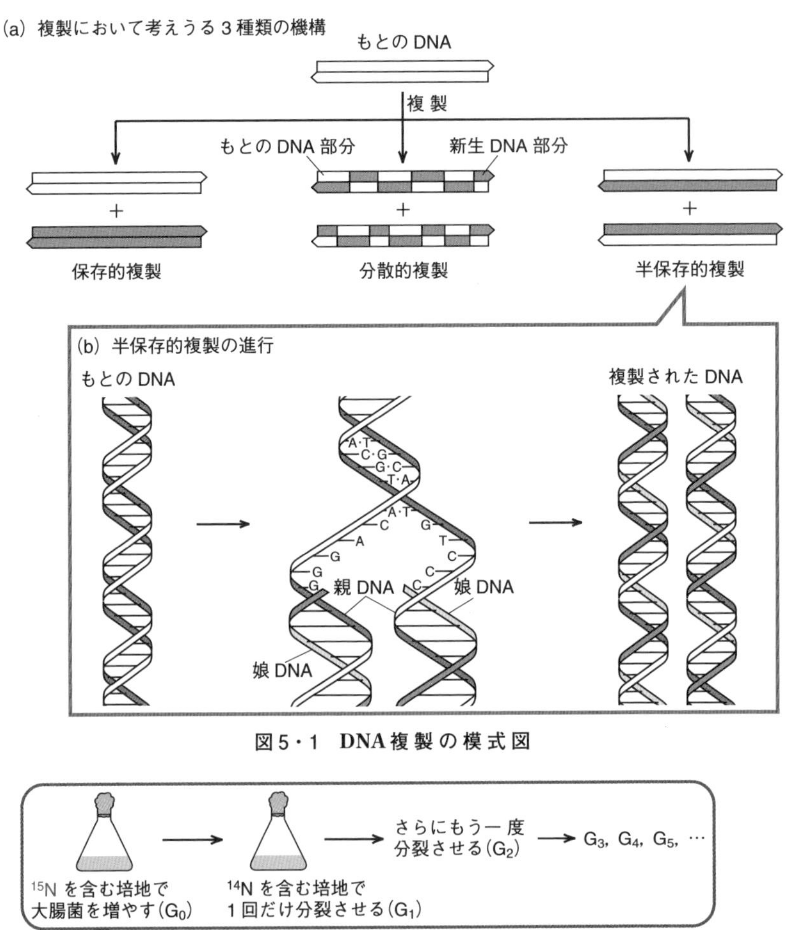

図5・1　**DNA複製の模式図**

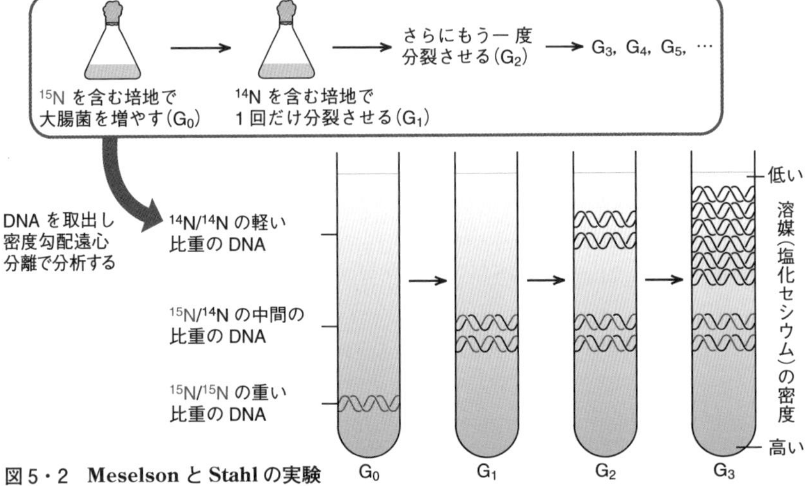

図5・2　**Meselson と Stahl の実験**

5・2 複製過程の原則

複製機構の研究はまだ終わっていない［例：リーディング鎖（§5・4）の複製機構はいまだによくわかっていない］．これは，複製には多くの酵素と因子が関与し，制御機構が多様かつ複雑で，その全体像も生物種やゲノムの種類によって異なるためである．複製機構の解明をさらに困難にしている一因に，さまざまな形態のDNAが存在していることもあげられる（例：線状と環状．一本鎖の場合はプラス鎖とマイナス鎖）．

メモ5・1 **プラス鎖とマイナス鎖**

一本鎖核酸の配列がタンパク質をコードしていれば**プラス鎖**，それと相補的ならば**マイナス鎖**という．一本鎖DNAやRNAをゲノムにもつウイルスなどの核酸を表す表現として便利である．ただ，DNAの相補鎖が別々の方向性でタンパク質をコードしている場合もあり，単純ではない．

DNAには複製が始まる場所，**複製起点**（***ori***，**複製開始点**ともいう）がある．人為的に複製起点を含む短いDNA断片を取出して複製させることもでき，酵母などではそのような配列を**自律複製配列**（**ARS**）という．一つの複製起点で複製されるDNA領域を**レプリコン**という．大腸菌ゲノム，プラスミドDNA，ミトコンドリアDNA，ウイルスゲノムは単一レプリコンであり，真核生物のゲノムや分節型RNAをもつRNAウイルスは複数レプリコンである．大部分の複製はDNA合成が複製起点から両方向に進む（**二方向性複製**，図5・3a）．複製が進む前方にあるDNA二本鎖ではDNAが変性するが，この反応には酵素である**DNAヘリカーゼ**が関与する（例：大腸菌の**DnaB**，真核生物の**MCM複合体**やT抗原）．また複製部位の前方ではDNAのらせんが解消され，後方では積極的にらせんがつくられる必要があるが，これらの反応は**トポイソメラーゼ**（§3・6）によって行われる．複製が進んでいる部分はその形態から**複製のフォーク**とよばれる．

複製開始時，複製起点のDNAが変性し，“バブル”（泡）ができる（図5・3a）．環状二本鎖DNAでは**複製のバブル**が大きくなりながら複製が進むので，θ（シータ）形構造が電子顕微鏡で観察されるいわゆる**θ型複製**がみられる（図5・3a右）．DNA複製の原則はこのように，複製起点からフォークが両方向に伸びる**二方向性複製**である．

ARS：autonomously replicating sequence

(a) 二方向性 DNA 複製

i) 線状 DNA の場合

レプリコン（複製単位）

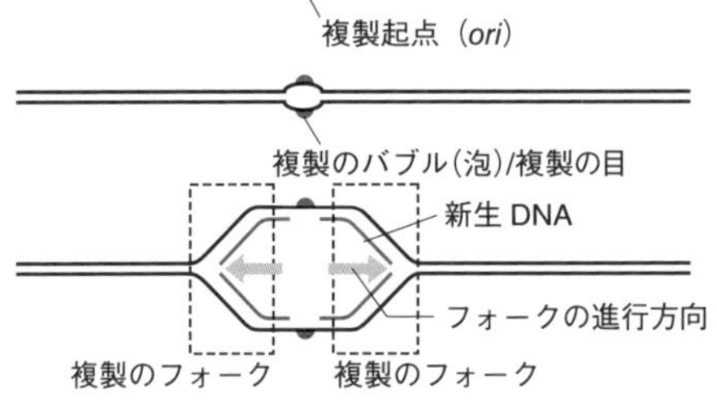

ii) 環状 DNA の場合（ColE1 プラスミド）

(b) 一方向性 DNA 複製（バクテリオファージ T7）

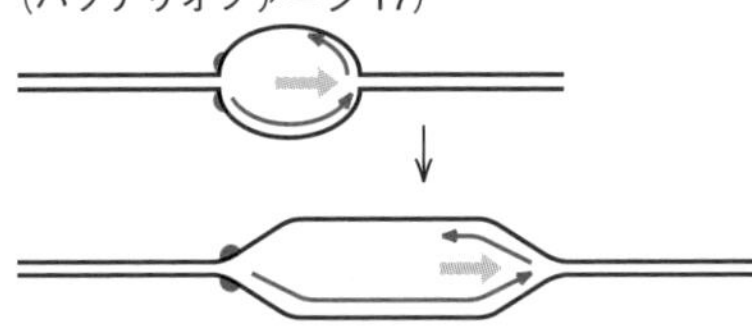

(c) ローリングサークル型（σ型）複製（一本鎖環状 DNA の複製中間体）

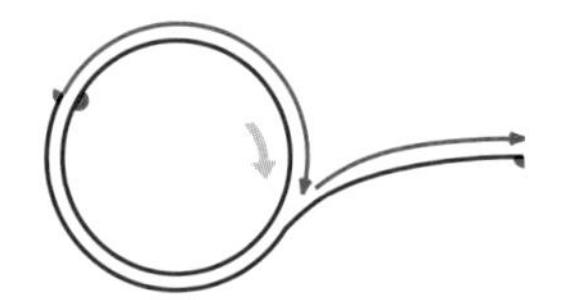

(d) 多起点二方向性複製（真核生物の染色体 DNA）

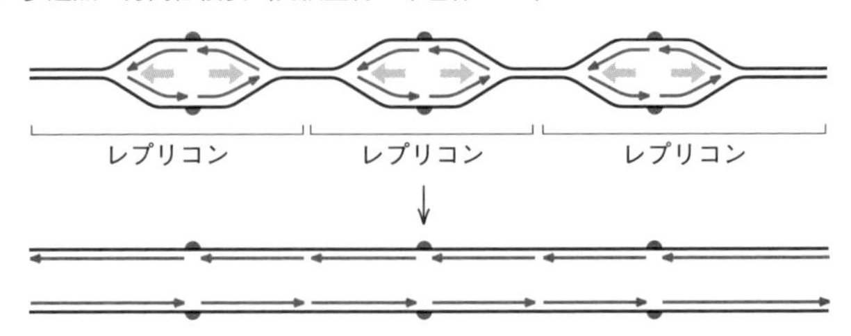

図5・3 DNA 複製の様式

5・3 DNA を合成する酵素: DNA ポリメラーゼ

複製は **DNA ポリメラーゼ**（**DNA 合成酵素**）によって起こる．合成酵素には次のような性質がある．1) DNA 鎖は 3′ の方向にしか伸びない．2) DNA 合成は鋳型と相補的な塩基をもつヌクレオチドを重合する反応である（酵素的には転移酵素に分類される）．鋳型 DNA は一本鎖が基本だが，酵素によっては二本鎖でもよい．3) 反応に利用される基質は 5′-三リン酸型のデオキシリボヌクレオチド（dNTP）である．4) DNA 合成を新たに“開始”することはできず（鎖の新生ができない），

3′-OH末端をもつ**プライマー**とよばれる反応の引き金になる核酸が鋳型DNAにアニーリングしている必要があり（図5・4），この点がRNAポリメラーゼと根本的に異なる性質の一つである．5) プライマーはDNAでもRNAでも，また短くてもよい．複製で実際に使われるプライマーは10塩基程度の短いRNAである．これらの性質のなかで1) と3) はヌクレオチド重合反応共通の法則である［RNAにおける3) の基質はリボヌクレオチド］.

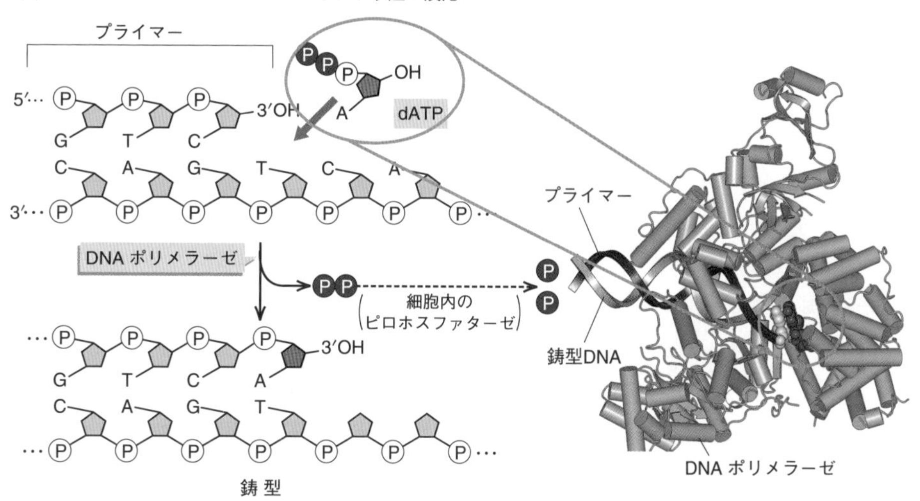

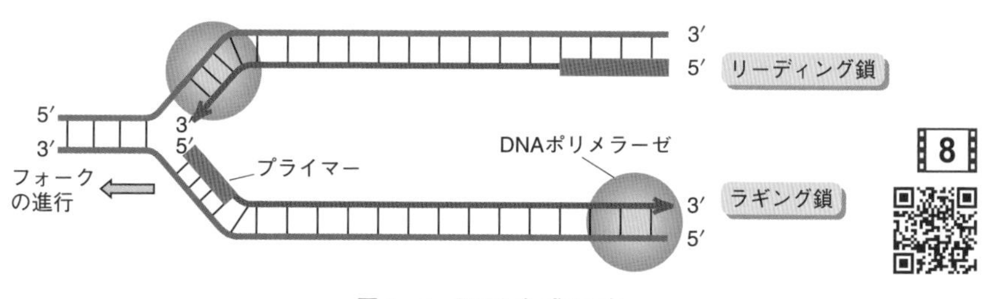

図5・4 **DNA合成反応**

a. 大腸菌の酵素　大腸菌の複製において中心的に働く酵素は**DNAポリメラーゼⅢ**（**DNApolⅢ**）で，分子数は少ないが重合（合成）速度は非常に大きい．DNApolⅢは多サブユニット酵素で，触媒部分（コア酵素: α, θ, εを含む）は二つあり（図5・9参照），β サブユニットはコア酵素を DNA に乗せて高速で走らせる**クランプ**（留め金）としての働きがある．γ, δ, τ, ψ, χ を含む部分はコア酵素を2個連結し，クランプを DNA に乗せる**クランプローダー**としての役割がある．このような構造をとることにより，DNApol Ⅲは2箇所での DNA の同調的合成を高速で行うことができる．

複製では，このほか **DNA ポリメラーゼⅠ**（**DNApol Ⅰ**．**コーンバーグの酵素**）が重要で，短い DNA 部分の複製や修復的 DNA 合成に関わる．こちらは重合速度が小さいが細胞当たりの分子数が多い（表5・1）．DNApol Ⅰには，進行方向前方の DNA のヌクレオチドを1個ずつ削る **5′→3′エキソヌクレアーゼ**活性がある．酵素は DNA の**ニック**部分に結合すると，下流（酵素が進む側）の DNA を削ると同時に新しい DNA の合成を行う．この反応は**ニックトランスレーション**とよばれ，間違った塩基対があればそれを直すこともできる．DNApol Ⅰのこの活性ドメインをタンパク質分解酵素**ズブチリシン**で除いた酵素を**クレノウフラグメント**（**クレノウ断片**あるいは**ラージフラグメント**）といい，試験管内での DNA 合成反応に用いられる（図5・5）．これら以外の DNA ポリメラーゼは**修復**や**損傷乗越え DNA 合成**（**TLS**, §6・9）に関わる（表5・1）．

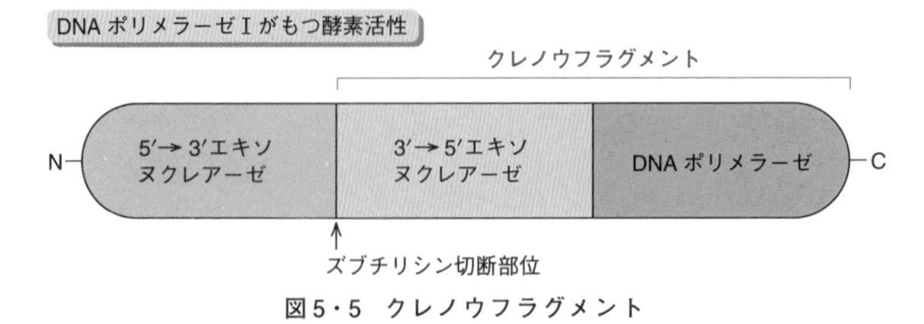

図5・5 クレノウフラグメント

表5・1 大腸菌の DNA ポリメラーゼの特徴

DNApol Ⅲ	DNApol Ⅰ	その他
3′→5′エキソヌクレアーゼ活性をもつ		**DNApol Ⅱ** 3′→5′エキソヌクレアーゼ活性ギャップの修復
・主要な複製酵素 ・大きな反応速度(30,000 ヌクレオチド/分) ・数は少ない(10個/細胞)	・5′→3′エキソヌクレアーゼ活性をもつ ・反応速度は大きくない(300 ヌクレオチド/分) ・数は多い(400個/細胞) ・岡崎フラグメントの RNA の除去 ・短い部分の複製，修復的 DNA 合成	**DNApol Ⅳ** 修復，TLS† **DNApol Ⅴ** 修復，TLS†

† TLS: translesion DNA synthesis［損傷乗越え DNA 合成（修復）］

メモ5・2　**DNA合成の基質には三リン酸型のdNTPが必須**

DNAポリメラーゼは三リン酸型のデオキシリボヌクレオチド（**dNTP**）しか基質にしない．合成には大きなエネルギーが必要だが，dNTP→dNMP+PP_i［二リン酸（ピロリン酸）］で発生するエネルギーは非常に大きく（約45 kJ/mol），dNDP→dNMP+Pi（無機リン酸）だとその約70%にしかならない．同じことはRNA合成に関してもいえる．細胞内では**ピロホスファターゼ**が二リン酸を無機リン酸に加水分解（PP_i→$2P_i$+19 kJ/mol）するので，さらにエネルギーが供給されうる．

b．真核生物の酵素　真核生物にも多くのDNA合成酵素が存在するが（表5・2），そのうちゲノムの複製に関わるものは**DNApol δ**と**DNApol ε**である．ほかにDNApol β，ζ，κ，ιなど，修復やTLSに関わる多くの酵素が知られている．DNApol γはミトコンドリアDNAの複製に関わる．真核生物にはこれらのほかにも，非典型的な方式でDNAを合成するDNAポリメラーゼがいくつか存在し，そのなかにはRNAを鋳型にDNAを合成する**逆転写酵素**や，逆転写酵素の一種である**テロメラーゼ**（テロメア伸長酵素），DNAの3′末端を鋳型非依存的に伸ばす**TdT**（**末端デオキシヌクレオチジルトランスフェラーゼ**）などがある．

表5・2　真核生物のDNAポリメラーゼ

酵素名	働き・特徴	酵素名	働き・特徴
DNApol α	プライマー合成（§5・7b）	DNApol ζ	TLS
DNApol β	修復（除去修復）	DNApol λ	修復（減数分裂時）
DNApol γ	ミトコンドリアDNAの複製	DNApol μ	高度に変異を誘発
DNApol δ	ラギング鎖の複製	DNApol κ	TLS
DNApol ε	リーディング鎖の複製	DNApol η	TLS
DNApol θ	架橋DNA修復	DNApol ι	TLS

c．校正機能　生物種にかかわらず，複製に関わる酵素は取込んだヌクレオチドを上流（DNA合成が済んだ側）にさかのぼって1個ずつ削り取る，**3′→5′エキソヌクレアーゼ活性**（単に**5′エキソヌクレアーゼ**ともいう，**エキソ**は“外側”からの意）をもつ．この活性はDNA合成でのヌクレオチド取込みの間違いを直すのに必要である．ヌクレオチドが誤って取込まれると酵素がDNAのゆがみを感知して合成を止め，酵素はこの活性を利用してDNAを削りながら後戻りし，その後

Tdt: terminal deoxynucleotidyl transferase

合成反応をやり直す．この過程を**校正**という（図5・6）．DNAポリメラーゼのヌクレオチド重合反応は十分に正確であるが（間違いが1000分の1以下），校正機構により合成間違いの確率はさらに下がる（100万分の1以下）．

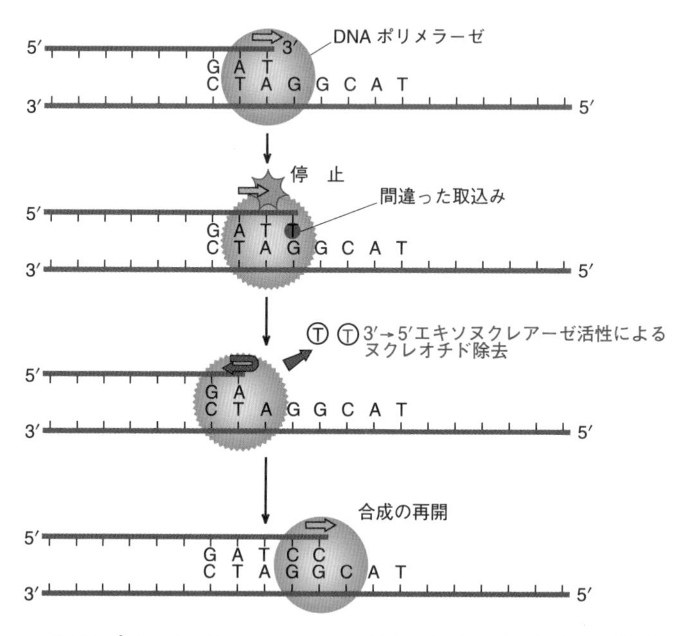

図5・6 DNAポリメラーゼの3′→5′エキソヌクレアーゼ活性とDNA合成の校正機構

5・4 不連続 DNA 合成と複製フォークでの反応

二本鎖DNAの複製で，鋳型DNAの3′方向と5′方向へ合成される鎖を，それぞれ**ラギング鎖**（遅れる鎖の意味）と**リーディング鎖**（先導する鎖の意味）という（図5・7）．リーディング鎖ではフォークの進行と新生DNAの伸長方向は一致するが，ラギング鎖ではDNA合成が3′側にしか進まないという原則に従うとDNAが合成できないことになってしまい，ジレンマが生じてしまう．**岡崎令治**らは，DNA複製中の大腸菌細胞ではまず短いDNA，**岡崎フラグメント**（**岡崎断片**）ができ，それが時間とともに長いDNA鎖に変化することを**パルスチェイス実験**（図5・8，§17・4）で明らかにした．大腸菌の場合，ラギング鎖ではまず**プライマーゼ**（**DnaG**）により短いRNAができ，ついでDNApol Ⅲにより1000～2000塩基長の岡崎フラグメントが合成され，それが**DNAリガーゼ**によって連結されることが明らかにされた．この機構を **DNA の不連続複製**という．リーディング鎖ではこのようなことは起こらず，最初のプライマーから DNA が連続的に合成される．結果的に，二本鎖 DNA は半連続的に複製されることになる．

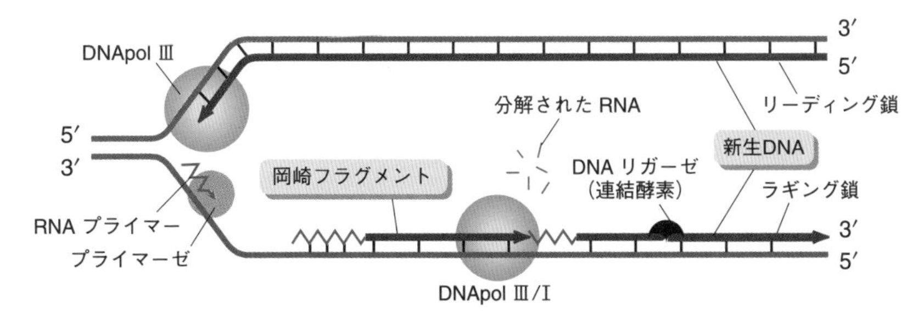

図 5・7 ラギング鎖 DNA の不連続合成（細菌の場合）

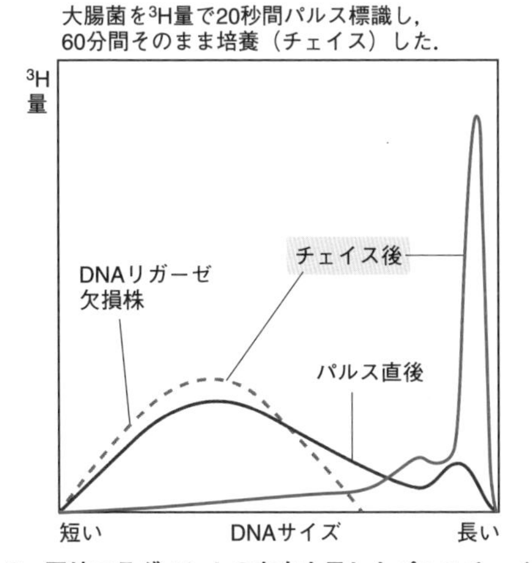

図 5・8 岡崎フラグメントの存在を示したパルスチェイス実験

複製過程を詳しくみた場合，複製フォークではまず **DNA ヘリカーゼ**である **DnaB** により二重らせんが開かれ，一本鎖となった DNA は**一本鎖 DNA 結合タンパク質**（**SSB**）の結合で安定化される．ラギング鎖ではここにプライマーゼが結合して RNA プライマーがつくられる．DNApol Ⅲにより岡崎フラグメントができ，DNApol Ⅰによって仕上げの DNA 合成と RNA プライマーの除去（さらに RN アー

SSB：single-strand DNA-binding protein

ゼHも関わる）が行われ，DNAリガーゼの働きで岡崎フラグメントがつながり，長いDNA鎖が完成する．ラギング鎖とリーディング鎖の合成は**トロンボーンモデル**とよばれる伸縮構造をとって両鎖で同調的に進むと考えられる．これらの反応はDNApol Ⅲ，DnaB，DnaGを含む**レプリソーム**とよばれる大きな構造の中で起こる（図5・9）．

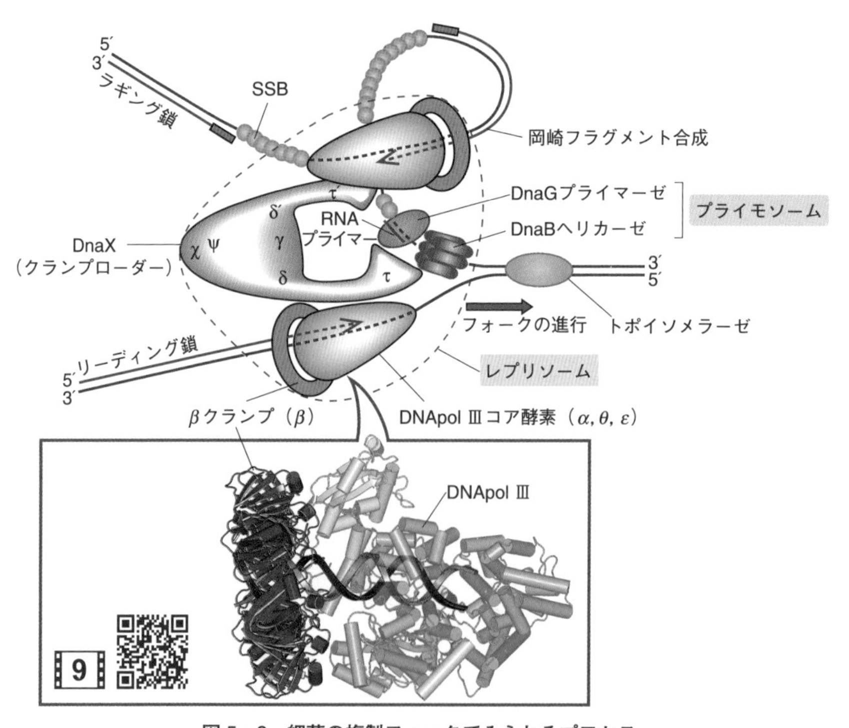

図5・9 細菌の複製フォークでみられるプロセス

5・5 複製開始機構

複製起点である*ori*には複製開始に必要なDNA領域（**レプリケーター配列**）があり，そこには複製開始因子群（**イニシエーター**）が結合する領域と，隣接する変性しやすい領域が存在する（図5・10）．大腸菌の場合，複製領域***oriC***にあるレプリケーターはATに富んだ領域と複数の**DnaA**結合領域からなる．その領域にDnaAが結合するとATに富んだ領域が少し変性し，そこに**DnaC**がATPを伴って結合する．次に**DnaB**が結合してDNAが十分に変性し，DNA合成のプライマーをつくるプライマーゼ（**DnaG**）が結合する．プライマーゼはDnaBやDnaGなどとともに**プライモソーム**という構造をとっていると考えられる．リーディング鎖の複製開始機構はまだ完全には解明されていないが，おそらくラギング鎖と同じくプライマーゼでプライマーが合成され，プライモソームが形成されると推定される．DnaGは通常のRNAポリメラーゼとは異なり，RNAポリメラーゼ阻害剤の**リファンピシン**に耐性である．

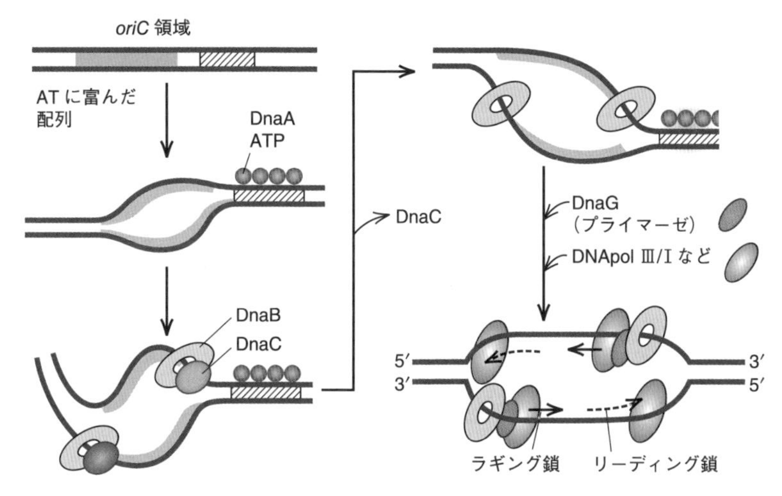

図5・10　複製起点付近での反応（大腸菌の場合）　リーディング鎖合成開始の様子は詳しく描いていない

5・6　ローリングサークル型複製

M13やϕX174のような**一本鎖環状DNAファージ**の複製では，まずプラス鎖DNAを鋳型にプラス鎖とマイナス鎖をもつ二本鎖環状の**複製中間体**（**RF**）ができる．次にRFの1箇所にニックが入り，ここから輪が回転するようにDNAが転がる．このとき残された一本鎖部分と輪の部分でDNA複製が行われ，何重にも連なる線状二本鎖DNAができる．以降はこれが単位長さに切られた後でつながり，環状のRFが大量に複製される．このような形式のDNA複製を**ローリングサークル型複製**，あるいは複製途中の分子形から**σ**（シグマ）**型複製**という．RFからプラス鎖DNAができる場合，ファージのAタンパク質（ϕX174の場合）によりプラス鎖にニックが入り，RF上でプラス鎖を除くようにDNA複製が起こってプラス鎖が放出され，

RF: replicative form. replication intermediateともいう

Aタンパク質の結合したRFはこのサイクルを繰返す．したがって一本鎖環状DNAファージ感染細胞内には，プラスミド状のRFとプラス鎖の一本鎖環状DNAの2種類のDNAが存在する（図5・11）．σ型複製はλファージ環状DNA複製の後期やF因子が雌菌に伝達されるとき（図11・9参照）にもみられる．

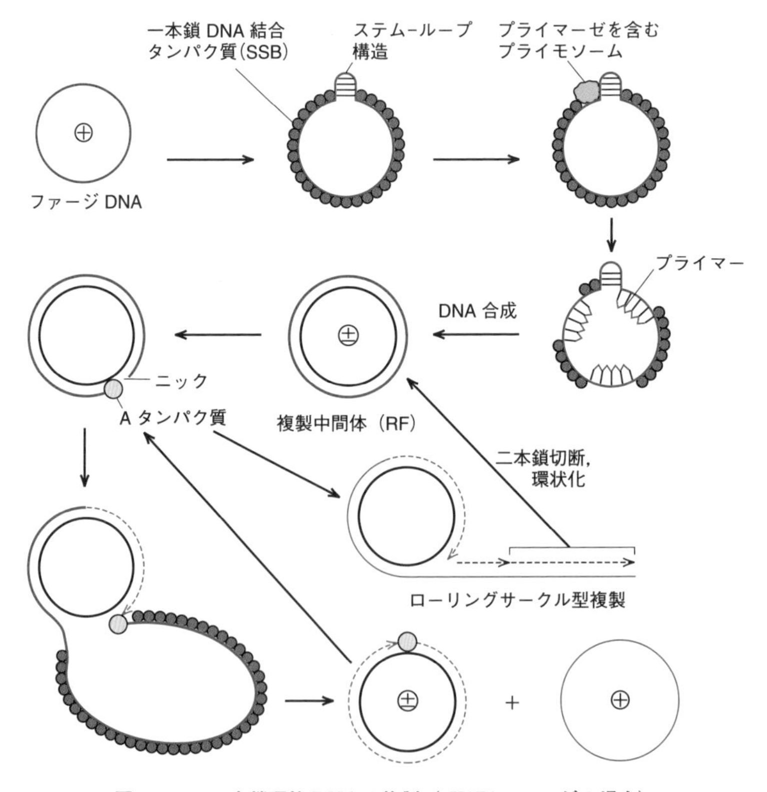

図5・11　一本鎖環状DNAの複製（φX174ファージの場合）

5・7 真核生物の複製

a. 複製開始前から開始まで　　真核生物は**細胞周期**という一定の周期性で細胞分裂するが，複製は G_1 期とS期の境界ポイントで多数の *ori* から同時に始まり，S期の終点で終わる．複製が始まるとき，まず *ori* に **ORC** が結合し，次にいくつか

ORC：origin-recognition complex，**MCM**：mini chromosome maintenance

の因子の助けで **MCM 複合体**（**MCM2–7**）が結合する．つづいてキナーゼによっていくつかの因子がリン酸化され，一部の因子は解離し，複製のバブルがつくられる（図 5・12）．MCM2–7 には **DNA ヘリカーゼ活性**がある．サルの DNA ウイルスである **SV40** の複製ではウイルスの **T 抗原**が *ori* に結合し，自身がもつヘリカーゼ活性で複製のバブルをつくる．できた複製関連因子複合体はいろいろな因子に

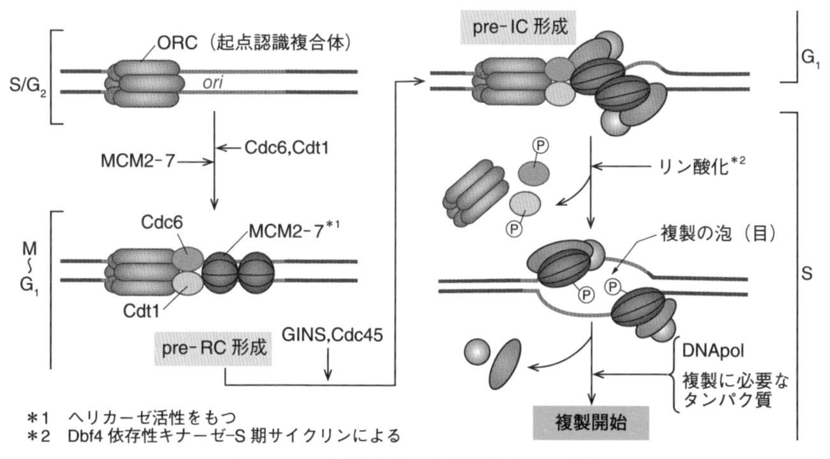

図 5・12 真核生物の複製開始までの過程

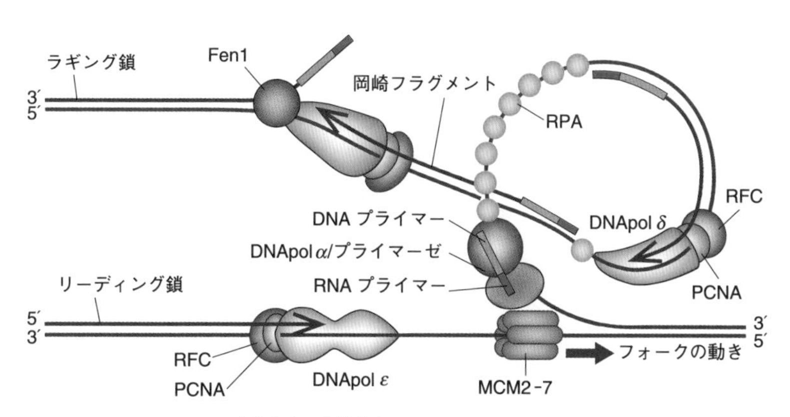

図 5・13 真核生物の複製の進行状態

よって活性化され（コラム10参照），変性で生じた一本鎖部分には**RPA**が多数結合してDNAを安定化する．つづいてDNAポリメラーゼが結合するが，大腸菌と違い，リーディング鎖合成には**DNApol**$\boldsymbol{\varepsilon}$，ラギング鎖合成には**DNApol**$\boldsymbol{\delta}$と，別々の酵素が使われる（図5・13）．動物細胞の場合，DNAポリメラーゼがDNA上に置かれ，DNAを滑るクランプとしては**PCNA**（増殖細胞核内抗原．がん細胞にあるタンパク質として発見された）が，クランプをDNAに乗せるクランプローダーには**RFC**が用いられる．

b. 複製の進行　複製フォーク進行の様子は大腸菌の場合と似て，ヘリカーゼと一本鎖結合タンパク質，そしてDNApolとクランプ/クランプローダーが関わる．真核生物ではDNApolは前述のようにδとεが使い分けられるが，ラギング鎖でのプライマー合成には特殊なDNAプライマー合成酵素である**DNApol**$\boldsymbol{\alpha}$が働く．DNA pol αはRNAプライマーを合成する**プライマーゼ**と一体化した構造をもつ．酵素はまずプライマーゼ活性でごく少しだけRNAを合成し，その後DNA合成活性でプライマーとなる核酸をDNAとして伸ばす．この**ポリメラーゼスイッチ**が起こることがDNApol αの大きな特徴である．ラギング鎖でつくられる岡崎フラグメントの長さは約100塩基と大腸菌よりは短い．岡崎フラグメントが連結する前のRNAの除去はDNApol δの引き剥がし作用やそれに付随する**Fen1**（**フラップエンドヌクレアーゼ1**）などが関与する（図5・14）．

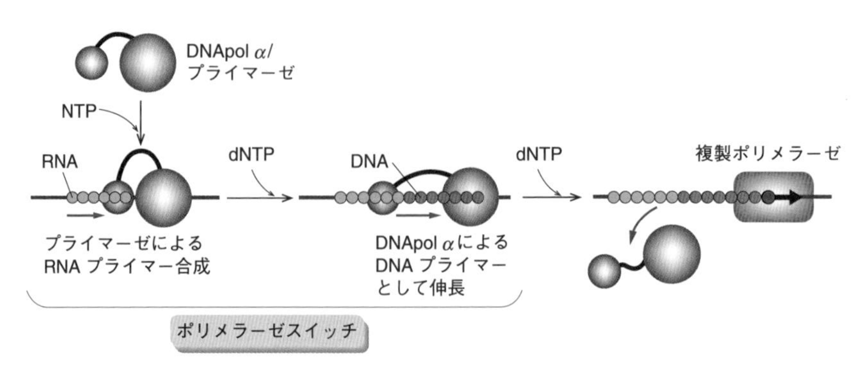

図5・14　DNApol α/プライマーゼの挙動

RPA：replication protein A,　**PCNA**: proliferating cell nuclear antigen
Fen1：flap endonuclease 1

5・8　線状 DNA 複製の末端問題とその回避策

環状 DNA の複製では，プライマー RNA は一周して戻ってきた複製装置によって削り取られて複製が完了する．ところが線状 DNA の場合，新生鎖の 5′ 末端の RNA プライマーは DNA に変換されないため複製されないことになる．これを**線状 DNA の複製における末端問題**（図 5・15a）といい，線状 DNA をゲノムにもつウイルスや生物は以下に述べる方法でこの問題を解決している（図 5・15b）．

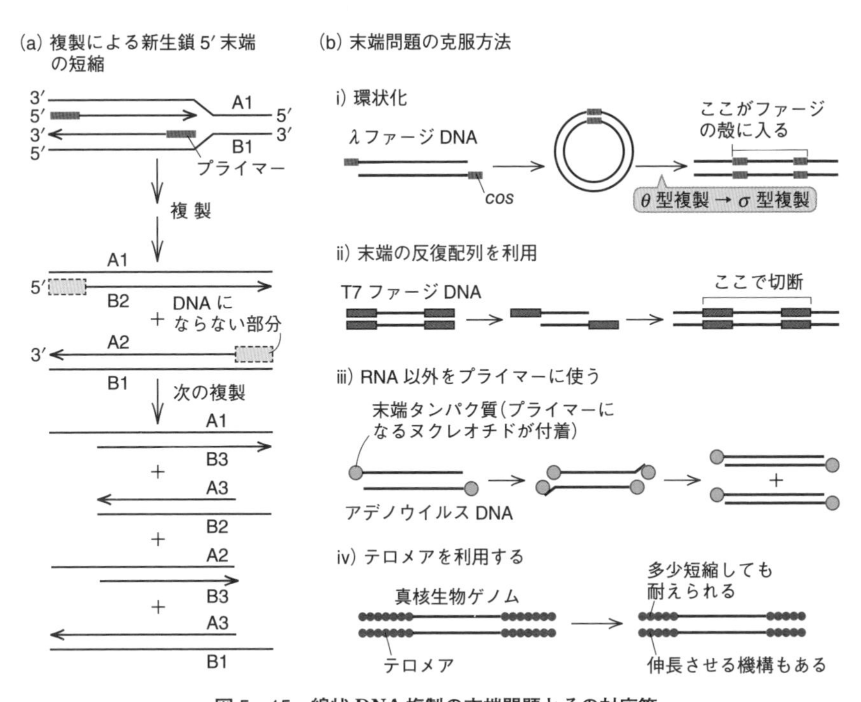

図 5・15　線状 DNA 複製の末端問題とその対応策

環状 DNA であれば末端問題はないので，線状ゲノムをもつ**λファージ**では感染後，末端の短い相補的一本鎖部分である ***cos*** が**粘着末端**として働いて環状化し，最初は θ 型複製，その後 σ 型複製によって DNA が増える．増えて多量体化した線状ゲノム DNA は *cos* で一本鎖ができるようにゲノム単位で切断され，ファージの殻の中に入る．T7 ファージには末端に反復配列があり，複製後に反復部分が一本鎖となる．その後一本鎖が粘着末端として働いて多量体化ファージ DNA ができ，最後に反復配列を両側に含む形で切断される．プライマーに RNA ではなく，タンパク質などがもつヒドロキシ基（−OH）を使う例が枯草菌のϕ29ファージや**アデノウイルス**にみられる．アデノウイルスDNAの鋳型鎖の3′末端には末端タンパク質が付随するが，タンパク質のセリン側鎖がリン酸を介してシチジン（CMP）と結合しており，ヌクレオチド3′位の−OHがプライマー機能をもつ．真核生物染色体の線状ゲノムDNAの複製では，末端反復構造である**テロメア**を使って短縮した末端の維持・復元が行われる（§5・9参照）．

コラム10

複製のライセンス化

複製が開始した後に次の複製が起こるタイミングを制御する仕組みのことを**複製のライセンス化**という．真核細胞はS期のはじめに1回しか複製が開始しない．開始時にORCやMCM複合体が結合した**複製前複合体**（**pre-RC**）ができ，次に**プロテインキナーゼ**やS期特異的CDK-サイクリンなどが働いて**複製開始前複合体**（**pre-IC**）ができる．その後ORCはDNAから離れ，DNAポリメラーゼなどが結合して開始に進む．G_1期はプロテインキナーゼ活性が低いがS期以降は高く，その状態はM期まで続く．低いプロテインキナーゼ状態ではpre-RCはできるが活性化は起こらず，プロテインキナーゼが高い状態ではpre-RCはできないが既存のpre-RCはpre-ICとなる（下図）．このためpre-RCがG_1期ででき，S期になるとそれがpre-ICとなるが，M期までは新しいpre-RCはできない．このように，真核細胞の複製ではプロテインキナーゼによってライセンス化が制御されている．

大腸菌のライセンス化にはDNAのメチル化が関わる．ゲノムDNAは高度に**メチル化**されているが，複製されたばかりのDNA鎖のメチル化は低く，これがDNA複製の再開を抑えている．大腸菌は20分に1回細胞分裂するのに複製には40分以上かかるため，複製中に次の複製が起こるという現象がみられる．

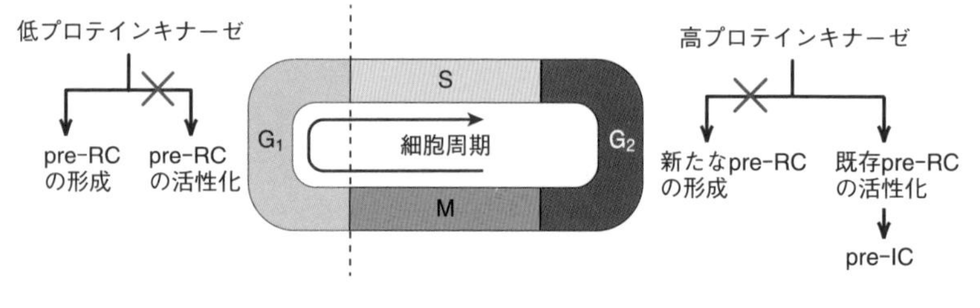

真核生物の複製のライセンス化の仕組み

5・9 テロメアの維持

真核生物の染色体末端には，**末端冗長性**の一つである**テロメア**という反復配列領域（ヒトの場合は 5′-TTAGGG が繰返し単位）が存在するが，細胞はおもに二つの機構で短縮したテロメアの復元・伸長を行っている．代表的な伸長法に**テロメラーゼ**による複製がある．細胞には（特に生殖系列細胞で多い）テロメアを複製し伸長させるための酵素，テロメラーゼが存在する．テロメラーゼは内部に RNA をもち，図 5・16 の反応に従って DNA 鋳型なしに，自身に含まれる RNA 配列をもとに DNA を合成することのできる一種の**逆転写酵素**である．DNA 合成後は，伸長した DNA を鋳型にして二本鎖 DNA が修復される．もう一つの伸長機構には相同組換えと切断誘導複製が関わる**テロメア代替伸長**（**ALT**）がある．

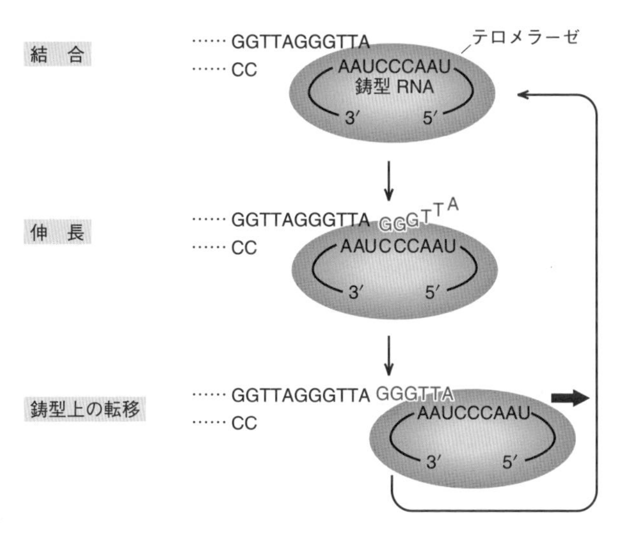

図 5・16　テロメラーゼによる末端伸長反応（ヒトの場合）
テロメラーゼは中に鋳型 RNA をもつ逆転写酵素の一種

ALT：alternative lengthening of telomeres

6

DNAの変異，損傷，修復

A. 変　異

6・1　突然変異（変異）はDNA塩基配列の変化

古典的遺伝学では，子孫に伝わる形質の変化を**変異**（mutation，**突然変異**ともいう）としている．変異は遺伝子本体やその制御部分のDNAの構造が変化したものであり，そのDNAが生殖細胞に存在することにより次世代に受け継がれ，多くは簡単にはもとに戻らず非可逆的である．分子生物学的には，規模の大小や表現型変化の有無にかかわらず，DNAの塩基配列変更を伴う変化をすべて**変異**という．しかしなかにはDNA構造の変化が表現型として現れない場合もあり，古典的な変異の定義とは必ずしも一致しない．変異が起こる原因は，1）DNA複製時のミス，2）物理的・化学的要因によるDNA損傷やその後の複製，そして3）DNAの組換えの三つに分類される．このうち2）の要因となるものを**変異原**（mutagen）という．1）と3）は内因性の要因であるが，通常その頻度は低く抑えられている．1）の場合，DNA複製の校正機能に異常があると変異の頻度が上がる．

コラム11

変異を許容する

F. Jacob（ジャコブ）とともにオペロン仮説を提唱し，遺伝子発現制御の研究で1965年ノーベル賞を受賞したJ. L. Monod（モノー）は，その著書“偶然と必然”のなかでユニークな生命観を展開している．

食塩の結晶とウイルスの結晶をみた場合，必然的に前者は飽和した溶液の中で大きくなり“成長”し，後者も感染細胞内で成長・増殖する．しかしウイルスの場合，複製や修復の正確さは必ずしも完璧ではなく，“偶然”に変異をもった粒子が低い頻度で生じうるが，食塩の結晶の成長ではそのような可能性はゼロである．

この変異があるかないかという視点において，食塩とウイルス粒子の間には歴然とした違いがある．生物を遺伝子の増幅するものととらえた場合，必然の中に偶然をもちながら増えるものが生物であるといえる．

6・2 変異の種類

変異は構造（a）と形質発現（b）の面から以下のようなものに分類される．なお，タンパク質合成に関する遺伝子の変異は，次の §6・3で解説する．

a. 構造面から見た変異の種類　変異がある塩基に起こって他の塩基になったものを**点変異**，一定の領域が付加されたものを**挿入変異**，失われたものを**欠失変異**という（図6・1）．点変異の場合，プリンあるいはピリミジン塩基同士で変化したものを**転位**，相互に変化したものを**転換**といい，一般には前者の方が起こりやすい．これらの原因が内因的にごく狭い領域に起こる場合は，多くはDNAポリメラーゼの複製ミスや異常な動き（例：スリップ，逆戻り）が関わる．変異をもとに戻す変異は**復帰変異**という．変化がかなりの長さ（時として遺伝子レベルから染色体レベル）にわたりまとまって起こる場合があり，そっくりなくなる**欠失**，別の配列に変

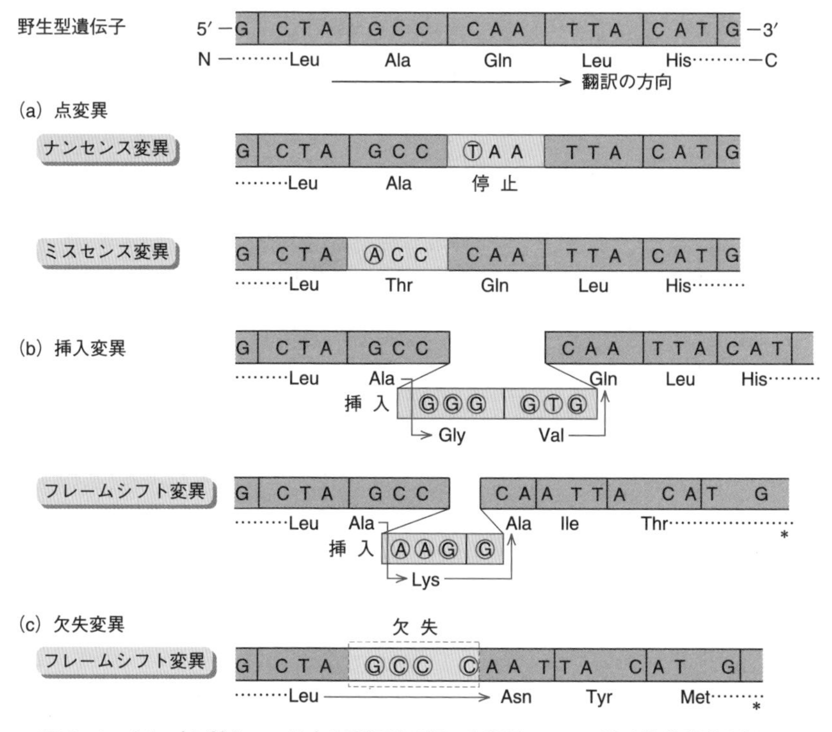

図6・1　タンパク質をコードする遺伝子で起こる変異　アミノ酸は塩基配列3個で一つが決められる．DNA配列は二本鎖のうちアミノ酸をコードしている側の配列のみを示した．＊はいずれ非生理的なナンセンスコドンが出現して翻訳が停止することを示す

化する**置換**，縦列して繰返す**重複**，逆向きになる**逆位**，別の部位に移動する**転座**（おもに染色体レベル．白血病でみられる 9 番–22 番染色体の相互転座である**フィラデルフィア染色体**）などがあるが，これらの変化はおもに DNA 組換えによって生じる．染色体の分配異常で，ある染色体が 1 本丸ごと増えたり（例：**ダウン症候群**における 21 番染色体の部分三倍体）減ったりすることがあるが，このような現象は変異というよりはむしろ**染色体異常**としてとらえられる．

b. 機能面から見た変異の種類 ある生物の標準的表現型，あるいは注目している形質で一般的な表現型をもつ個体を**野生型**（wild type）という．変異表現型を消すように起こった別の変異は**サプレッサー変異**（**抑圧変異**）といわれ，いろいろなタイプの変異で起こりうる（§10・9 参照）．変異をもつ微生物や培養細胞の系統を**変異株**というが，変異で致死になる**致死変異株**のうち特定の生育条件にした場合に致死となるものを**条件致死変異株**という．ある温度以上/以下で生育できない**温度感受性株**や，生育にある栄養を必要とする変異体株である**栄養要求変異株**などが含まれる．

コラム 12

変異の抑圧

いったん発生したもとの遺伝子（X）の変異を抑え込むような変異を総称して，**サプレッサー変異**（**抑圧変異**）という（最初の変異がもとに戻る復帰変異とは区別される）．タンパク質コード遺伝子に関してみられる**サプレッション**（抑圧）の形式には，1）X の翻訳が続けられないナンセンスコドンが生じた場合にサプレッサー tRNA が関わって翻訳を続けさせる，2）X に機能が類似している遺伝子が発現する，そして 3）X タンパク質の機能を調節するタンパク質の遺伝子 Y に関わる変異が発現する，という三つのタイプがある．1）ではナンセンス変異の抑圧に**サプレッサー tRNA**（§10・9）の発現が関わる機構がよく知られているが，それ以外にも，挿入変異/欠失変異でナンセンスコドンが生じた場合の抑圧に引続いて生じる挿入変異/欠失変異がナンセンスコドンを解消するという場合もある．このような抑圧形式は**遺伝子内サプレッション**といい，それ以外の抑圧形式は遺伝子外サプレッションという．2）の場合，類似遺伝子の発現が高まるタイプの変異と，構造が変化する（変化が高まる）ように変異する場合がある．3）の場合は，たとえば X 遺伝子産物の機能の発現に Y 遺伝子産物が関わるようなときにみられる．このようなサプレッサー変異を見つけることによって X の機能を調節する遺伝子を発見することができ，分子生物学における新規遺伝子を発見するための重要な手法となっている．

6・3　変異がタンパク質合成に及ぼす影響

変異の影響が形質に特に顕著に現れるのはタンパク質が合成される場合である．1個のアミノ酸は塩基3個の組合わせ（コドン）で決められるので，DNA塩基配列の変化がコドンに変化を与え，正しいタンパク質合成すなわち翻訳に影響することが容易に想像される．点変異でアミノ酸が変化し（**ミスセンス変異**），少しだけ構造変化したタンパク質ができることがある．変異により終止コドンになった場合は翻訳はそこで止まり，翻訳産物は速やかに分解され，また別の機構によりmRNAも速やかに分解される．この型の変異を**ナンセンス変異**という．これに相当する現象は，挿入変異や欠失変異（特に塩基数の変化が3の倍数でない場合）でもみられるが，これらの場合はコドンの読み枠が途中からずれる**フレームシフト変異**が起こり，やがてナンセンスコドンが現れて翻訳が非生理的な形で終了する．

B. 損　傷

6・4　DNAの共有結合の変化：DNA損傷

DNAが共有結合の変化を伴って非生産的な構造に変化することを**損傷**（あるいは**DNA損傷**）といい，四つのタイプに分けられる（図6・2）．1）**塩基除去**は塩基と糖の間の*N*-グリコシド結合が切れる現象で，塩基が外れるとリン酸ジエステ

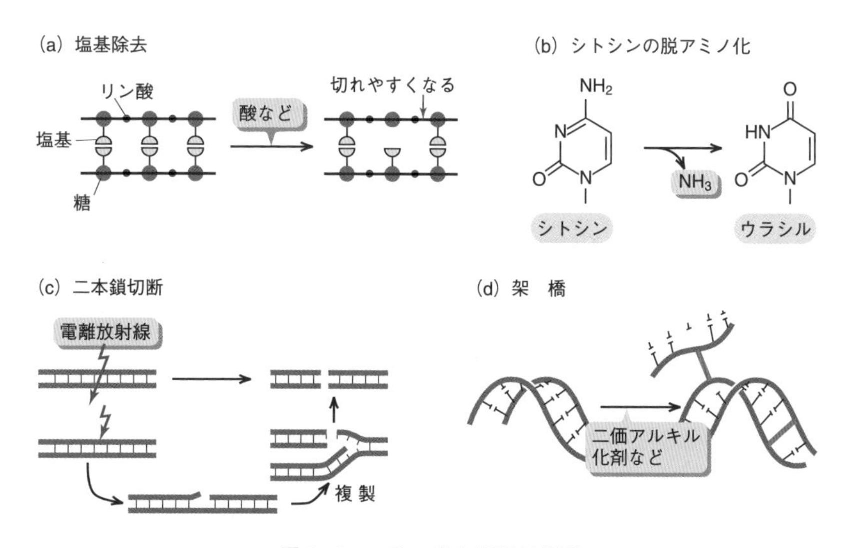

図6・2　いろいろな種類の損傷

ル結合が不安定になるため，DNA骨格が切断しやすい．2）**塩基構造の変化**にはいろいろなものがあるが，**脱アミノ**はシトシン（C）やアデニン（A）に起こる（Cに頻発する）．このほかグアニン（G）のメチル化，G/C/Aの酸化などもある．塩基構造変化で特に重要なものは，2個の連続するピリミジン塩基が**紫外線**を受けて共有結合する**ピリミジン二量体**の生成で，チミンに起こりやすい（**チミン二量体**，図6・3）．二量体のおもな構造は**CPD**（**シクロブタンピリミジン二量体**）であるが，ほかに**6–4光産物**もある．3）**二本鎖切断**はDNAにとって最も深刻な損傷で，二本鎖の同じ部分が切れて生じるが，単鎖切断DNAが複製するときにも生じる．4）DNA鎖が鎖内や鎖間で共有結合する損傷は**架橋**（かきょう）という．

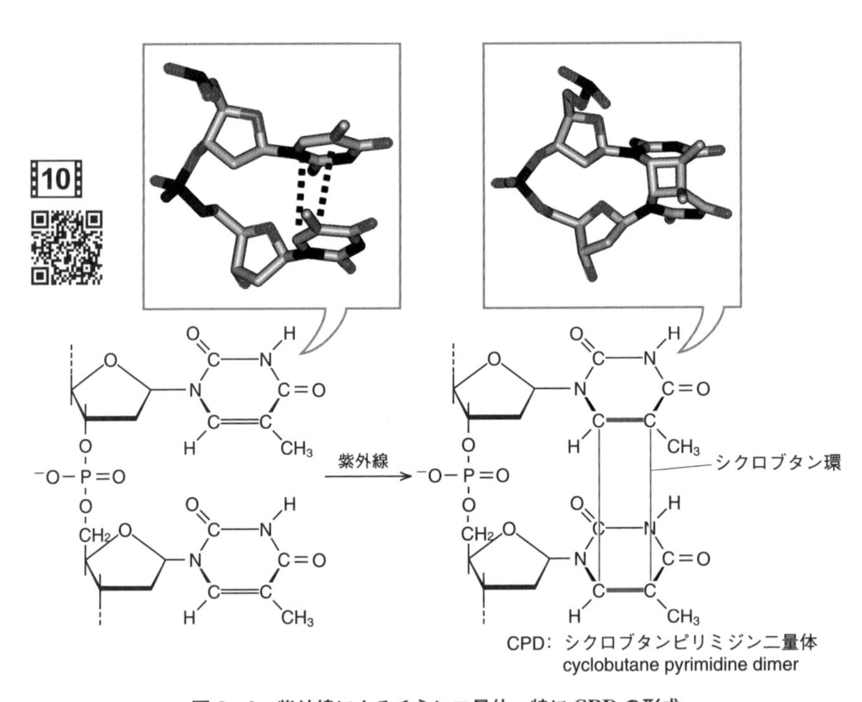

図6・3　紫外線によるチミン二量体，特にCPDの形成

6・5　変異や損傷の外的要因：変異原とDNA傷害剤

DNAを損傷させる外的要因を**DNA傷害剤**といい，DNA結合性/反応性の化学物質，pH，高温，電磁波など，さまざまなものがある．DNAが損傷すると細胞はそれを修復・複製しようとするが，そのときに変異が入ってしまう場合がままある．

二本鎖切断の修復時には末端の欠失/付加が起こる．また，校正機能のないDNAポリメラーゼが強引に修復的にDNAを複製すると，本来とは異なる塩基が取込まれる頻度が増す．さらに損傷塩基に異種塩基が対合するといった現象もみられる[例：Cがウラシル（U）になるとU：A対合ができ，結果C：G対がT：A対に変異する．メチル化GにはチミンﾞT）が対合するので，G：C対がA：T対に変化する]．シトシン二量体ができるとそこにAAが対合するので，CC：GG配列がTT：AA配列に変異する．以上のように損傷は変異を誘導するため，DNA傷害剤

コラム13

オゾン層の破壊と健康との関係

オゾンは酸素が3原子結合した分子で，紫外線により生成し，紫外線をよく吸収する．地球の大気圏外には**オゾン層**があり，太陽光中の紫外線をさえぎることによって，地球上の生物(DNA)を守っている．人間がつくった化合物であるフロンがオゾンを分解し，南極などではオゾン層のないオゾンホールができていることが問題になっている．紫外線によりDNAに損傷が生じても細胞はいろいろな方法でそれを修復しているが，その反応が不完全な場合，細胞は死んだり**変異**を経て**がん化**したりする．

たとえば紫外線によりC–C間にピリミジン二量体ができると，対合しているGの水素結合がゆがめられ，G→Aという変異が起こり，細胞分裂/DNA複製を経てAにTが対合し，結果的にCがTに置換した変異となる（図参照）．

ヒトは表皮にあるメラニン色素で紫外線を防いでいる．紫外線を浴びるとメラニン色素が増え，日焼けとなる．見た目には健康そうだが，医学的にみると細胞の死やがん化を誘っていることになり，あまり勧められることではない．事実，遺伝的に損傷修復能力の落ちている人では，皮膚がんが多発することが知られている．

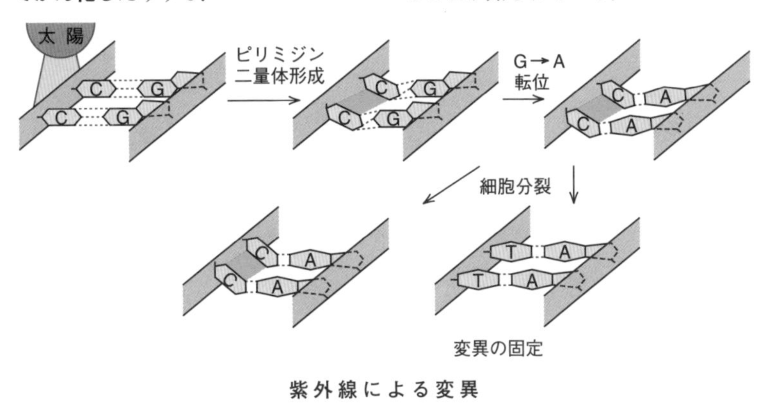

紫外線による変異

は変異を誘発する**変異原**にもなりうる．なおDNA損傷は細胞外要因だけではなく，細胞内要因（例：活性酸素や鉄などの金属イオン）でも起こる．

表6・1に示すように，高温，**アルキル化剤**（例：タールに含まれるニトロソ化合物），酸は塩基除去を起こし，**亜硝酸塩**は脱アミノ反応を，ヒドロキシルラジカルは酸化を，二価アルキル化剤や**マイトマイシンC**は架橋を起こし，γ線やX線といった**電離放射線**は鎖切断を起こす．**紫外線**はピリミジン二量体を生成させる強力な傷害剤/変異原である．紫外線には波長280〜315 nmのUVBのほか，波長がそれより短いUVCと長いUCAがあり，DNAを攻撃するのはUVCとUVBである（ただし太陽光のUVCのほとんどは地上に達しない）．UVAはDNAへの影響は少なく，むしろタンパク質変性作用が強い．

表6・1　DNA損傷とDNA傷害剤

損傷の種類	例[†1]	傷害剤の種類
● 塩基の除去	*N*-グリコシド結合の切断	高温，酸，アルキル化剤[†2]
● 塩基構造の変化		
・脱アミノ	C→U(：A)，A→H(：C)	亜硝酸塩
・アルキル化(メチル化など)	G→*O*-メチルG，アルキル化G(：T)，アルキル化T(：G)	アルキル化剤[†2]
・酸　化	G→8-オキソG(：A)	ヒドロキシルラジカル
・ピリミジン二量体	C→U(：A)，A→H(：C) CPD，6-4光産物 C-C(：A-A)	紫外線
● 鎖切断	単鎖切断，二本鎖切断(欠失，挿入が誘導されやすい)	電離放射線[†3] 重金属，ブレオマイシン[†4]
● 架　橋	鎖内，鎖間での共有結合	シスプラチン 二価アルキル化剤 マイトマイシンC[†4]

†1　(：)は次に対合する塩基
†2　ニトロソ化合物，ナイトロジェンマスタードガス
†3　γ線，X線．細胞中でヒドロキシルラジカルを発生させる
†4　抗生物質/抗がん剤

メモ6・1　**変異原は発がん剤になりうる！**

変異原は，場合によって細胞を殺したりがん化させる．つまり変異原は発がん剤としての可能性を秘めている（例：紫外線やコールタール）．サルモネラ菌に変異原を与え，その突然変異体出現率から発がん率を推測する**エイムス**（Ames）テストという試験法がある．

C. 修 復

6・6 損傷DNAの修復

DNAに損傷があると複製，転写，組換えといった生理的なDNAの動き［これを**DNAトランザクション**（DNA transaction）という］が阻害され，時としてそれが原因で細胞に増殖停止，死，がん化などの重大な影響を与える．このため，生物は損傷部分を正常に戻したり，少なくとも一方の娘細胞のDNAを正常な状態にするさまざまな**修復機構**を備えている．修復はメカニズムと使われる場面から，大きく**直接修復**，**除去修復**，**組換え修復**，**複製時修復**に分類される（表6・2）．このうち直接修復以外のものはDNA合成過程を含むため，二本鎖状態が必須である．直接修復では損傷反応の逆反応が起こる．直接修復の一つである**光修復**は，可視光線のエネルギーでピリミジン二量体や他の異常共有結合を開裂させる．そこに**フォトリアーゼ**という酵素が関与する場合もあり，植物では主要な修復機構である．このほかの直接修復としてはメチル基をメチル基転移酵素で除く反応や，切断DNAの末端を直につなげる反応がある．

表6・2 DNA修復機構のまとめ

分類	除去修復	直接修復	組換え修復	複製時修復
例	・塩基除去修復(BER) ・ヌクレオチド除去修復(NER) 　・全ゲノム修復 　・転写共役修復 ・ミスマッチ修復[†1]	・光修復 ・二本鎖切断修復 ・脱メチル化など	・二本鎖切断修復 　・相同組換え機構を用いた二本鎖切断修復 　・非相同末端結合による修復	・損傷乗越え修復[†2]/SOS修復 ・相同組換えによる修復 ・テンプレートスイッチ

†1 複製ミスの校正　　†2 TLS（損傷乗越え合成）と同一の反応

6・7 除 去 修 復

除去修復とは損傷のある側のDNA鎖を短い範囲で除き，その後ギャップ部分をDNAポリメラーゼで複製し，DNAリガーゼでつなぐというプロセスで，**塩基除去修復**（**BER**）と**ヌクレオチド除去修復**（**NER**）に分けられる．

a. BER　塩基に生じた小さな傷（例：メチル化）を対象とする．大腸菌ではDNAグリコシラーゼで塩基がまず除かれ，**APエンドヌクレアーゼ**（APとはプリ

BER：base excision repair，**NER**：nucleotide excision repair

ン塩基/ピリミジン塩基がないという意味）が損傷側のDNAにニックを入れ，その後ごく短いギャップが生じ，最後にDNAを修復合成・連結する．

b. NER　紫外線で生じたCPDなどの大ぶりな傷が対象になる．大腸菌ではDNAのゆがみをUvrAが認識し，UvrB作用後にUvrCエンドヌクレアーゼが損傷側のDNA鎖を損傷部を含んで数十塩基の距離で2箇所にニックを入れる（三つの因子をあわせて**UvrABC**と記載）．後はDNAヘリカーゼ（UvrD）が損傷鎖を取除き，複製・連結する（図6・4）．

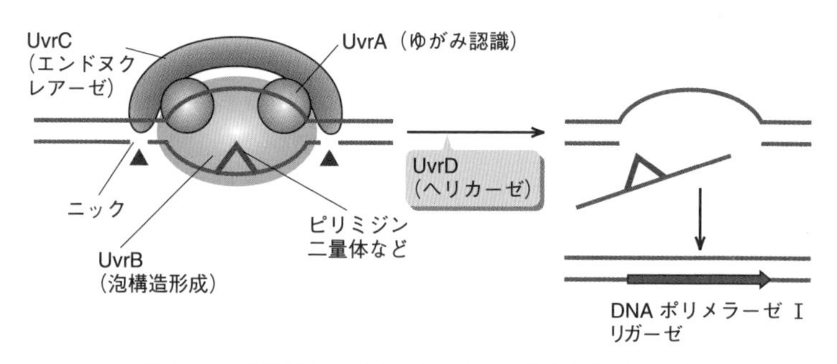

図6・4　大腸菌におけるヌクレオチド除去修復（NER）

c. 真核生物のNER　真核生物には二つの経路がある（図6・5）．一つ目は一般的な機構である**全ゲノム修復**（**GGR**）で，ゆっくり進む．はじめXPEやXPCがDNAのゆがみを感知し，次にXPG，XPA，XPF：ERCC1二量体，そして基本

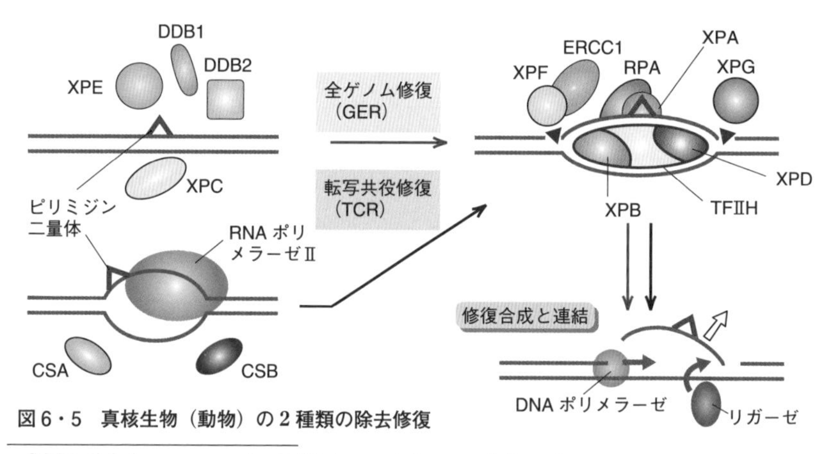

図6・5　真核生物（動物）の2種類の除去修復

GGR: global genome repair, **TCR**: transcription-coupled repair

転写因子 **TFⅡH** が集合する．XPG，XPF：ERCC1 のエンドヌクレアーゼ活性が働いて損傷した側の一本鎖にニックが入り，TFⅡH 中にある複数のヘリカーゼが損傷 DNA 鎖をはがし，その後は大腸菌と同じように進む．二つ目は転写が起こっている部分の修復に働く**転写共役修復**（**TCR**）で，反応速度は速い．RNA ポリメラーゼⅡがゆがみを感知し，そこに CSA と CSB が加わるが，その後は GER と共通の反応で進む．

6・8 組換え修復

DNA 二本鎖切断の修復は次章で述べる組換え機構を使って進む．一つ目は相同組換えを用いる DSBR モデルで，姉妹染色体の一方にある無傷の DNA から配列情報を組換えで入手する（§7・2 参照）．二つ目は非相同末端結合の機構を使う NHEJ モデルで，結果的に DNA の短縮が起こりやすい（§7・4 参照）．細胞/核容量とゲノムサイズが大きく，相同染色体を入手しにくい真核生物（特に動物細胞）で高頻度にみられる．DNA 末端結合タンパク質である **Ku80/Ku70** が末端を保護し，**DNA 依存性プロテインキナーゼ**の触媒サブユニット（**DNA–PKcs**），リガーゼ，ヌクレアーゼ複合体（Rad50，Mre11 など）が修復反応に関わる．同様の機構は免疫グロブリン遺伝子の再配列にも関わる．

6・9 複製時修復

複製中の DNA において，複製フォーク付近の前方に損傷があると，それが**複製ブロック**となって複製が止まってしまう．この状態を回避する修復が**複製時修復**である．以下の三つの機構があるが，いずれも損傷の前で複製が止まりそれぞれの過程に進んで複製を終えさせる．損傷が片方の娘 DNA に残るため，傷を消去するた

メモ6・2 **除去修復因子欠陥による疾患**

ヒトの遺伝病のなかには除去修復遺伝子の欠陥が原因で起こるものがあり，いずれも潜性遺伝である．**色素性乾皮症**（**XP**）は紫外線に当たると皮膚に黒い斑点が出る疾患で，皮膚がんの確率も高い．XPA から XPG までの七つの独立した遺伝子が関わり，全ゲノム修復（GGR）の初期から中期の反応に関わる．XPB と XPD は DNA ヘリカーゼで基本転写因子 **TFⅡH** の成分でもある．**コケイン症候群**（**CS**）は A と B という二つの相補群があり，転写共役修復の初期反応に関わり，症状はおもに発育障害や知能遅延である．**硫黄欠乏性毛髪発育異常**（**TTD**）の一つの因子 TTDA は TFⅡH の安定化に関わる TFⅡH 成分の一つ p8 タンパク質である．
[**XP**：xeroderma pigmentosum，**CS**：Cockayne syndrome，**TTD**：trichothiodystrophy]

めにはその後の別の修復が必要であるが，娘細胞の一方を犠牲にして他方を残すことはできる（図6・6）．1）**損傷乗越え修復**（**TLS**．**損傷乗越えDNA合成**ともいう）は校正機能のないDNAポリメラーゼが強引に複製を進めるため，点変異の頻度が高くなる．真核生物にはこのためのDNAポリメラーゼが多数存在する．2）二つ目の機構は**相同組換え**が関わる方式で，まず損傷部の下流から新しいDNA合成が起こり．その後複製しないで残ったギャップ部分に相当する無傷なDNAを相同組換えによって入手し，修復的DNA合成と連結で仕上げる．3）複製フォーク

コラム14

ミスマッチ修復

DNAポリメラーゼがもつエキソヌクレアーゼ活性による校正機能によって複製後のDNAに残る変異は低く（10^{-5}〜10^{-6}）抑えられているが，ゲノム健全性の観点からはまだ不十分であり，変異の頻度をさらに10^{-2}〜10^{-3}程度下げる必要がある．

変異率をさらに下げる機構に**ミスマッチ修復**があり，複製直後の娘DNAの中から正しく塩基対合していない塩基を探し出し，それをヌクレオチド除去修復に似た機構で取除く．この機構のポイントは不対合塩基のうちどちらの塩基が間違ったものかを識別することだが，大腸菌ではDNAのメチル化状態がこれに関わる．

大腸菌DNAは広くメチル化され，特に5′-GATCのAは**Damメチラーゼ**によって$G^{me}ATC$となっているが，新生鎖DNAのメチル化程度はまだ低い．そこでMutS/MutL，MutHがそれぞれミスマッチ領域と，近くの$G^{me}ATC$中のGに結合する．すると**MutH**のエンドヌクレアーゼ活性が働いて非メチル鎖にニックが入り，そこからエキソヌクレアーゼで不対合塩基を含む一定長のDNA鎖が除かれ，後は修復合成とリガーゼで修復が完了する．真核生物ではMutSやMutLに相当するホモログがミスマッチ部位に作用し，独自の方式で修復が進むと考えられる．

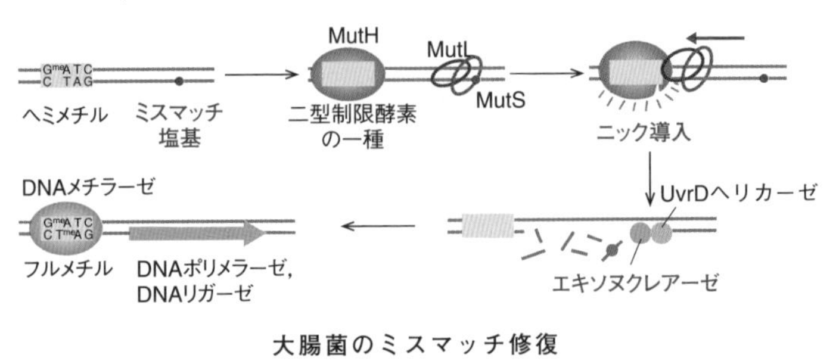

大腸菌のミスマッチ修復

TLS：translesion DNA synthesis

がいったん後ろに戻り，無傷な鋳型側から複製した新生鎖を鋳型として当該部分の DNA を合成し，その後フォークが戻って複製を再開するというユニークな方法は，**テンプレートスイッチ**とよばれる．

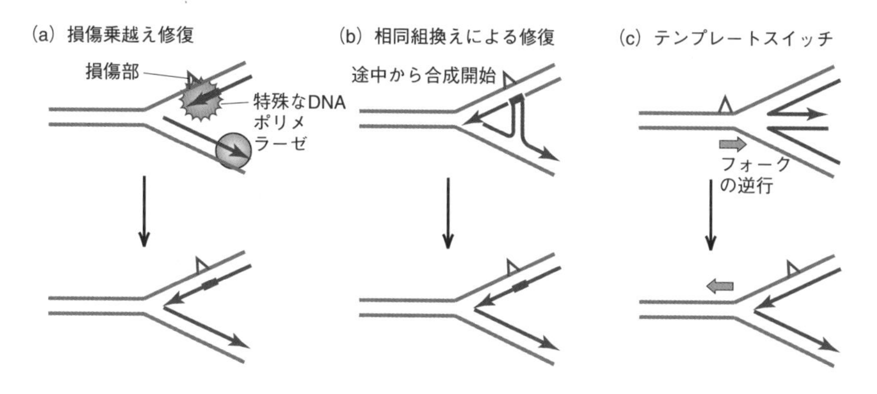

図6・6　複製時修復のタイプ

6・10　細菌の DNA 損傷に対する反応と SOS 応答

大腸菌の**CPD 修復機構**には**光修復**，**除去修復**，**組換え修復**，**SOS 修復**がある（表 6・3）．除去修復には NER と BER の両方があり，BER の最初には塩基を除く **DNA グリコシラーゼ**が働く．組換え修復は CPD に対応する主要な過程で，基本的には複製時修復に相当する機構が働く．組換え遺伝子の *recA*（メモ 6・3 参照）が必要で，欠損すると紫外線感受性が高まる．

SOS 修復は大腸菌が紫外線曝露など，包括的な傷害を受けたような緊急時に働く誘導的修復機構で，特異的遺伝子の発現がみられ，その過程は **SOS 応答**といわれる（図 6・7）．多くのタンパク質が関わるが，キーとなる因子は **RecA**，**SOS オ**

メモ 6・3　**RecA**

RecA は**小川英行**らによって紫外線感受性株から発見された大腸菌の主要組換え因子で，真核生物の相当因子は **Rad51** である．**SOS 応答**時に活性化し，**相同組換え**でも重要な役割を果たす．RecA は一本鎖 DNA 結合で活性化して相同 DNA に接近させる機能や，DNA 依存 ATP アーゼ活性をもつ．RecA にはタンパク質分解活性を誘導する**コプロテアーゼ活性**があり，SOS 応答に必要な LexA の分解や DNApol V の生成に関わる．

ペロン上流のオペレーターに結合するDNA結合タンパク質で転写を抑制する**LexA**，**DNApol V**である．細胞が紫外線を受けるとRecAが活性化してオペレーターである"SOSボックス"上のLexAを分解させる（LcxAのもつ自己分解活性を誘導する）と同時に，別のタンパク質の自己分解も促進してDNApol Vの成分が生成する．SOSオペロンからはさまざまな遺伝子が発現するが，このなかにはRecAやDNApol Vの成分も含まれる．結果的に細胞内でDNApol Vが活性をもち，CPDに適当な塩基を入れて修復合成を行うが，変異が入りやすい．

表6・3 大腸菌がもつピリミジン二量体修復機構

修復方式	光修復（回復）	除去修復	組換え修復	SOS修復
特徴や機構	・フォトリアーゼでCPDを開裂	・BERとNER ・UvrBCDが関与	・損傷部を通り越して複製 ・姉妹鎖交換 ・RecA依存性	・RecA依存性 ・DNApol VによるTLS ・変異の頻度が高い

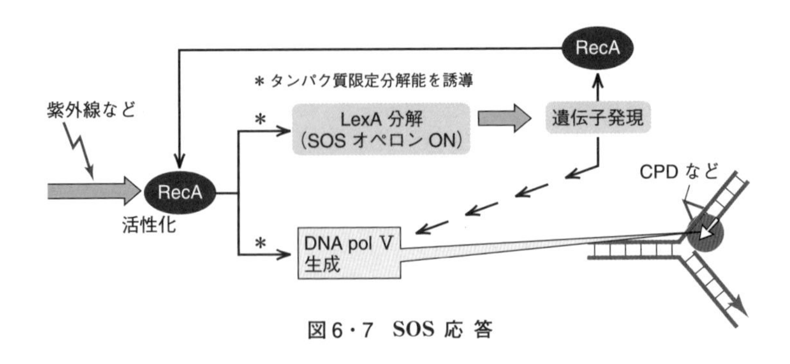

図6・7 SOS 応 答

メモ6・4

損傷の頻度と損傷耐性

複製の進行中にDNA損傷があると複製を止めて修復し，その後複製を再開するのが基本で，その機構はチェックポイントとして知られている．しかしDNAは実際にはひっきりなしに損傷を受けており（例：**ピリミジン二量体**は細胞1個当たり1時間に数万個以上生じると推測される），そのつど複製を止めてはいつまでたっても複製は終わらない．このため細胞は**複製時修復**によって複製ブロックを通過してとりあえず複製を進め，修復は後で行うという現実的な対応をとっていると考えられる．この現象を**損傷耐性（損傷トレランス）**という．

DNA の 組 換 え

7・1 DNA は組換わる

DNA は細胞内において基本的には安定だが，そこに相同配列［かなりの長さ（一般には数百～数千 bp 以上）にわたって相同（ほぼ同一の）な配列をもつ DNA］が共存すると，ある頻度で両配列の間で DNA 配列が入れ替えが起こる．このようにして DNA の入れ替えが原因で新たな構成の DNA ができる現象を **DNA の組換え**，あるいは単に**組換え**という．組換えには図 7・1 に示すようなさまざまな意義がある．

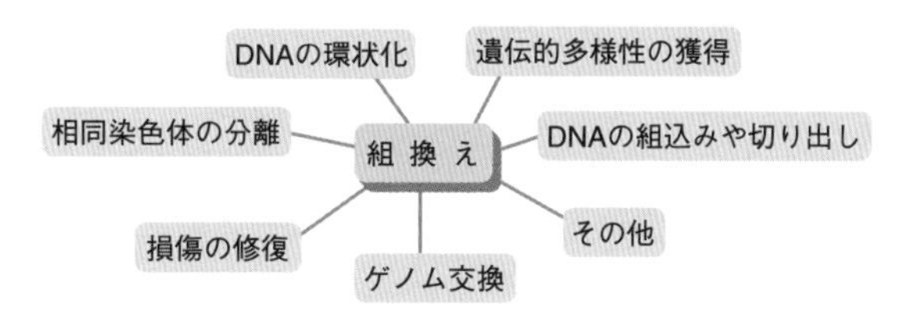

図7・1 組換えの意義

組換えは見かけ上は DNA の切断と再結合という反応で，上述の場合は**相同組換え**というが，実際には後述のように非常に複雑な反応が積み重なって進む．相同組換えは次節で説明するように，大腸菌では Hfr 菌から雌菌に移入された DNA と雌菌の DNA の間や，細胞に共感染したファージ DNA 間などで起こり，真核生物では**減数分裂**時，**遺伝子ターゲッティング実験**や**ゲノム編集実験**において移入されたゲノム DNA 断片と相当する宿主細胞のゲノムとの間などでみられる．以上とは異なり，相同配列がなくとも組換えが起こる場合もあり，これを**非相同組換え**といい，いろいろなタイプがある（表 7・1，§7・4 参照）．相同組換えを利用すると，組換え率から（遺伝子距離に比例する）遺伝子地図をつくることができる．二倍体真核生物では有性生殖を行わせて子孫の形質を観察するが，一倍体の大腸菌では，**F 因子**（F′ 保有菌か Hfr 菌を使う）をもつ細菌を使って，ゲノム DNA を受容菌に移入させて部分二倍体細胞を作成する．

表7・1　**DNA組換えの種類**

種　類	例†
相同組換え	［原］F 因子（F′ や Hfr 菌）で誘導される組換え． 共感染したファージ DNA． ［真］減数分裂時に起こる染色体の乗換え． 遺伝子ターゲッティング実験時やゲノム編集実験時のゲノム DNA の組換え．
非相同組換え	
部位特異的組換え	
・双方の部位が特異的	［原］λファージの溶原化およびプロファージ誘発時．P1 ファージなどの溶原化，*loxP* 間での組換え．
・片方の部位が特異的	トランスポゾン型組換え（転移など）．
ランダムな組換え	偶発的な欠失変異の生成．非相同末端連結による DNA 末端の連結． ［原］特殊形質導入ファージの生成． 細胞に取込まれた DNA 断片のゲノムへの組込み． ［真］免疫グロブリン遺伝子の再編成．

†　［原］原核生物での例，［真］真核生物での例

7・2　相同組換え機構

ABC と *abc* という DNA の間で相同組換えが起こるとすると，*ABc*＋*abC*（両端遺伝子の組合わせが変化する）などという**相互組換え**によって生成する**交差型**（**交叉型**）と，*AbC*＋*abc*（両端遺伝子の組合わせは変わらない）などとなる**遺伝子変換型**，そして *Abc*＋*abC* という**複合型**の 3 種の組換え型が生成しうる（図 7・2）．どのような組換え型になるかは偶然の要素が強いが，産物の構造は DNA 鎖の交差様式と交差 DNA の解離様式で決まる．以下で組換え機構を概説する．

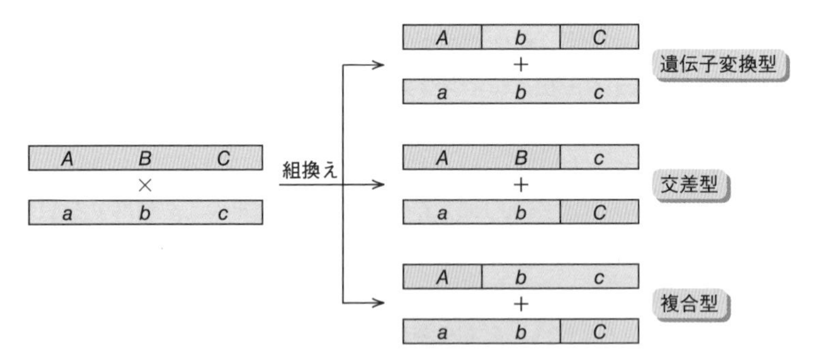

図7・2　生成される組換え体の種類

a. 共通の初期反応（一本鎖の生成と標的への侵入） 反応は二本鎖切断をきっかけに始まる．その後それぞれの端でエキソヌクレアーゼが働いて一本鎖ができるが，大腸菌では **RecBCD**，真核生物では **Rad50** や **Mre11** などが関わる．RecBCD は DNA 末端結合活性とエキソヌクレアーゼ活性をもつ 3 因子集合体で，B にはヘリカーゼ活性が，C には高頻度組換え部位である 8 塩基の χ（カイ）**配列**に結合する活性がある．つづいて一本鎖が標的 DNA に侵入して相同配列とハイブリダイズするが，この反応には大腸菌では **RecA** が，真核生物では **Rad51** が関わる．RecA は一本鎖に連結して結合し，DNA を繊維状にして相同部分に導く働きがある．このためできた二本鎖はわずかに不対合塩基対を含む**ヘテロ二本鎖**となり，不対合部分は複製後に変異として残る（図 7・3）．

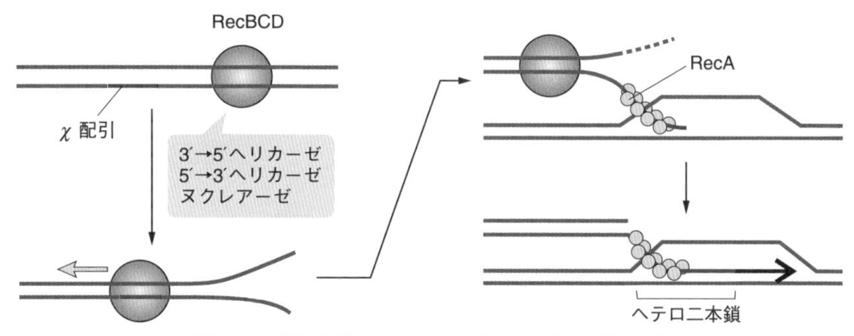

図 7・3 相同組換えにおける初期過程（大腸菌の例）

b. 後期反応 I（ホリデイ構造を経る過程） ヘテロ二本鎖ができた後，そこから DNA 合成が起こり，その後 DNA がつながって X 字状交差構造である**ホリデイ構造**（Holliday structure, HS）ができる．その後 HS には宿主因子の RuvA, RuvB, RuvC（まとめて **RuvABC** という）が作用するが，まず **RuvA** が HS の十字形 DNA に結合する（図 7・4）．つづいて DNA をリング状に囲むように連結し

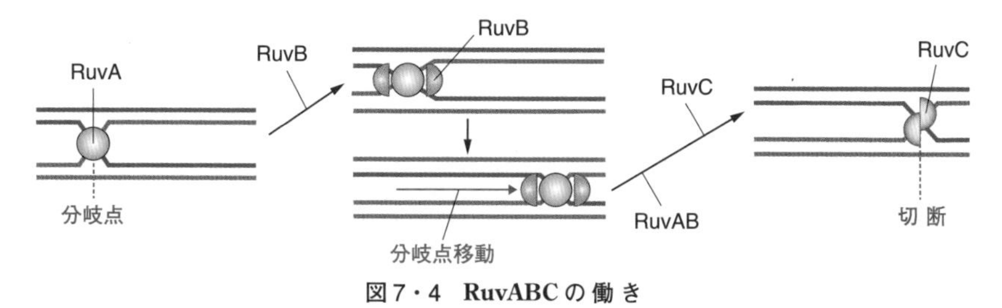

図 7・4 RuvABC の働き

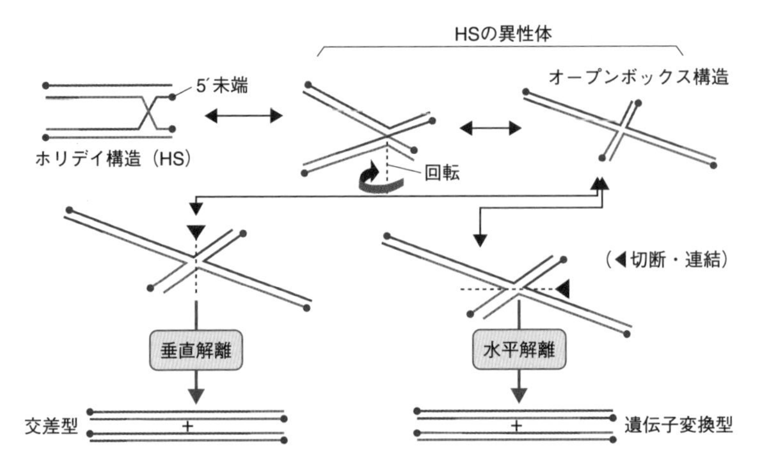

図7・5　解離方式の違いとできる組換え体

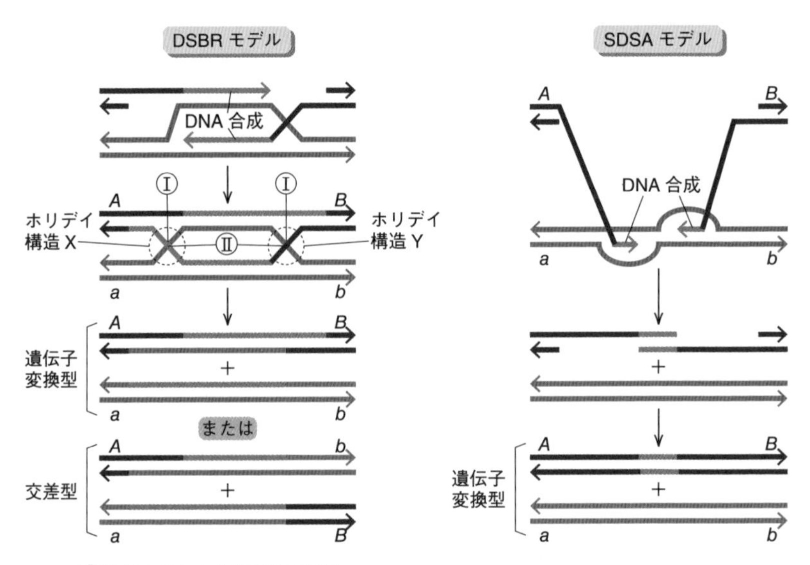

Ⅰ 縦にねじれた位置で垂直解離
Ⅱ そのままの状態で水平解離
遺伝子変換型は X，Y の両方で Ⅱ で解離．交差型は X は Ⅰ で，Y は Ⅱ で解離する．

図7・6　相同組換え（中期以降の過程）

DSBR: double-strand break repair，**SDSA**: synthesis-dependent strand annealing

た**RuvB**が2組結合し，自身がもつモータータンパク質活性によって移動し，交差部位を変化させる（**分岐点移動**）．RuvABが解離した後，そこにRuvCが結合してトポイソメラーゼ様の切断＆結合活性によりHSを解離させる．RuvCの結合位置が90度ずれることにより，HSがどの向きで解離するかが決まる．そのままの状態でDNAを分けるように解離する形式を**水平解離**，異性化したHSが図7・5のように解離する形式を**垂直解離**といい，水平解離により遺伝子変換型組換え体が，垂直解離により交差型組換え体が形成される．以上の機構を**DSBRモデル**（**二本鎖切断修復モデル**）という（図7・6左）．

c. 後期反応Ⅱ（ホリデイ構造を経ない過程） 酵母の接合型変換では遺伝子変換型しか生成しないという現象から考え出された機構で，ホリデイ構造はつくらず，**DNA合成依存性アニーリングモデル**（**SDSAモデル**）ともいわれる．切断後にできた一本鎖のそれぞれが独立に鎖侵入とDNA合成を起こしてDNA合成の後でアニーリング（塩基対形成）し，修復合成により二本鎖となる（図7・6右）．

7・3 減数分裂における組換え

真核生物で相同組換えが高頻度にみられる場所は**減数分裂**している生殖系列細胞である．減数第一分裂では，相同染色体が複製した**四分子**（**テトラド**）が密着して並んだ**シナプトネマ構造**ができるが，このあと，両染色体の間でDSBRモデルによる相同組換えが積極的に起こる（図7・7）．この現象を染色体レベルでは**乗換え**といい，顕微鏡で染色体が数箇所で接触した像である**キアズマ**が観察される．減数分裂での染色体交差はDNA鎖が解離する場合に制限がかかるとも考えられるが，組換えがないと異常染色体が生じやすくなることから，この染色体構造はむしろ相同染色体の正しい分離に必要と考えられる．

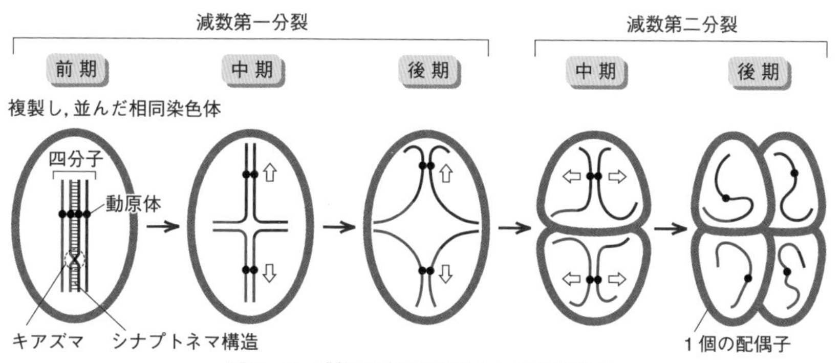

図7・7 減数分裂時の組換えと配偶子形成

メモ7・1 **相同組換えは生育に必須か？**

大腸菌は**相同組換え**の遺伝子が欠損しても基本的に生育には影響しないが，真核生物では相同組換え能は生育に必須である．真核生物ではゲノム当たりの損傷数が非常に多く，生じた複製ブロックを回避しながら生存・増殖を維持させるために相同組換えが必要なのだろう．複製時修復ではSDSAモデルが働くと考えられている．

7・4 非相同組換え機構

相同組換えでない組換えはすべて**非相同組換え**で，多くの機構や例が知られており，特定の部位で起こる**部位特異的組換え**と**ランダムな組換え**に大別される．

a. 部位特異的組換え 数十～数百bpの相同配列が関わる組換えで，いずれも特異的な酵素が関わるが，酵素はトポイソメラーゼに似た比較的単純な反応をつかさどる．このタイプの組換えの一つは反応に関与するDNAの双方の特異的部位が関わる反応が起こるもので，ファージの**溶原化**でみられる（図7・8）．**λファージ**のDNAと宿主ゲノムとの間の組換えでは，ファージの***attP*部位**と宿主ゲノムの***attB*部位**の間の7bpの**コア配列**（5′-TTTATAC）を中心にして起こり，反応には宿主因子に加えてファージにコードされた**インテグラーゼ**（溶原化時とプロファージ誘発時の両方に働く）や**エクシジョナーゼ**（プロファージ誘発時に働く）が関わる（第11章参照）．**P1ファージ**の場合はDNAの末端反復配列である***loxP***同士の組換えにファージの酵素**Cre**が関わる．

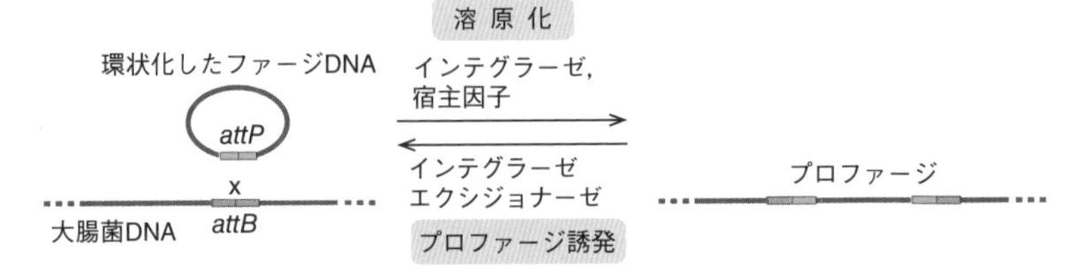

図7・8 λファージDNAと大腸菌ゲノムDNAの間の組換え

一方のDNAの特異的な部分が組換えに関わる例としてはトランスポゾンの転移/組込みがあり（**トランスポゾン型組換え**，§11・11で詳しく述べる），組込み酵素（インテグラーゼ）あるいは**逆転写酵素**が関わる．

b. ランダムな組換え このタイプの組換えの一つは**非相同末端連結**（**NHEJ**）で，これにより二本鎖切断DNAの末端が再結合する．連結する末端には基本的に相同性はない．損傷修復の一つの様式だが，真核生物，とりわけ動物でよくみられる．NHEJ では連結端のヌクレオチドの欠失/増加が高頻度に起こり，この仕組みが**ゲノム編集**における遺伝子破壊に利用される．免疫グロブリンの**遺伝子再編成**もこの機構で起こると考えられ，反応の初期に DNA が Rag タンパク質により切断される（§16・5 参照）．ランダムな組換え機構のもう一つは，**偶発的に起こる組換え**で，原核生物では特殊形質導入ファージ生成時，真核生物では外来性の DNA が偶然にゲノムに入り込む場合などでみられる．動物細胞の場合は，DNApol θ が関わる**代替末端結合**（**Alt-EJ**）が働いて DNA の組込みが起こる．

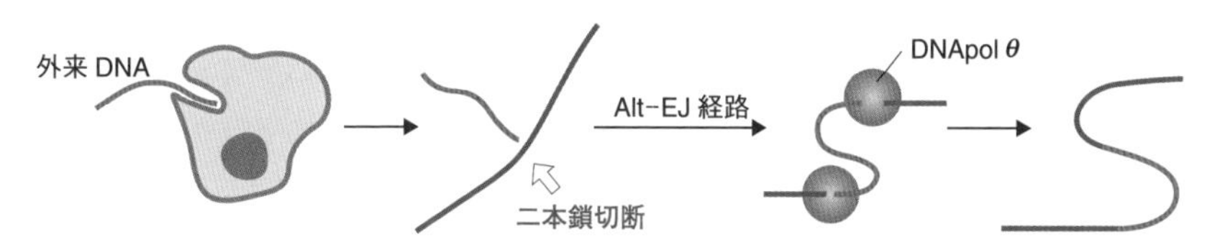

図7・9　外来 DNA のゲノムへのランダムな組込み

NHEJ: non-homologous end joining

8

転写とその制御

8・1 転写と遺伝子発現

DNAを鋳型としてRNAが合成される過程を**転写**（transcription）という．タンパク質にまで情報が伝えられる遺伝子の場合は，タンパク質が合成されて**遺伝子発現**が完結する．しかし細菌ではRNAができるとすぐにタンパク質もつくり始められるため，遺伝子発現はほぼ転写で決められる．真核生物でも転写が遺伝子発現の主要な過程になっており，転写を遺伝子発現と言い換えることができる．細胞は遺伝的プログラムに加えて栄養条件や環境の変化に応じて遺伝子発現レベルをダイナミックに変化させており，多細胞生物では細胞に個性をもたせるため，同一の遺伝子セットから発現される遺伝子の種類や量を細胞ごとに変化させている．

8・2 RNAポリメラーゼと転写機構

RNAを合成する酵素は**RNAポリメラーゼ**である．大腸菌では$\alpha_2\beta\beta'\omega$（**コア酵素**）に$\boldsymbol{\sigma}$（シグマ）**因子**がついた構造（これを**ホロ酵素**という）をとる（図8・1a）．転写は二本鎖DNAの一方の鎖を鋳型とし，DNA合成のようにリボヌクレオチドが酵素によって3′の方向に重合されることにより進む（図8・2）．酵素は三リン酸型のヌクレオチド（**NTP**あるいは**rNTP**）すなわちATP（アデノシン三リン酸），GTP，CTP，そしてUTP（ウリジン三リン酸）を基質にして鋳型DNAに相補的な塩基を選択し，重合させる．反応の開始にプライマーを必要としない点がDNAポリメラーゼと異なる．二本鎖DNAのうちRNAの鋳型になる側を**鋳型鎖**，RNAと同じ配列をもつ側を**非鋳型鎖**というが，遺伝情報を含むかどうかという観点でみると，鋳型鎖は**非コード鎖**，非鋳型鎖は**コード鎖**（あるいは**センス鎖**）である．鋳型としての能力はDNA構造の差ではなく，酵素の進む方向で決まり，個々の遺伝子は二本鎖DNAの各一本鎖に個別にコードされている．複製用の酵素とは違い，RNAポリメラーゼの反応では常に二本鎖DNAが必要である．

転写は**開始**，**伸長**，**終結**の3段階に分けられる（図8・2）．開始とは，RNAポリメラーゼが遺伝子上流に結合して最初のリン酸ジエステル結合が形成される時点

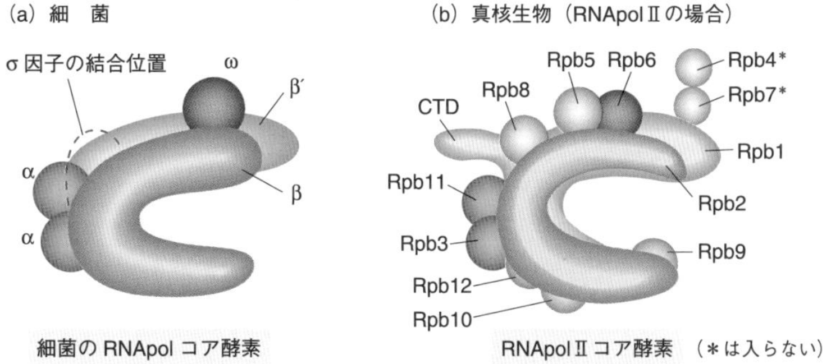

(a) 細　菌

σ因子の結合位置
ω
β′
α
β
α

細菌の RNApol コア酵素

(b) 真核生物（RNApol Ⅱの場合）

Rpb5 Rpb6
Rpb4*
Rpb8
Rpb7*
CTD
Rpb1
Rpb11
Rpb2
Rpb3
Rpb9
Rpb12
Rpb10

RNApol Ⅱ コア酵素　（*は入らない）

図 8・1　RNA ポリメラーゼの構造　同じ色は相同な因子であることを示す

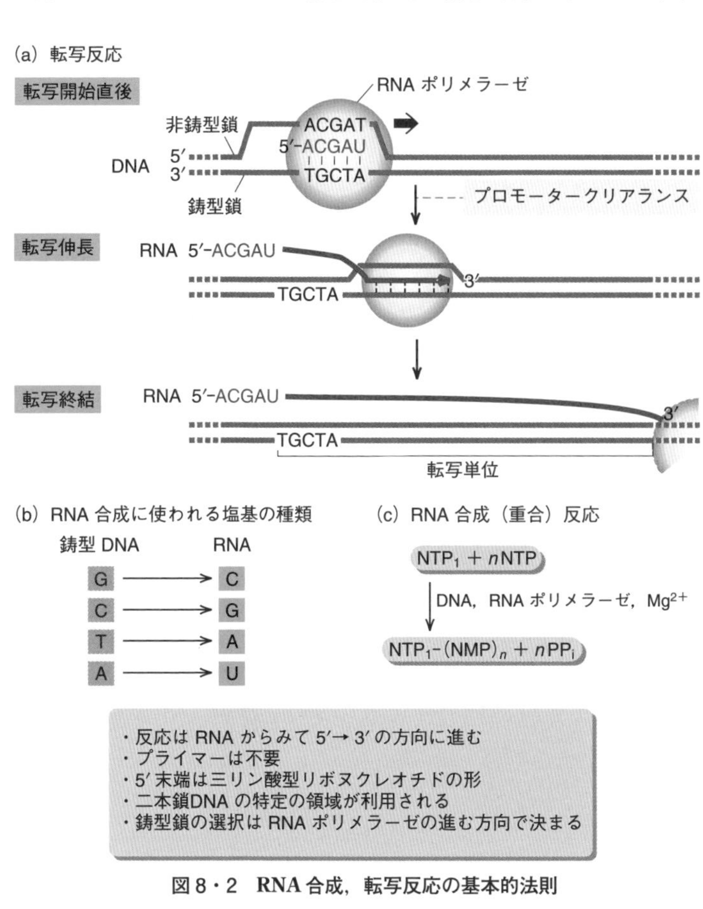

図 8・2　RNA 合成，転写反応の基本的法則

をさし，その前の準備段階は**開始前**といい，転写制御因子の多くがこの段階で働く．RNA ポリメラーゼは転写開始後，数十 bp で高頻度に一時停止あるいは転写中断（**アボーティブ転写**）を起こすことが多いが，それを克服（**プロモータークリアランス**）したものだけが伸長に移行する．伸長は RNA ポリメラーゼが RNA 鎖を合成している段階（図 8・3），終結は RNA ポリメラーゼが反応をやめ，DNA から離れる時点をさす．ある遺伝子に関し，転写が開始される側を遺伝子の**上流**，終結点側を**下流**と表現する．真核生物には少なくとも 3 種の RNA ポリメラーゼがあり，合成する RNA の種類が異なる（表 8・1）．**RNA ポリメラーゼⅠ**（RNApolⅠ）は rRNA を，**RNA ポリメラーゼⅡ**（RNApolⅡ）は mRNA と多くの snRNA を，そして **RNA ポリメラーゼⅢ**（RNApolⅢ）は tRNA，U6 snRNA，5S rRNA などの**低**

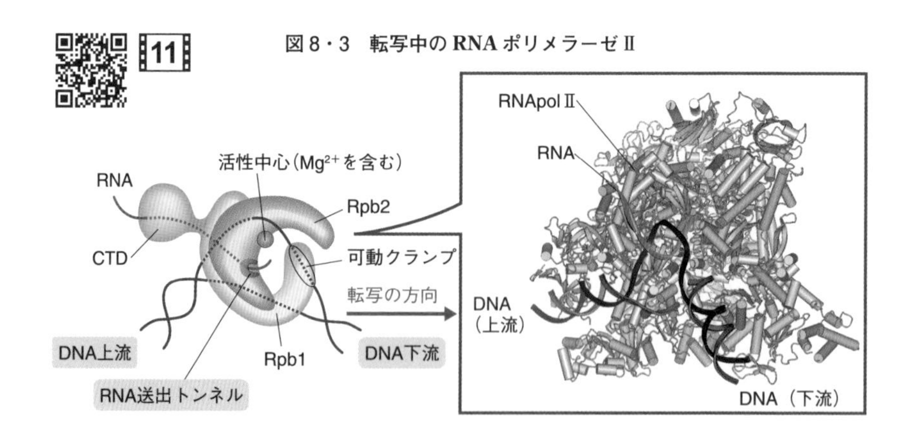

図 8・3　転写中の RNA ポリメラーゼⅡ

表 8・1　真核生物のおもな RNA ポリメラーゼとそれらがつくる RNA

酵　素	サブユニット	局　在	α アマニチン†1	合成される RNA	備　考
RNApolⅠ	出芽酵母：14 マウス：14	核小体	非感受性	rRNA 前駆体	低濃度アクチノマイシン D で阻害†2
RNApolⅡ	出芽酵母：12 ヒト：14	核　質	高感受性	mRNA 前駆体と多くの snRNA	最大サブユニットの C 末端に繰返し構造をもつ
RNApolⅢ	出芽酵母：16	核　質	弱感受性	tRNA，5S rRNA，一部の snRNA，*Alu* 配列	

†1　キノコ毒（タマゴテングタケ属のキノコがつくるペプチド性毒素）の成分
†2　0.04 μg/mL で 95% 以上の活性を阻害（放線菌のつくる抗生物質の一種）

(小) **分子RNA** など（第3章）をつくる．植物には **RNAポリメラーゼⅣ** や **RNAポリメラーゼⅤ** もあり，遺伝子発現制御に関わる多様な短いRNAの合成に関与する．RNApolⅡの最大サブユニット（Rbp1）のC末端には7アミノ酸（YSPTSPS）が多数繰返す **CTD**（**C末端領域**）とよばれる構造が存在する（図8・1b）．セリン(S) がリン酸化されたCTDには転写制御因子であるメディエーターや，mRNAの加工成熟に関する因子（キャッピング酵素，ポリA付加酵素，切断酵素，スプライシング因子など）が結合する．

8・3　転写単位とオペロン

RNAポリメラーゼが転写を開始し終了するまでの範囲を**転写単位**という．真核生物では転写単位の中に，遺伝子の最小単位（**シストロン**，§2・6）を一つだけ含むので**モノシストロニック転写**といい，転写単位と遺伝子の数は一致する．これに対し，原核生物の遺伝子では複数のシストロンがまとめて転写される場合があり，これを**ポリシストロニック転写**といい（図8・4），転写単位の中にある複数の遺伝子は互いに関連性がある．一つの転写単位の中に含まれる関連遺伝子群と，転写の開始と制御に関わる領域はまとめて**オペロン**とよばれる．オペロンは原核生物に特有なもので，糖利用のラクトースオペロンやアミノ酸合成のトリプトファンオペロン，あるいはλファージの初期遺伝子オペロンなど多くのものがある．まれに，転写単位がDNA上で重複する場合（ウイルスでは多い）もある．オペロンの遺伝子部分と次節で説明するRNAポリメラーゼ結合部位である**プロモーター**との間には調節因子が結合する**オペレーター**が存在する．

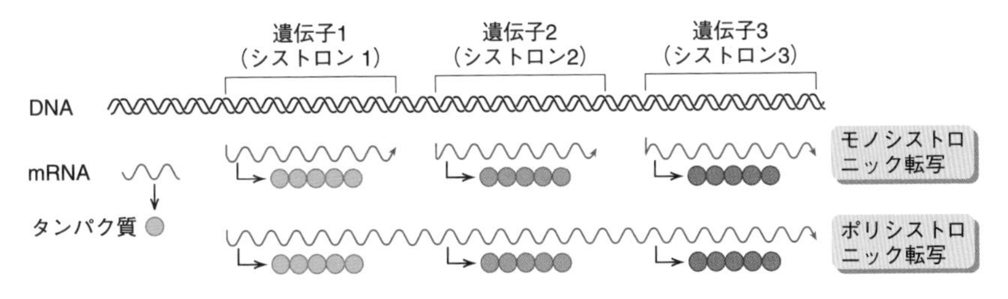

図8・4　遺伝子の単位と転写単位

8・4　転写の開始に必要なDNA領域：プロモーター

遺伝子あるいはオペロンのすぐ上流には，転写を開始できるDNA配列である**プロモーター**が存在する．プロモーターはRNAポリメラーゼの結合部位である．大

コラム15

ラクトースオペロン

大腸菌の培地に**ラクトース**（乳糖）を加えるとラクトース代謝に関わる3種類の酵素，**β-ガラクトシダーゼ**（*Z*，ラクトースをグルコースとガラクトースに加水分解する酵素），ガラクトシドパーミアーゼ（*Y*），ガラクトシドアセチルトランスフェラーゼ（*A*）が一つのオペロン（**ラクトースオペロン**）として発現する．

ラクトースがないとこのオペロンは発現しないが，それはプロモーターの上流にある ***lacI*** 遺伝子のつくるタンパク質である**リプレッサー**がプロモーター直下のオペレーターに結合し，RNAポリメラーゼの働きを阻害するからである．

培地にラクトースなどの誘導物質を加えるとラクトースの異性体であるアロラクトースがリプレッサーと結合してそのDNA結合活性を失わせ，転写を開始させる．プロモーター上流には**CAP**［あるいは**CRP**．cAMP（サイクリックAMP）の結合によりDNA結合能が発揮される転写活性化因子］結合部位がある．グルコースが除かれると細胞内cAMPレベルが上昇し，CAPが活性化してCAP部位に結合し，転写を活性化する．ラクトースを加えてもグルコースがあると，ラクトースを利用しない［**カタボライトリプレッション**（抑制）あるいは**グルコース効果**］のはこのためである．

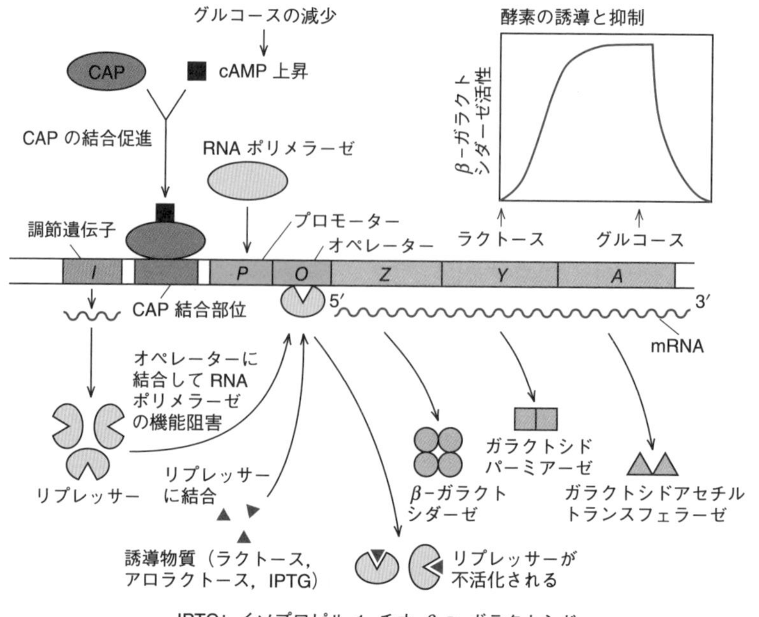

IPTG：イソプロピル 1-チオ-β-D-ガラクトシド

ラクトースオペロンにみられる遺伝子発現制御機構

腸菌では σ 因子をもつ RNA ポリメラーゼホロ酵素が結合する．大腸菌プロモーターは図 8・5（b）のような共通配列をもつ．特定の機能をもつ DNA にみられる共通配列を**コンセンサス配列**といい，−10 付近の AT に富んだ**プリブノウボックス**と**−35 領域**が，大腸菌プロモーターのコンセンサス配列である［**転写開始部**を +1，その上流を −（マイナス），下流を +（プラス）と表現する］．σ 因子には DNA 結合能があり（例：通常の σ^{70}，ストレス応答に関わる σ^{32}）プロモーター識別に関わる．プリブノウボックスのように，遺伝子と同じ DNA 上にあって働く（シスの関係にある）部分を**シスの要素**（または**シス配列**）と表現する．遺伝子によってはプロモーターが複数あったり，転写開始部位下流にあるもの（真核生物の tRNA 遺伝子など）もある．

(a) 大腸菌遺伝子の転写における RNA ポリメラーゼの利用サイクル

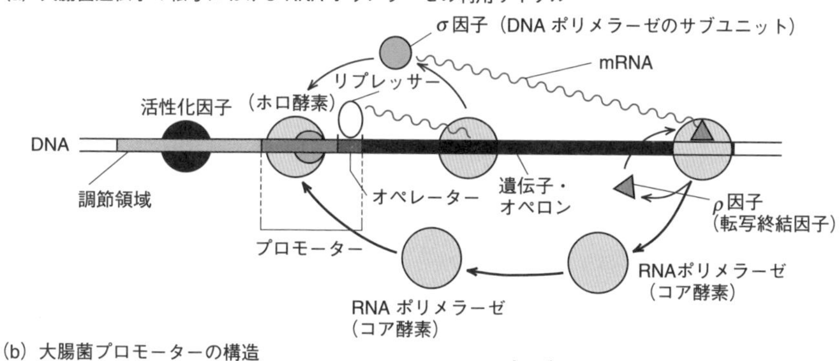

(b) 大腸菌プロモーターの構造

オペロン		−35 領域		プリブノウボックス（−10 領域）	開始部位（+1）
lac	ACCCCAGGCT	TTACAC	TTTATGCTTCCGGCTCG	TATGTT	GTGTGGAATTGTGAGCGG
lacI	CCATCGAATG	GCGCAA	AACCTTTCGCGGTATG	CATGAT	AGCGCCCGGAAGAGAGTC
galP2	ATTTATTCCA	TGTCAC	ACTTTTCGCATCTTTG	TATGCT	ATGGTTATTTCATACCAT
araBAD	GGATCCTACC	TGACGC	TTTTTATCGCAACTCGT	TACTGT	TTCTCCATACCCGCTTTT
araC	GCCGTGATTA	TAGACA	CTTTTGTTACGCGTTTC	TGTCAT	GGCTTTGGTCCCGCTTTG
trp	AAATGAGCTG	TTGACA	ATTAATCATCGAACTTT	TTAACT	AGTACGCAAGTTCACGTA
bioA	TTCCAAAACG	TGTTTT	TTGTTGTTAATTCGGAG	TAGACT	TGTAAACCTAAATCTTTT

TTGACA　15〜20 bp　TATAAT　5〜8 bp

図 8・5　典型的な大腸菌のプロモーターと RNA ポリメラーゼ利用のサイクル　ρ 因子は転写終結因子（§8・6）［(b) M. Rosenberg, D. Court, *Annu. Rev. Genet.*, **13**, 321 (1979) を改変］

8・5　真核生物の基本転写因子と転写伸長因子

真核生物の RNA ポリメラーゼ自身は正しい位置からの十分量の転写ができず，そのような転写にはそれぞれのクラスの RNA ポリメラーゼに固有の複数の**基本転**

写因子が必要である．RNApol II の場合，転写開始部位の −30 付近の**TATA ボックス**とよばれる配列がよくみられる（図 8・6，ただし TATA ボックスをもたないプロモーターも多い）．転写開始の前，まず基本転写因子の一つ TFIID が TFIIA の助けで TATA ボックスに結合し，順に他の基本転写因子（TFIIB，TFIIE，TFIIF，TFIIH）が結合して**転写開始前複合体**が完成し，基質の添加により転写が開始する（図 8・7）．TFIID の中心サブユニットである **TBP**（TATA 結合タンパク質）は，他の RNA ポリメラーゼ（I および III）の基本転写因子のサブユニットとしても利

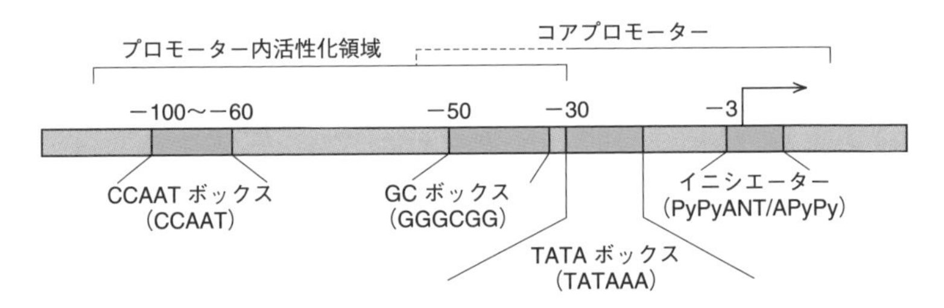

図 8・6 真核生物遺伝子のプロモーター（RNApol IIの場合）
Py はピリミジン塩基，N は任意の塩基を示す

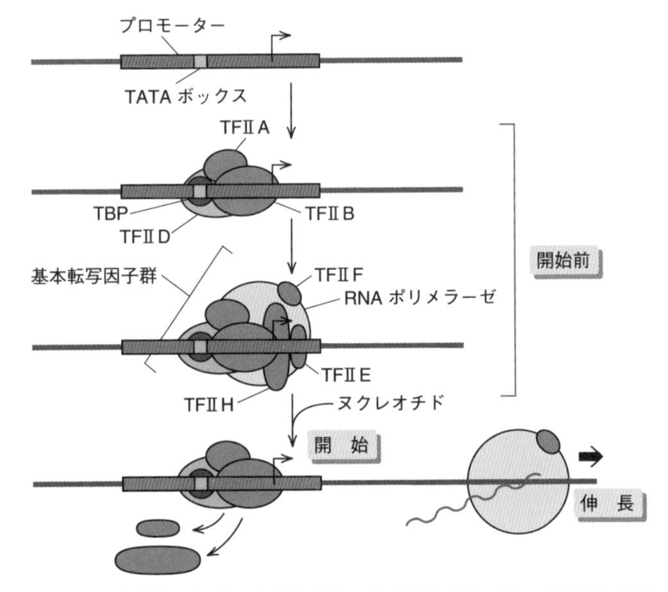

図 8・7 真核生物の転写の特異的開始には RNA ポリメラーゼのほかにも基本転写因子が必要である 図は RNApol II 系遺伝子の場合

用される．基本転写因子の役割としては，1）RNA ポリメラーゼの DNA への結合，2）転写制御因子と直接/間接に結合，3）他の因子群との結合による複合体の成熟，4）転写開始複合体の活性化や構造変化の誘導（例：**TFⅡH** によるプロモーターの部分的変性や RNApol Ⅱ CTD のリン酸化），そして 5）開始から伸長に至る反応の活性化などがある．

細胞内には転写の効率を高める**転写伸長因子**もいくつか存在する．たとえば **SⅡ** は RNApol Ⅱの DNA 上の移動や校正機能を高め，**P-TEFb** は CTD をリン酸化してその機能を高め，**FACT** はクロマチン構造の変更を介して酵素の進行・処理能力（**プロセッシビティ**）を高める．**転写効率**は最終的には RNApol Ⅱ がいかに効率よくプロモーターに呼び込まれ，転写の開始から伸長に至る過程がいかに効率よく進むかで決まり，後者には **CTD のリン酸化**が重要な役割を果たす．

8・6 転 写 終 結

転写を積極的に止める機構があるため，通常，RNA の長さは有限になる．遺伝子の下流にあって，転写終結に関わる DNA 配列を**ターミネーター**という．大腸菌のターミネーターは T を含む配列とその上流にパリンドローム様構造をもつが，これによる転写終結を **ρ 非依存的転写終結**という．大腸菌には **ρ**（ロー）とよばれる**転写終結因子**があり，これが RNA ポリメラーゼに結合して DNA から外す **ρ 依存的転写終結機構**も存在する（図 8・8）．真核生物の RNA ポリメラーゼにも独自の停止シグナルと集結機構があるが，RNApol Ⅱ に関しては明確な停止シグナルは

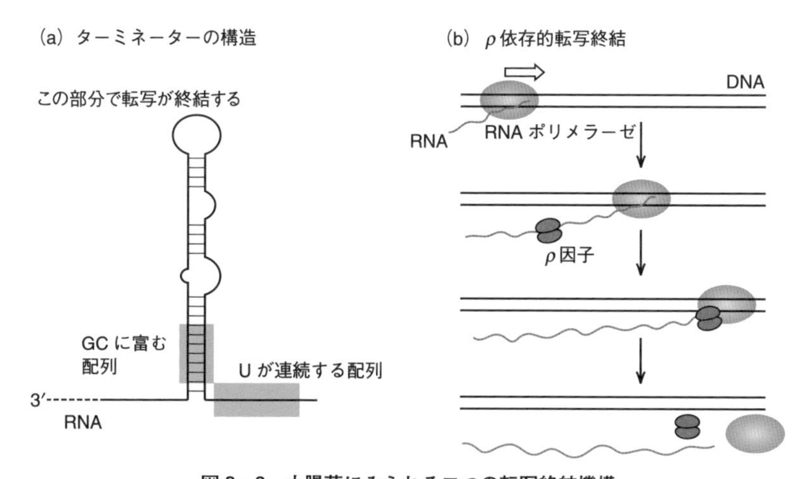

図 8・8　大腸菌にみられる二つの転写終結機構

存在しない．しかし遺伝子の3′末端近くには**ポリAシグナル**（AAUAAA）があり，RNAはここから約20ヌクレオチド下流で切断され，ポリA鎖が付加される．切断点下流のRNAはXrn2エキソヌクレアーゼにより分解され，それに伴ってRNApolⅡも鋳型から離れる．

8・7　転写量の調節と転写制御因子

転写量は細胞活動に連動して変動する．転写の基本量はプロモーター構造に依存し，それを越える転写量はおもに**転写制御配列**とよばれるシス配列で調節される．活性化する配列は**転写活性化配列**ともいい，少ないが転写抑制配列も存在する．大腸菌などの転写制御配列はプロモーターに近い（数十塩基上流）ところにみられるが，真核生物ではもっと遠く（数百～数千塩基対）にある場合もある．1個の遺伝子に関わる転写制御配列の数や種類はさまざまで，互いの総和あるいは相乗的効果により最終的な転写効率が決まる．

転写制御配列には**転写制御因子**が特異的に結合する．転写制御因子は基本的構造として，分子内に**DNA結合部位**と**制御部位**の二つの機能領域をもつ．これらの因子は標的遺伝子の位置に関係のない場所でつくられたあと，拡散して離れた部位でも働くため，**トランスの因子**ともよばれる．転写制御因子の種類は非常に多く（表

表8・2　転写制御因子の結合配列の例

因子名	結合配列†	因子名	結合配列
SP1	GGGCGG	MRF4	CANNTG
E2F	TTTCGCGC	SPY	AACAAAG
Oct-1	ATGCAAT	C-Myc	CACGTG
AP-1	TGASTCAG	p53	$(RRRCWWGYY)_2$
NF-κB	GGGGACTTTCC		

†　二本鎖DNAの一方の鎖のみ5′→3′の方向で示した．
R: A+G, Y: T+C, S: G+C, W: A+T, N: A+G+T+C

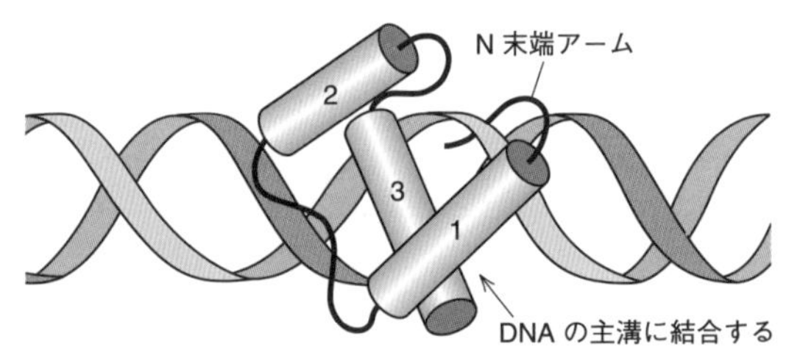

図8・9　転写制御因子の構造　ヘリックス-ターン-ヘリックスドメインとDNAとの結合の構造．ホメオドメインに含まれる3個のαヘリックス（筒形の1, 2, 3）がDNAと結合する様子

8・2)，遺伝子ごとにいろいろな組合わせで，通常複数種使われる．転写制御因子は中に複数のDNA結合領域を含み，それらがまとまって特定の**モチーフ構造**を形成する．転写制御因子の代表的モチーフ構造には**ヘリックス-ターン-ヘリックス**［αヘリックス（§4・3）の次にβターンがきて，次にまたαヘリックスがくるタイプ］，**塩基性領域-ヘリックス-ループ-ヘリックス**，塩基性領域-ロイシンを含むヘリックス（**ロイシンジッパー**），亜鉛を含む構造（**ジンクフィンガー**）などがある．ヘリックス-ターン-ヘリックス因子の構造を図8・9に示したが，形態形成調節因子であるホメオドメインタンパク質などはこの構造をもつ．

8・8　刺激応答と転写制御

遺伝子は外的刺激により転写が活性化あるいは抑制され，その結果，特異的細胞現象が誘導される．**遺伝子の発現誘導**に関わる制御（シス）配列を**応答配列**という（表8・3)．たとえば細胞が高温にさらされると，熱ショックタンパク質遺伝子が活性化し，そのタンパク質レベルが上昇する．熱ショックタンパク質遺伝子の上流には熱ショックエレメントという制御配列があり，転写活性化因子である熱ショック活性化因子がここに結合する．熱以外にも，ホルモン（ステロイドホルモンや甲状腺ホルモンなど)，ビタミン（AやD)，発がん剤の一種の**TPA**（12-*O*-テトラデカノイルホルボール 13-アセテート．ホルボールエステルの一種)，カドミウムなどの金属，代謝制御物質（cAMPなど）や分化誘導物質（**レチノイン酸**など）といった多くの要因に対する応答配列の存在がわかっている．原核生物の場合は，

表8・3　真核生物の遺伝子にみられる応答配列と対応するDNA結合因子

応答配列(略語)	コンセンサス配列†	結合因子
cAMP応答配列(CRE)	TGACGTCA	CREB(ATF)
TPA応答配列(TRE)	TGACTCA	AP-1(c-Jun/c-Fos)
熱ショックエレメント(HSE)	CtNGAAtNTtCtaGa	HSTF
グルココルチコイド応答配列(GRE)	$\mathrm{AGAACAN_3TGTTCT}$	GR，MR
金属応答配列(MRE)	$\mathrm{Y\,{}^{C}/_{G}{}^{C}/_{g}{}^{G}/_{Y}\,CYC}$	MTF
エストロゲン応答配列(ERE)	$\mathrm{AGGTCAN_3TGACCT}$	ER
異物応答配列(XRE)	CACGC	AhR
血清応答配列(SRE)	CCATATTAGG	SRF

†　小文字：共通性が低い，N：いずれの塩基でも可，Y：ピリミジン塩基

メモ8・1　**転写が抑制される仕組み**

転写を抑制する仕組みには直接的なものと間接的なものがある．前者にはヒストンデアセチラーゼ（HDAC）などが結合する機構がよく知られているが，クロマチン構造を不活性型にするさまざまな修飾機構もここに入る．後者は転写活性化因子を働かせない機構で，DNA に前もって結合して活性化因子の結合を阻止したり，活性化因子や他の因子に結合して活性化因子の活性化能発揮を抑えるなどの機構がある．

糖，pH，浸透圧，リン酸などに対する遺伝子応答が知られているが，ある調節要因や刺激要因によって制御される一群の遺伝子とその制御配列を含む単位を**レギュロン**あるいは**スティミュロン**という（例：リン酸レギュロン）．

8・9　エンハンサーと転写の特異性

マウス乳がんウイルスプロモーターの上流配列を除くと，転写量が激減するとともにグルココルチコイド（ステロイドホルモンの一種でウイルスの発現を誘導する）による転写誘導も起こらなくなる．リンパ球で発現する抗体遺伝子のある DNA 部分を削ると，転写の低下がリンパ球で強くみられる．このような特異的転写の活性化に必要な DNA 領域は**エンハンサー**といわれ，ほとんどの遺伝子の上流（場合によっては内部や下流）に見いだされる．エンハンサーはさまざまな DNA 配列からなっており，遺伝子の誘導や特異的発現に関与する．エンハンサーは基本的に遺伝子のどの部分，どちらの向きにあっても作用することができる（図8・10）．転写を抑える**サイレンサー**という配列もある．

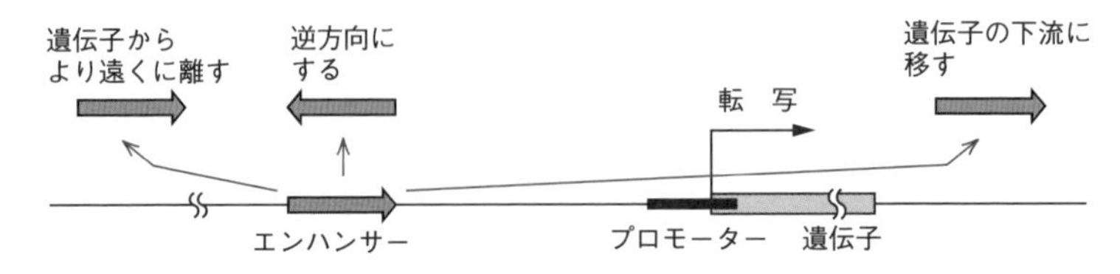

図8・10　エンハンサーの作用　エンハンサーは距離，方向，位置に無関係に機能する

真核生物でみられる**特異的転写**には，1）組織/細胞特異的転写，2）時期特異的転写，3）転写の誘導・抑制に加え，がん化や減数分裂に特異的な遺伝子発現制御様式がある．ステロイドホルモンやビタミン A，ビタミン D による転写活性化ではまずその物質が細胞に入り，転写活性化因子である**核内受容体**と結合する．次に

できた複合体が核に入り，標的遺伝子のエンハンサーに結合して転写を活性化する（図 8・11）．筋肉系の MyoD，ミオゲニンといった転写制御因子は未分化な細胞が筋肉細胞へ分化することに関与し，さらに筋肉特異的遺伝子の発現を高める（図

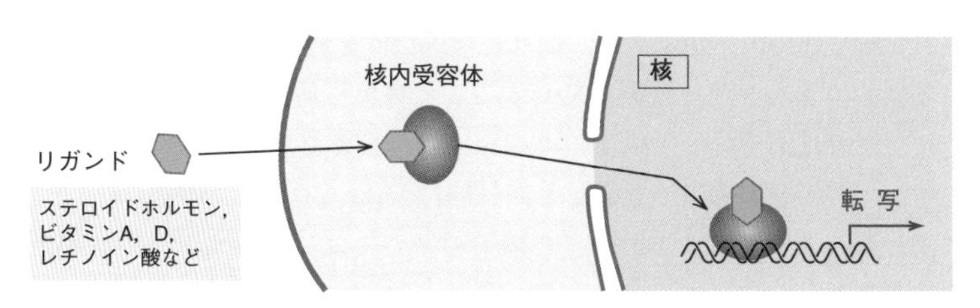

図 8・11 核内受容体による転写の活性化

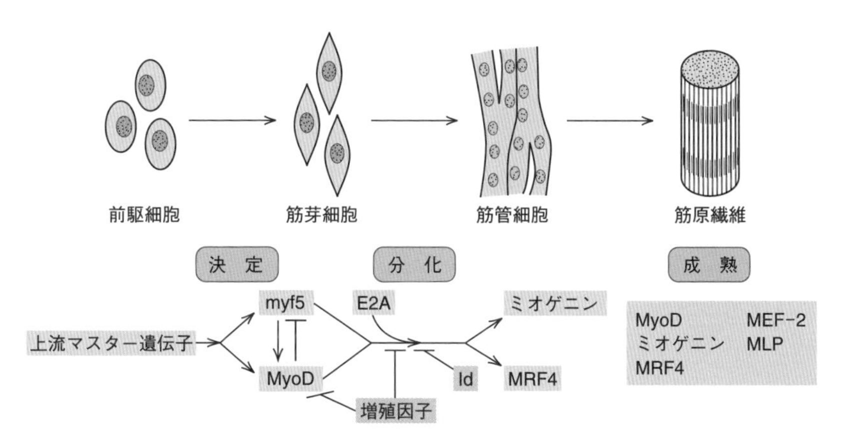

図 8・12 多くの転写制御因子の働きによる筋肉の形成 MyoD 因子群の作用する順番を示している［鍋島陽一，蛋白質 核酸 酵素，**41**(8)，1008(1996) より改変］

メモ 8・2

環境ホルモン

環境ホルモン（内分泌撹乱化学物質）にはクメステロールのような天然のホルモン様物質もあるが，**DDT**（ジクロロジフェニルトリクロロエタン），**ダイオキシン**，**PCB**（ポリ塩化ビフェニル），**ビスフェノール A** のようなプラスチック可塑剤，ノニルフェノールのような洗剤の材料，パラベンなどのような防腐剤も含まれる．これらの多くは女性ホルモンである**エストロゲン**様の作用をもって核内受容体と結合し，エストロゲンの**アゴニスト**としての作用したり（動物が雌化する），なかには 4-ヒドロキシタモキシフェンのようにホルモンの作用を阻害する**アンタゴニスト**として作用するものがある．

8・12). 以上のように，特異的遺伝子発現では遺伝子がエンハンサーをもつと同時にその細胞内にエンハンサー結合因子が存在していることが必要である．

8・10　真核生物の転写活性化機構

細胞内で転写制御因子が発現し，それが修飾などを経て活性化状態になり，核に移動して標的エンハンサー配列に結合することは転写活性化の必要条件であるが，実はそれだけでは不十分で，以下のような因子も必要である．細胞には DNA 結合性をもたないが転写制御因子を介して間接的に DNA に結合し，結果として転写活性化に関わる因子がある．このような因子の一つに**コファクター**（**転写補助因子**，**転写共役因子**ともいう）があり，転写の活性化に関わるものを**コアクチベーター**，抑制に関わるものを**コリプレッサー**という．コアクチベーターの種類は非常に多く，このなかには **p300/CBP** などのように細胞に普遍的に存在するもののほか，細胞特異的あるいは転写制御因子特異的に働くものもあり，あるものは基本転写因子とも結合する．一見転写とは関係ないタンパク質や酵素がコアクチベーター能を発揮する場合もある．コアクチベーターのなかには **HAT 活性**（**ヒストンアセチル化酵素活性**，ヒストンアセチルトランスフェラーゼ活性）をもつものがあり，活性が転写活性化につながることも多い．コアクチベーターの酵素作用や結合性により，転写活性化因子の働きが十分にプロモーター/RNApolⅡ に届くと考えられる．コリプレッサーのなかにはアセチル基を除く **HDAC 活性**（**ヒストン脱アセチル化活性**）をもつ因子と結合するものもある．

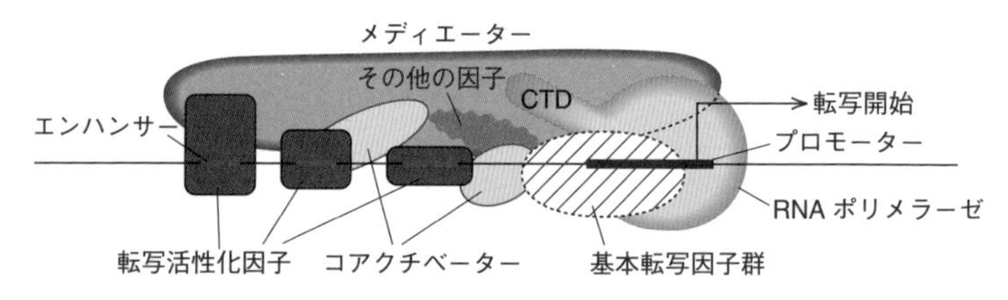

図8・13　プロモーター/エンハンサー付近に集まる転写活性化に関わる因子群　メディエーターのプロテインキナーゼ活性やある種のコアクチベーターがもつ HAT 活性，その他の因子のもつさまざまな酵素活性やクロマチン修飾活性も転写活性化に関与する

もう一つの因子である**メディエーター**は R. D. Kornberg（コーンバーグ）らにより解析された転写因子で，基本的に細胞に 1 種類だけ存在する．メディエーターは多数の転写活性化因子や RNApolⅡ，そして転写開始複合体などに同時に結合することができ，そ

の結果，転写活性化因子のもつ活性化シグナルが集約されてRNApolⅡに伝わることができる．メディエーターにはRNApolⅡのCTDをリン酸化して活性化する活性がある（図8・13）.

8・11　ヒストンの修飾とクロマチンの転写

真核生物のDNAはヒストンなどが結合した**クロマチン**構造をとっているが（§14・1参照）．クロマチンはヒストン八量体（**ヒストンオクタマー**）にDNAが巻きついた**ヌクレオソーム**といわれる構造を基本にしており，これが凝集構造をとることにより，通常，遺伝子発現は抑えられている．このようなクロマチン構造をとる遺伝子が転写されるためには，クロマチン構造やヒストンとDNAの結合がゆるむ必要がある.

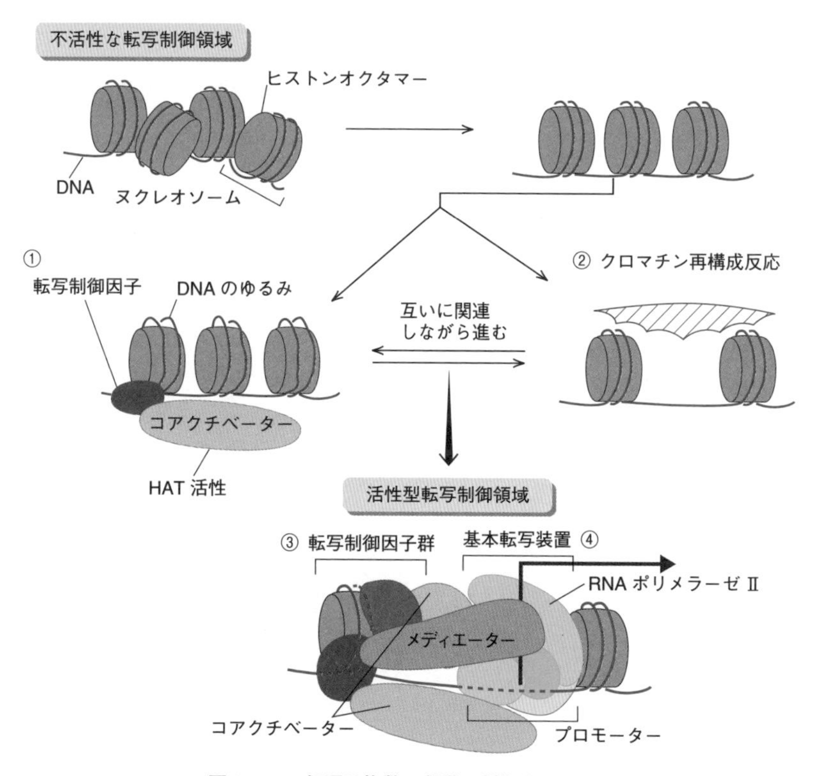

図8・14　転写は複数の段階で制御されている

ここからわかるように，クロマチン構造の修飾は転写効率に影響を与える．クロマチンの修飾は大きくタンパク質に関わるものとDNAに関わるものに分けられ，前者はさらにヒストンの化学的変化（図8・14①）とヌクレオソーム結合部位の変化（**クロマチン再構成**，図8・14②）に分けられる．前者のなかでは**ヒストンアセチルトランスフェラーゼ**（**HAT**）によるヒストンのアセチル化が重要で，これにより転写が活性化する．HAT活性をもつタンパク質は転写の**コアクチベーター**によくみられ，**GCN5**，**CBP**など，いくつかのものが知られている．ある種の転写制御因子もHATの基質になりうる．ヒストンはこのほかにもリン酸化，メチル化，ユビキチン化などの修飾を受ける．ヌクレオソームの結合部位の変化に関しては，ATP依存的にヒストンの結合位置を変える**クロマチンリモデリング**（再構成）**因子**（**SWI/SNF複合体**，**ACF**，RSCなど）が知られている．クロマチンリモデリングにより制御に必要なDNA部分が暴露され，転写制御因子などがDNAに近づきやすくなると考えられる．クロマチンのもう一つの修飾機構はDNAの化学修飾で，このなかでは**DNAメチラーゼ**によるシトシンのメチル化が特に重要である．**DNAメチル化**と遺伝子の不活化との関連は密接で，多くの場合メチラーゼ複合体のなかにHDACが見いだされる．

転写活性化ではまずクロマチンの構造的，化学的変化を引き金としていくつかの転写因子がシスの要素に結合し（図8・14③），それによってクロマチン構造がさらに変化して基本転写装置を構成する因子が結合して（図8・14④）構造変化がさらに進み，最終的に特異的かつ効率的な転写が達成され，しかもそれが長期間続くと考えられる（**転写制御の多段階仮説**）．

9

RNA の 加 工

9・1 RNAは加工されて成熟する

転写されたばかりのRNA（**初期転写物**）は一般にはそのまま使われることがなく，ほとんどは何かしらの**加工**（**プロセシング**）を経て成熟する（表9・1）．加工に関わる基本的な分子過程は限定分解や切断，連結，化学修飾，挿入/置換/欠失であるが，スプライシングのように切断&連結がセットの場合もある．RNAの加工は真核生物ではふつうの現象だが，細菌ではそれほど多くはみられない現象である．本章でRNAの転写後加工についてみてみよう．

表9・1 RNA加工の種類

種　類	分子過程
鎖長レベルの変化	トリミング，限定分解，スプライシング逆転など
ヌクレオチドの変化，付加，欠失	編集，ポリA付加，キャッピングなど
ヌクレオチドの化学修飾	脱アミノ，メチル化，シュードウリジン化，チオ化など

(a) 2′-*O* メチルRNA（リボースのメチル化）

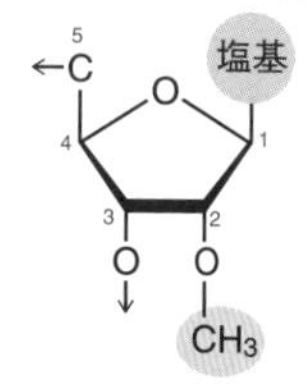

(b) N^6-メチルアデノシン

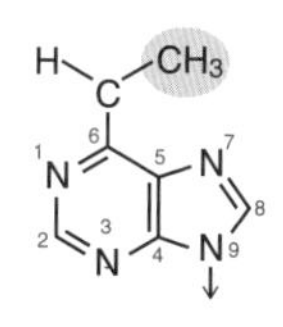

(c) N^4-アセチルシチジン

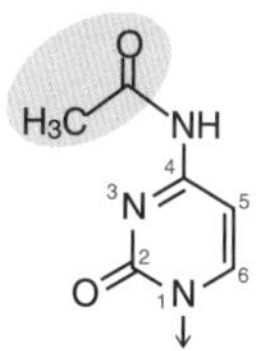

(d) チオウリジン

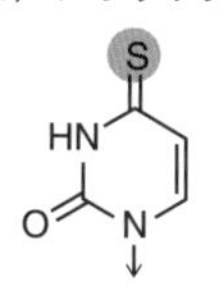

(e) 5-メチルシトシン

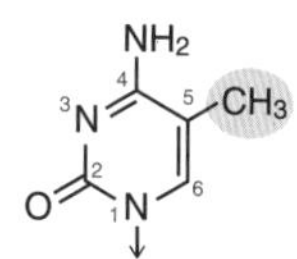

(f) ジヒドロウリジン

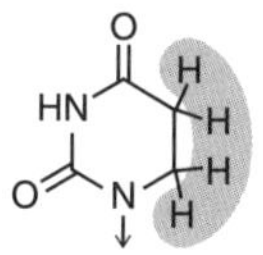

(g) シュードウリジン（ψ）

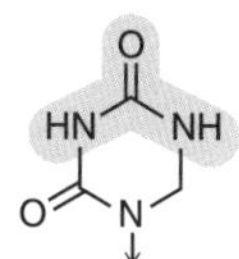

図9・1 RNAの化学修飾の例

9・2　切断や化学修飾

初期転写物から末端部分を削り取る**トリミング**は tRNA，mRNA，miRNA など多くの例でみられ，特定配列で内部切断が起こる限定分解も rRNA の成熟（後述）などでよく知られている．**化学修飾**には塩基の脱アミノ，メチル化（例：6–メチルアデノシン，5–メチルシチジン），**シュードウリジン化**，チオ化，そして糖のメチル化などがある（図 9・1）．化学修飾はとりわけ tRNA に多くみられる．修飾により RNA の安定性，プロセッシング，翻訳などが制御される．脱アミノによる C→U 変換や A→I 変換は RNA 編集にも含まれる．RNA の化学修飾が理由で起こる遺伝現象を **RNA エピジェネティクス**という．

9・3　RNA の 編 集

RNA 修飾のなかに**編集**（**エディティング**）という機構があり，はじめ寄生性鞭毛虫類であるトリパノソーマで発見された．この生物のミトコンドリア DNA に相当する DNA でコードされるシトクロム *c* オキシダーゼⅢ遺伝子の mRNA の長さはゲノム DNA より 50% も長く，ウリジン U が多数挿入されている（図 9・2）．コムギのミトコンドリア DNA でコードされるシトクロム *c* オキシダーゼ mRNA では，C→U への多数の置換がみられる．はしかウイルスでは多くの U が C に，A が G

```
                          TT
…UGGuuuAGGuuuuuuuGuuGUUGuuGuuuuGuAuuAuGAuu
              TTTT
GAGuuuGuuGuuuGGuuuuuuGuuuuuGuGAAACCAGuuAUGAG
 TT                                  TTTT
AGUUUGCAuuGuuAuuuAuuACAuuAAGuuG  GGUGuuuuuGGu
                                      TT
uCuAuuuuAuuuuuAuuGGAuuuAuUACAuuuuAUGCAuGu…
```

図 9・2　トリパノソーマのシトクロム *c* オキシダーゼ Ⅲ mRNA の編集
編集によってウリジンが付加されたり（小文字の u），削られたり（大文字の T）する［J. E. Feagin, *et al.*, *Cell*, **53**, 413 (1988) より改変］

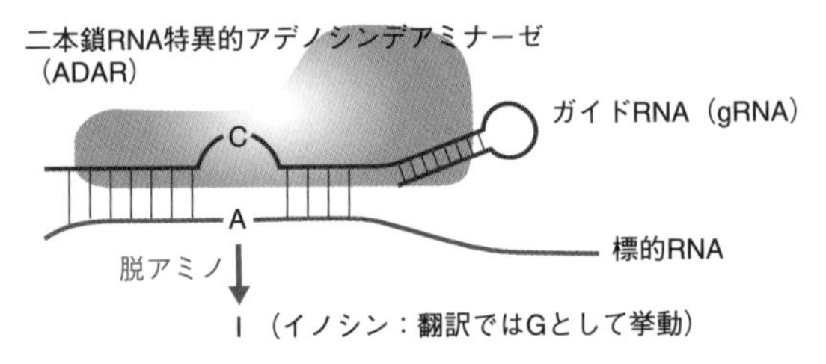

図 9・3　哺乳類でのアデノシン(アデニン)→イノシン(ヒポキサンチン)編集

になっている例が見つかっている．ヒトのアポリポタンパク質やグルタミン酸受容体のmRNAでは，1箇所がそれぞれC→U，A→Gと変換している例が報告されている．哺乳類のたとえばA→I（イノシン）変換では**ガイドRNA**（**gRNA**）と**二本鎖RNA特異的アデノシンデアミナーゼ**（**ADAR**）が使われる（図9・3）．編集はけっして一般的な現象ではないが，できあがるタンパク質の多様性を広げる［開始コドン，終止コドン，フレームシフト（§6・3）が生じるため］ことによって遺伝子を多様に利用するRNAレベルの変異であり，RNAワールドの名残りととらえることもできる．

9・4 スプライシング

転写後にRNAの内部配列が除かれ，残った配列がつながる現象を**スプライシング**（splicing，本来は接ぎ木の意味）といい，スプライシングにより捨てられる配列を**イントロン**（intron，介在配列），残ってつながる配列を**エキソン**（exon）という（図9・4）．スプライシングははじめヒトアデノウイルスやβグロビン遺伝子で見つかったが，実際にはほとんどの真核生物遺伝子で見つかる（注：ヒストン遺伝子にはない）．mRNAのスプライシングは前駆体である**pre-mRNA**を材料に核内で起こり，その後成熟mRNAが細胞質に移送される．複数のエキソンがイントロンも含めて別々の組合わせでつながる**選択的スプライシング**という現象があるが，複数のエキソンをもつ遺伝子ではしばしばみられる現象である．スプライシングはゲノムを有効に用いてできるタンパク質の種類に多様性を与えるとともに，エキソ

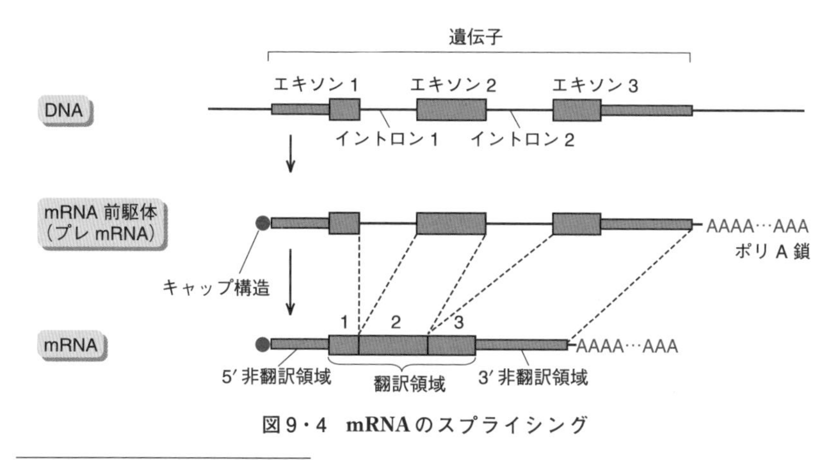

図9・4 **mRNAのスプライシング**

ADAR：adenosine deaminase acting on RNA

ンをモジュールとした組換え，重複，転座などによる新しい構造の遺伝子の構築に役立っている．選択的スプライシングの特殊な形式に，あるスプライシング供与部がより上流のスプライシング受容部とつながる**バックスプライシング**という現象があり，産物として環状RNAができる．まれな例だが，異なるRNA分子（同種の場合や異種の場合の両方がある）の間でスプライシングが起こる**トランススプライシング**という（従来のスプライシングを**シススプライシング**という）機構があり，遺伝子の概念に一石を投じる現象である．

9・5 スプライシング機構

スプライス部位のうちイントロン上流側を**供与**（**ドナー**）**部位**，下流側を**受容**（**アクセプター**）**部位**という．イントロンの両端には5′–**GU**RAGU…(Y)$_n$NC**AG**がよくみられるが，とりわけ太字部の配列は厳密に保存されている（**GU–AGルール**）．イントロンの5′末端の近くにあるアデノシンやスプライス部位のグアノシンがRNA鎖の切断と再結合に重要である．アクセプター部位上部には10〜40ヌクレオチドのピリミジンに富む配列があり，その上流にはYNYUR**A**Yで代表される**分岐部位**が存在する．加えてエキソンの末端も供与部位にはCA**G**–3′，受容部位には5′–**G**という共通配列がある．

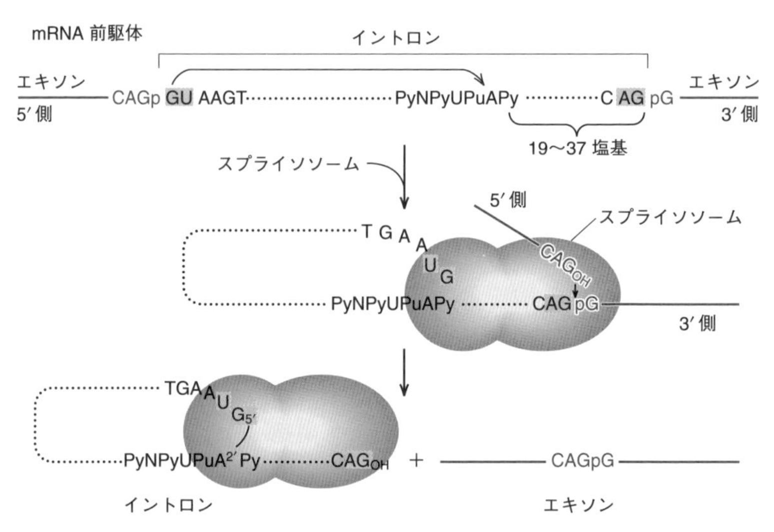

図9・5 スプライシング機構　イントロンのGU……AGは特に高く保存されている．Pyはピリミジン塩基，Puはプリン塩基，Nは任意の塩基を示す

反応はまず分岐部位 A の 2′−OH がイントロンの 5′スプライス部位の 5′−リン酸基を攻撃し，**エステル転移反応**によってリン酸基が上流の糖 3′ 位から離れる．これで生じたエキソン 3′末端の−OH 基が 3′スプライス部位のイントロン 3′末端の G の 3′ にあるリン酸基を攻撃し，2 回目のエステル転移反応が起こり，3′−OH を残して切断される．同時に 5′−リン酸基が上流エキソンの 5′末端の G の−OH がリン酸ジエステル結合で共有結合し，イントロンが**投げ縄状 DNA** として放出される．

スプライシング反応は**スプライソソーム**という巨大複合体によって進むが，その中には U1，U2，U4，U5，U6 の **snRNA**（低分子核 RNA），複数の **hnRNP**（ヘテロ核リボタンパク質），そして 300 種近いタンパク質が含まれる．反応はタンパク質因子により進むが，スプライス部位と相補性があって相互作用する snRNA の配列（例：**U1** と 5′ スプライス部位．**U2** と分岐部位の A）も必要である．

メモ 9・1

連結と逆転

ある種の藻類，古細菌，植物の tRNA 生成過程では，逆転という珍しい加工方式が見られる．線状 RNA の末端同士が連結し，その後内部が切断されることにより，線状分子としては内部の配列要素が逆転する．

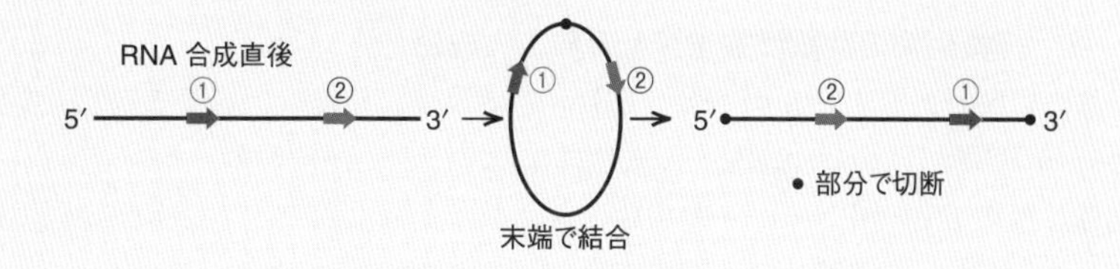

9・6　自己スプライシング

植物やテトラヒメナの tRNA や rRNA，細菌の tRNA でみられるスプライシングでは内部に 1 個あるイントロンが除かれるが，これらの過程はイントロン自身によって反応が進む**自己スプライシング**である（図 9・6）．このイントロンのタイプを**グループ I イントロン**という．他方，ミトコンドリアや植物葉緑体の mRNA でもやはり自己スプライシングがみられるが，ここで働くイントロンはグループⅡイントロンという．グループ I イントロンでは GTP の 3′−OH が上流エキソンの直下を攻撃することで反応が始まり，最後に直鎖状と環状のイントロンが放出される．他方，グループⅡイントロンはイントロン中の A3′−OH が上流エキソンの直下を攻撃することで反応が始まり，最後に通常の mRNA スプライシングのように投げ縄状イントロンが放出される．

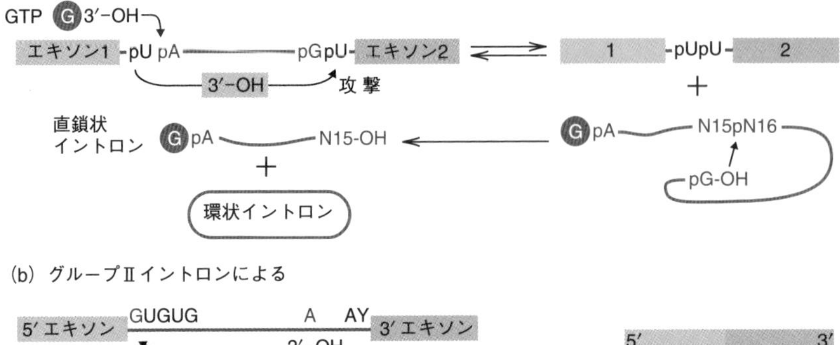

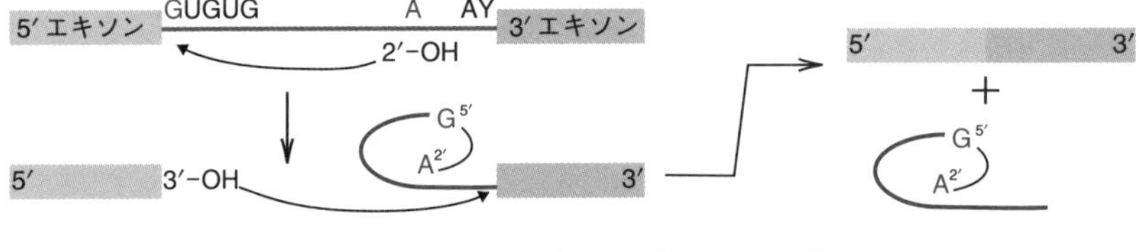

図9・6　2種類の自己スプライシング

9・7　真核生物の翻訳関連 RNA の加工・成熟

翻訳に関わる RNA の mRNA, tRNA, rRNA の成熟機構を本節でみていこう.

a. mRNA　**pre-mRNA** の成熟には多くの加工が関わる. スプライシングを受ける前の pre-mRNA は巨大なものも含むサイズもふぞろいな RNA 集団になっており, **不均一核 RNA** (**hnRNA**) などともよばれている.

1) **キャッピング:** プロセシングの一つは 5′ 末端への**キャップ構造**の付加で, 複数のキャッピング酵素によって末端/最初のヌクレオチドに **7-メチルグアノシン**が付加される (5′末端の三リン酸の端に 7-メチルグアノシンのリボースの 5 位が共有結合する). 以上の主要なキャップ構造に加えて, 最初のヌクレオチドのアデニンの 6 位のメチル化や糖の 2′-*O* メチル化, 2 番目のヌクレオチドの糖のメチル化がみられる場合もある. キャップ構造は mRNA の安定性や翻訳効率の向上に関わる.
2) **3′ 末端形成とポリ A 鎖形成:** 転写終結時, **ポリ A 付加シグナル** (AAUAAA) の約 10〜30 塩基下流部位の切断後, ポリ A ポリメラーゼが 3′ 末端に鋳型非依存的にアデニル酸を数十〜300 個付加し, **ポリ A 鎖** (**ポリ A テイル**) を形成する (**ポリアデニル化**). ポリ A 鎖は RNA の安定性に関わる.
3) **スプライシング:** mRNA の生成には基本的にスプライシングが関わる.

4) **プロセシングの全体像:** pre-mRNA 合成が始まるとすぐキャッピング反応が起こり，やがてスプライシング因子が RNApol II に集合して伸長 RNA からイントロンが切り出される．RNApol II がポリ A 部位の下流に進むと 3′ 末端生成のための切断とポリ A 付加が起こる．

以上の反応に関わる因子のあるものは RNA pol II の**リン酸化 CDT** に結合して複合体（**mRNA ファクトリー**）をつくり，各反応が協調的に進む．このように，mRNA 成熟では転写と転写後修飾の密接な関連や共役がみられる（図 9・7）．

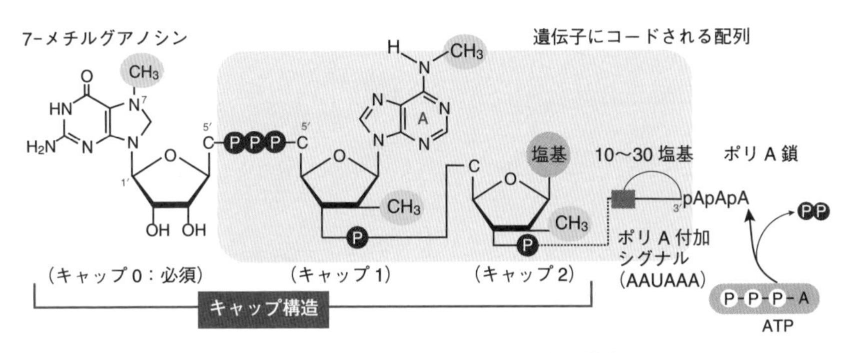

図 9・7 真核生物 mRNA 両端の修飾構造

b. tRNA　**tRNA** は約 70〜90 ヌクレオチド（4.5S）の RNA pol III で合成される小型 RNA である．真核生物では数百個ある tRNA 遺伝子が存在するが，その一部はミトコンドリア DNA に含まれる．tRNA 遺伝子の一次転写物はまずエンドヌクレアーゼ切断で単位長の **pre-tRNA** として切り出され，RNA の 5′末端に**キャップ構造**が形成される．つづいて末端がそれぞれの特異的酵素（3′末端は RN アーゼ Z，5′末端は **RN アーゼ P** による）の切断作用により生成し，内部にイントロンをもつものは特異的タンパク質因子により除かれる．生じた tRNA 前駆体は **CCA 付加酵素**により 3′末端にアミノ酸受容腕となる CCA 配列が付加され，塩基修飾も起こる．成熟 tRNA は**クローバー葉形モデル**の二次元構造をとり，さらにそれが折りたたまれて **L 字形構造**とよばれる三次元構造をとる（§10・4 参照）．

c. rRNA　動物細胞の**リボソーム RNA**（**rRNA**）は前駆体の **47S rRNA** の限定分解とトリミングを合わせた比較的単純な限定分解で生成する．まず 5′末端側の 18S rRNA を含む区分が切り離され，次に 5′末端側から 5.8S rRNA 区分が切り離され，残りが 28S rRNA 区分となる．加工はリボソーム内で起こるが，最初の大ぶりな切断は**核小体**のリボソーム前駆体がサブユニットに変換されるときに起こり，各サブユニットに分配される．リボソーム粒子が核質，細胞質と移動するときにさらに切断され，細胞質に移行した後で成熟型となる（図 9・8）.

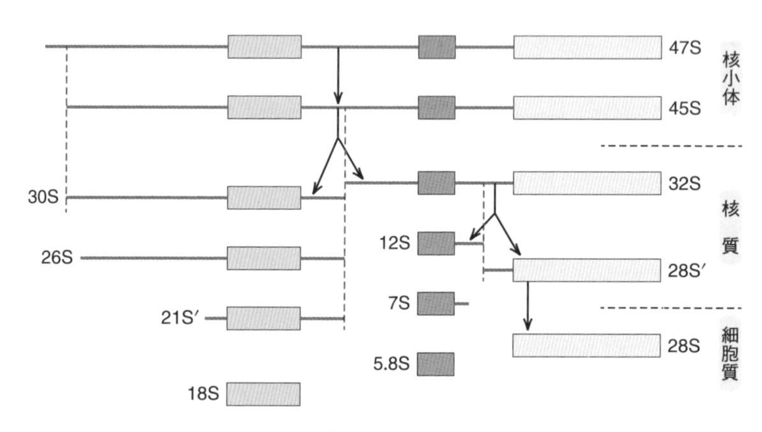

図 9・8　動物細胞 rRNA の成熟過程

コラム 16

RN アーゼ P

いずれの生物においても tRNA 成熟における 5′ 末端は **RN アーゼ P**（**リボヌクレアーゼ P**）切断によって生成する．この酵素は大腸菌では C5 タンパク質と RNA（M1 RNA）からなるが，実際の酵素活性は RNA にある（S. Altman（アルトマン）が最初の**リボザイム**として発見．1989 年ノーベル化学賞）．真核生物の場合，タンパク質は多サブユニットからなるが，オルガネラの RN アーゼ P はタンパク質が酵素活性をもつ．近年の研究により，RN アーゼ P は tRNA プロセシングのみならず，RNApol Ⅲでつくられるいくつかの ncRNA（例：5S RNA，U6 snRNA）の生成にも関与することがわかっている．

9・8　RNA の分解処理

RNA はさまざまな加工によって成熟し，**核膜複合体**（**NPC**）から**核外輸送**され，さらに輸送の前後でも化学修飾などのさらなる加工を受けて成熟度を増す．しかし，細胞内には成熟できなかった RNA や欠陥 RNA，そして役目を終えた RNA なども多数存在し，そのような RNA はそれぞれの部位で RNA 分解酵素（**RN アーゼ**）により適切に分解されるが，これは **RNA の品質管理**の一環である．

RNA分解は基本的にはさまざまな3′→5′エキソ（型）RNアーゼで実行されるが，分解反応には共有結合切断に無機リン酸を利用する**加リン酸分解**も使われる．細菌の場合，エンド型RNアーゼによる内部切断や末端のオリゴアデニル化修飾の後，**デグラドソーム**といわれるエキソ型RNアーゼが中心となり，他の酵素活性（例：RNAヘリカーゼ，エンドRNアーゼ）も加わって効率よく分解が進む．古細菌と真核生物のデグラドソームに相当するものを**エキソソーム**というが，6個の**RNアーゼPH**様ヌクレアーゼをコアとするリングに3個のサブユニットが結合した構造をもち，真核生物ではさらに二つのRNアーゼが会合し，加えてRNAヘリカーゼやポリAポリメラーゼも働いてRNA分解を助ける．真核生物mRNA分解ではエキソソーム作用の前あるいはそれと別に**脱アデニル化**や**脱キャップ化**が起こり，**Xrnエキソ RNアーゼ**で5′→3′分解処理される（図9・9）．

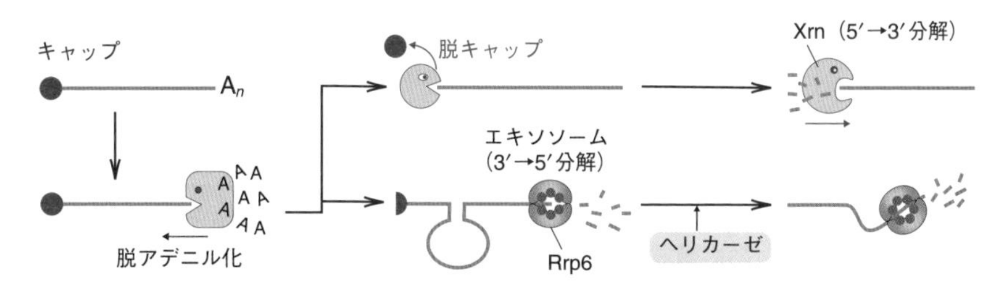

図9・9 真核生物mRNAの分解機構

> メモ9・2 **Pボディ**
>
> P（processing）**ボディ**は真核細胞にあるRNA–タンパク質からなる構造体で，翻訳されていないmRNAの一時的な貯蔵場所や分解場所（5′→3′リボヌクレアーゼなどを含む）になる．翻訳開始因子などを含む似た構造体に低酸素や小胞体ストレスなどでできる**ストレス顆粒**がある．

10

タンパク質の合成：翻訳

10・1 タンパク質のアミノ酸配列の情報を含む mRNA

分子生物学の初期，DNA がもつ情報がいかにタンパク質に変換されるのかはよくわからなかったが，DNA が核にあり，タンパク質は細胞質で合成されることから DNA とタンパク質をつなぐメッセンジャー（伝令）としての中間分子の存在が考えられ（**メッセンジャー仮説**），やがて tRNA や rRNA とは異なる**メッセンジャー RNA**（**mRNA**）の存在が明らかになった（図 10・1）．

mRNA をコードする転写単位は，基本的には遺伝子（あるいはシストロン）の単位であるが，原核生物では複数の遺伝子を含むオペロンが一つの転写単位となった**ポリシストロン性 mRNA** もみられる（§8・3）．ポリシストロン性 mRNA は，シストロン間に短いスペーサー（すき間）をもつ（図 8・4 参照）．mRNA の**タンパク質コード領域**（**翻訳領域**）の上流と下流には**非コード領域**，すなわち**非翻訳領域**（untranslated region，**UTR**）が存在する．5′ 非翻訳領域にはリボソーム結合部位があり，大腸菌では **SD**（Shine-Dalgarno（シャイン ダルガーノ））**配列**がそれにあたる．真核生物の場合，リボソームは 5′ 末端にある**キャップ構造**に結合するが，なかには **IRES**［内部リボソームエントリー（進入）部位］に結合する場合もある．真核生物 mRNA の翻訳開始部位には**コザック**（Kozak）**配列**がみられる（図 10・1）．

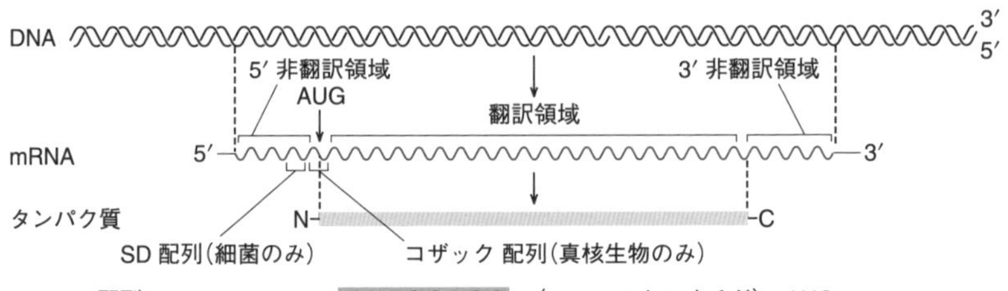

図 10・1 mRNA はタンパク質のアミノ酸配列の情報をもち，リボソーム RNA と結合する

10・2 タンパク質のアミノ酸配列を指定する：アダプター仮説

塩基の配列をアミノ酸の配列に読み換える機構が働くため，タンパク質合成は**翻訳**（translation）とよばれる．mRNAがタンパク質のアミノ酸配列情報をもつとしても，mRNA分子の表面がタンパク質の構造を直接決めるわけではなく，そこにはmRNAとアミノ酸を連結するアダプターが関わる．アダプターはmRNAと塩基配列特異的に結合するとともに特定のアミノ酸とも結合する**tRNA**（**転移RNA**）である（図10・2）．タンパク質合成は，mRNAのアミノ酸配列の情報に従ってtRNAが運んできたアミノ酸を**リボソーム**上で連結する反応であり（図10・3），リボソームにはrRNAが含まれており，結局，翻訳には都合3種類のRNA（mRNA, tRNA, rRNA）が関わることになる．

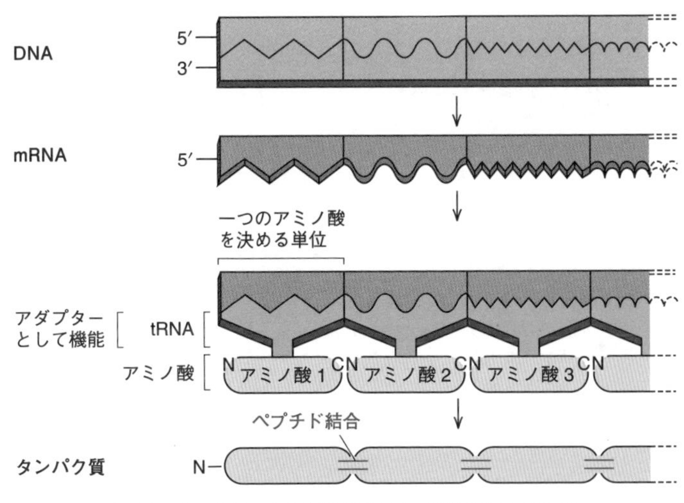

図10・2 ヌクレオチド配列をアミノ酸配列へ翻訳する

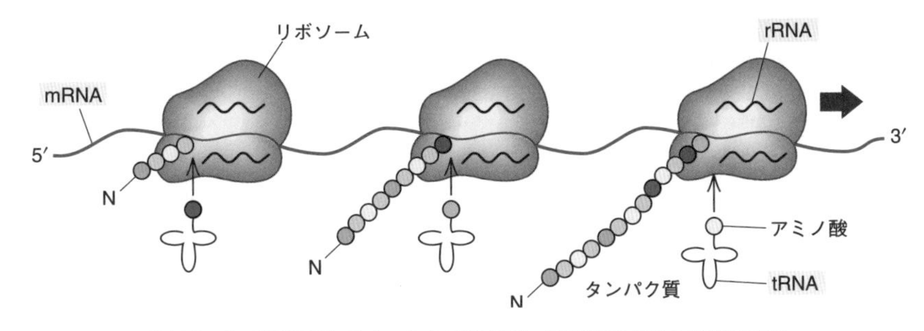

図10・3 翻訳はリボソーム上で起こり，3種類のRNAが関与する

ウサギ網状赤血球溶解液やコムギ胚芽の細胞抽出液の中にはリボソーム，**ポリソーム**（mRNAに多数のリボソームが結合したもの），mRNA，tRNA，そして酵素や調節因子など，翻訳に必要な成分が含まれているので，ここにATP，GTP，アミノ酸を加えてタンパク質を合成させることができる．この**無細胞翻訳系**は，遺伝暗号の解読や翻訳因子の発見に威力を発揮した．

10・3　コドンとは何か

DNA（あるいはmRNA）の塩基配列がどのようなアミノ酸を指定しているのかという，**遺伝暗号**の解読が1960年代に行われ，連続する3塩基（塩基の三つ組・**トリプレット**）が暗号の単位であることが明らかになった．アミノ酸を指定するトリプレットを**コドン**（codon）という（表10・1）．mRNA上のコドンのとり方に切れ目はなく，mRNA上には三つの自由な**読み枠**（**リーディングフレーム**，あるいは単に**フレーム**）が存在することになるが，実際には一つのタンパク質は決まっ

表10・1　mRNAヌクレオチド配列をアミノ酸に対応させる遺伝暗号表（コドン表）

第1字目	第2字目								第3字目
	U		C		A		G		
U	UUU	Phe	UCU	Ser	UAU	Tyr	UGU	Cys	**U**
	UUC	Phe	UCC	Ser	UAC	Tyr	UGC	Cys	**C**
	UUA	Leu	UCA	Ser	UAA	オーカー[†3]	UGA	オパール[†3]	**A**
	UUG	Leu	UCG	Ser	UAG	アンバー[†3]	UGG	Trp	**G**
C	CUU	Leu	CCU	Pro	CAU	His	CGU	Arg	**U**
	CUC	Leu	CCC	Pro	CAC	His	CGC	Arg	**C**
	CUA	Leu	CCA	Pro	CAA	Gln	CGA	Arg	**A**
	CUG	Leu	CCG	Pro	CAG	Gln	CGG	Arg	**G**
A	AUU	Ile	ACU	Thr	AAU	Asn	AGU	Ser	**U**
	AUC	Ile	ACC	Thr	AAC	Asn	AGC	Ser	**C**
	AUA	Ile	ACA	Thr	AAA	Lys	AGA	Arg	**A**
	AUG	Met[†1]	ACG	Thr	AAG	Lys	AGG	Arg	**G**
G	GUU	Val	GCU	Ala	GAU	Asp	GGU	Gly	**U**
	GUC	Val	GCC	Ala	GAC	Asp	GGC	Gly	**C**
	GUA	Val	GCA	Ala	GAA	Glu	GGA	Gly	**A**
	GUG	Val[†2]	GCG	Ala	GAG	Glu	GGG	Gly	**G**

†1　開始コドンとしても用いられる．大腸菌ではホルミルメチオニン
†2　大腸菌では開始コドンとして用いられることがある
†3　宝石のニックネームなどでもよばれるナンセンスコドンで，終止コドンとして用いられる

た読み枠から始まったコドンに従ってつくられる．表10・1が遺伝暗号解読の結果わかったコドンと対応するアミノ酸の表（**コドン表**あるいは**遺伝暗号表**）であり，64種類のコドンがいずれかのアミノ酸を指定（**コード**，暗号化）している．翻訳は**開始コドン**（AUG）が指定するメチオニンから始まる（大腸菌では**ホルミルメチオニン**．まれにGUG Valの場合もある）．UAA（**オーカー**），UAG（**アンバー**），そしてUGA（**オパール**）コドンは指定するアミノ酸をもたない**ナンセンスコドン**であり，リーディングフレーム中では翻訳の停止を意味する**終止コドン**として使われる．

コドンの暗号解読に用いられたツールの一つは無細胞翻訳系であった（§10・2）．たとえばUだけからなるRNA（ポリU）を加えると，フェニルアラニン鎖が合成され，UUUがフェニルアラニンのコドンであることがわかった．このようにしていくつかのコドンが解読された．その後，**アミノアシルtRNA**（アミノ酸の結合したtRNA，§10・4）がmRNAと結合する性質を利用したり，アミノアシルtRNAの構造を分析するなどしてすべての遺伝暗号が解読された（R. W. Holley，H. G. Khorana，M. W. Nirenberg）．

大部分のアミノ酸はそれを指定する複数のコドン（**同義コドン**）をもち，セリンやロイシンのように6個のコドンをもつアミノ酸もある（表10・1）．このコドンの冗長性あるいは**縮重**（degeneracy）のため，64個のコドンすべてに個別に対応するtRNAは存在しない（必要ない）．この理由はtRNA中のアンチコドンとコドンとの結合のあいまいさによって起こる．このあいまいさをアンチコドンの**ゆらぎ**といい，コドンの3番目の塩基がtRNAとつくる塩基対との正確性が緩いために起こる．遺伝子のDNA配列が少し異なっているのにタンパク質の構造は同じという現象の多くはこの理由で説明できる．

メモ10・1　**非普遍暗号**

表10・1は**普遍暗号表**とよばれるが，ミトコンドリアのUGAは終止コドンではなくTrpコドンであるなど，種々の**非普遍暗号**が存在することが明らかとなっている．酵母，無脊椎動物のミトコンドリアや葉緑体などにその例が知られている（例：AUA→Met，UGA→Trp，AGG→終止）．

10・4　tRNA の構造とアミノ酸選択機構

tRNAは70～90塩基程度の小さなRNAである．分子内水素結合によって**クローバー葉形二次構造**をとり，さらにその全体が折りたたまれる**L字形三次構造**を形

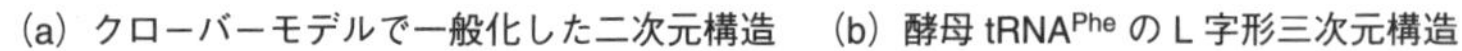

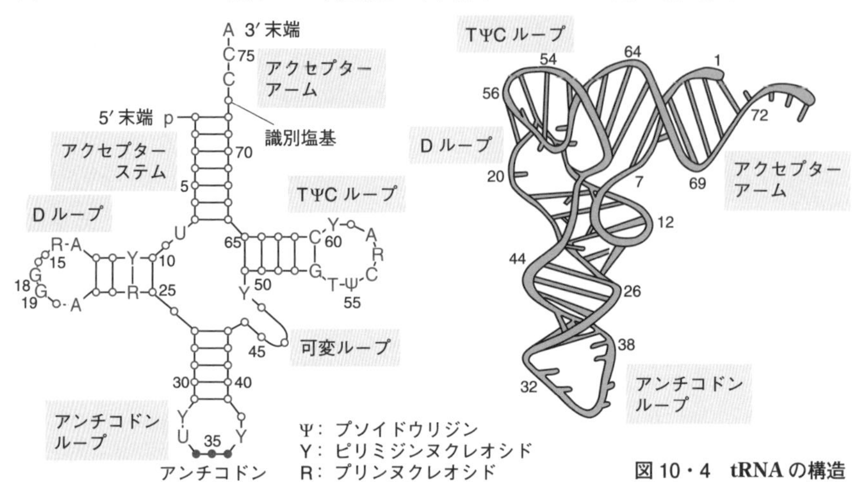

図 10・4 **tRNA の構造**

アミノ酸結合反応では一つの酵素が2段階の反応を進める

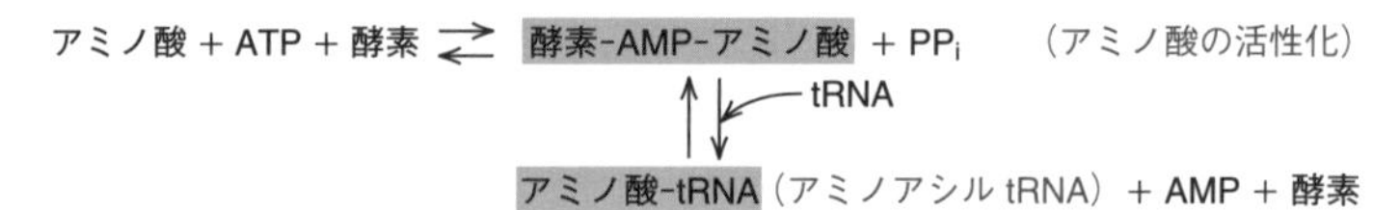

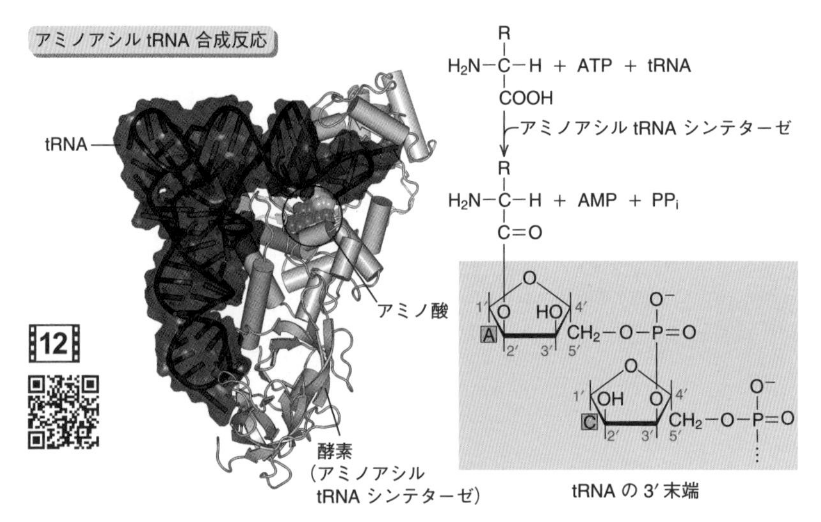

図 10・5 アミノ酸の活性化と tRNA との結合 tRNA の 3′ 末端の塩基は常に A，次に C になる．アミノ酸はアデノシンの 2′ あるいは 3′ のヒドロキシ基と結合する

成している．D ループ，アンチコドンループ，可変ループ，TΨC ループといわれる多くの**ステム**と**ループ**からなる構造がある（図 10・4）．**アンチコドンループ**の中にはアンチコドン，すなわちコドンと相補的な連続する 3 塩基が存在し，tRNA はこの部分で mRNA のコドンと結合する．

tRNA は 3′ 末端でアミノ酸と結合することにより**アミノアシル tRNA** となる．結合するアミノ酸と tRNA の種類は特異的で，たとえばアラニンはアラニン専用のアラニル tRNA としか結合しない．アミノアシル tRNA はアミノ酸が ATP 存在下で活性化したアミノ酸–AMP 複合体よりなる．これら二つの連続した反応は，いずれも特異的**アミノアシル tRNA シンテターゼ**（たとえばアラニル tRNA シンテターゼ）により行われる（図 10・5）．アミノアシル tRNA が間違った組合わせでつくられると，酵素自身がアミノアシル tRNA を分解し，つくり直すため（**アミノアシル tRNA シンテターゼの校正機能**），アミノ酸と tRNA との結合はきわめて厳密に保たれることになる．

コラム 17

アイソアクセプター tRNA

mRNA のコドンと tRNA のアンチコドンは水素結合で結合するが，コドンの 3′ 末端（すなわち 3 文字目）とアンチコドンの 5′ 末端の塩基対は必ずしも正確に対合せず，不正確に対合する**ゆらぎ**という現象がみられる．これが一つのアミノ酸に複数の**同義コドン**が存在できる理由である．しかし，同義コドンでも 1 文字目が異なる場合もあり，**コドンの縮重**はゆらぎという現象だけでは単純には説明できない．実は細胞内には，**アイソアクセプター tRNA** とよばれる一つのアミノ酸を運ぶ複数の tRNA 分子種がある．この用語は，tRNA のアンチコドンの対極にあって，結合するアミノ酸種を決める構造である特定のアクセプターステム構造をもつもののなかに異性体（アイソマー: アイソは“異なる”）が存在するということを示している．アイソアクセプターtRNA という名称は使用範囲が広く，アンチコドン部分の異なる tRNA や，アンチコドンは同じでも一次構造が異なる tRNA，さらには一次構造が同じでも塩基修飾のみ異なる場合にも使われる．

10・5　タンパク質合成の場: リボソームの構造

タンパク質合成はリボソームの表面で起こる．**リボソーム**は大腸菌で 70S，動物細胞で 80S の沈降係数をもち，それぞれ**大サブユニット**（大腸菌 50S/ 動物細胞 60S）と**小サブユニット**（大腸菌 30S/ 動物細胞 40S）よりなり，複数の rRNA（表 10・2）と多数のタンパク質から構成される．大腸菌の rRNA は複数の tRNA

を含む前駆体として合成された後，酵素で切出される．真核生物，特に動物細胞では，18S−5.8S−28S rRNA 前駆体（47S rRNA）遺伝子がゲノム中に数百個縦列に繰返して存在しており，各転写単位ごとに **RNA ポリメラーゼ I** で転写された後，それぞれが単位長さの RNA として切出される．切出し後はさらに，複雑な限定分解過程を経て成熟する（図 9・8 参照）．**rRNA 遺伝子**はアフリカツメガエルの卵母細胞では 1000 倍あまりに増幅される．**5S rRNA** 遺伝子は別に複数個存在し，**RNA ポリメラーゼ III** で転写される．

表 10・2 リボソームの構成

リボソーム粒子	構成亜粒子	rRNA	タンパク質
70S（大腸菌）	50S（大サブユニット）	5S 23S	34 種
	30S（小サブユニット）	16S	21 種
80S（動物細胞）	60S（大サブユニット）	28S 5S† 5.8S	約 50 種
	40S（小サブユニット）	18S	約 30 種

† RNA ポリメラーゼ III により合成．ほかは RNA ポリメラーゼ I で前駆体として合成される

10・6 翻訳の分子機構

大腸菌では 16S rRNA の一部が **SD 配列**（§10・1）と相補性があるため，リボソーム小サブユニットは mRNA 中の SD 配列と可逆的に結合するが，結合にはいくつかの**開始因子**（**IF**）と **GTP** が関わる．小サブユニットは下流の開始コドンまで移動し，IF と GTP 存在下で，細菌ではホルミルメチオニン（真核生物はメチオニン）が結合した**開始アミノアシル tRNA** が呼び込まれる．リボソームにはアミノアシル tRNA（AA−tRNA）が位置できる部位が 3 箇所［**P**（ペプチジル）**部位**，**A**（アミノアシル）**部位**，**E**（exit）**部位**］あるが，呼び込まれた AA−tRNA が P 部位に結合した後にリボソーム大サブユニットが結合する．**ペプチジルトランスフェラーゼ**活性によるペプチド結合形成反応は大サブユニットの P 部位で起こり，翻訳伸長はアミノ酸の C 末端に向かって進む．

開始 AA−tRNA 結合後，A 部位に 2 番目の AA−tRNA が入るとアミノ酸間でペプチド結合ができ，2 番目のアミノアシル tRNA が P 部位に移動して，3 番目のアミノアシル tRNA を受け入れる．ホルミルメチオニル tRNA は E 部位に移った後，

リボソームから離れる．以上の反応が連続して起こることによりペプチド鎖が伸長する．これらの反応にはペプチジルトランスフェラーゼ活性に加えて，いくつかの**伸長因子**（**EF**），そして **GTP** が必要である（図 10・6）．

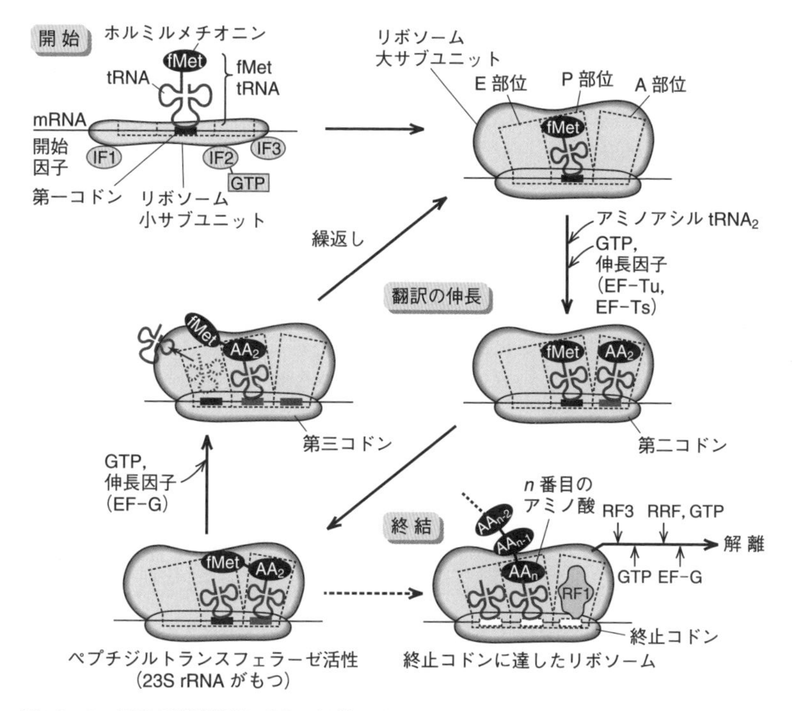

図 10・6　細菌の翻訳機構　RF は解離因子，RRF はリボソームリサイクル因子を表す

> メモ 10・2　**リボソームの機能阻害**
>
> クロラムフェニコール，ピューロマイシンといった細菌のタンパク質合成を抑える抗生物質は，23S rRNA に結合してペプチジルトランスフェラーゼ活性を阻害する．

10・7　読み枠は自由にとられる

リボソームが**読み枠**（**リーディングフレーム**）をどうとるかは自由で，実際には使われる開始 AUG コドンの場所により自動的に決まる．ポリシストロン性 mRNA をもつ原核生物の mRNA 中の複数の個々の読み枠も自由であり，また真核生物ではスプライシングや転写開始部位の違いにより一つの遺伝子（DNA 領域）から複数の mRNA ができたりするが，そのような場合も個々の mRNA ごとに読み枠が変化する場合がある．生物によっては，まれに一つの DNA 領域から異なる読み枠を用いて複数のタンパク質をつくる例もある（ウイルスでは多い）．

10・8　変異でタンパク質合成はどうなるか

遺伝子の翻訳領域の中で変異（**点変異**，**欠失**または**挿入変異**）や**組換え**が起こると，アミノ酸が変化してタンパク質の性質が変化したり，ナンセンスコドンが出現して，タンパク質合成がそこで途切れる場合がある（§6・2 参照）．なお，このような非生理的翻訳停止で生じたポリペプチドは不安定で，すぐ分解されたり翻訳自体が抑えられる（§10・10）．**鎌状赤血球貧血**患者の**β グロビン遺伝子**では DNA 上の一つの A が T に点変異しているため本来のアミノ酸 Glu が Val に変化し，結果的に β グロビンの性質が変化して赤血球の形が異常になり，酸素結合能が低下する（図 10・7）．変異タンパク質が温度に不安定な場合，細胞は高温で生きられない（**温度感受性変異**，図 11・5 参照）．点変異によってコドンが同義コドンに変化する場合は，影響が表に出ない**サイレント変異**になる．

(a)　正常 β グロビン

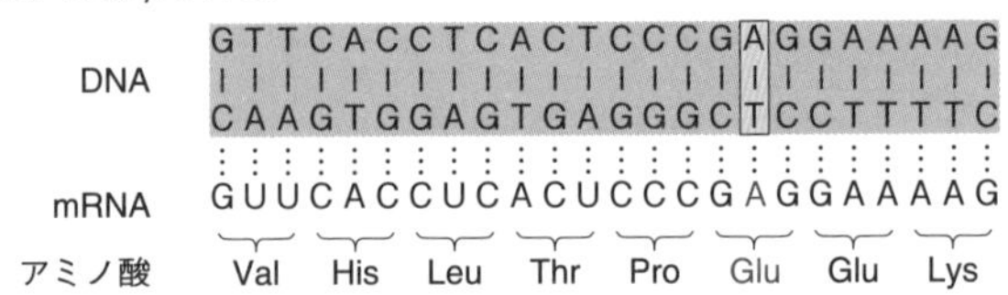

(b)　鎌状赤血球貧血患者の β グロビン

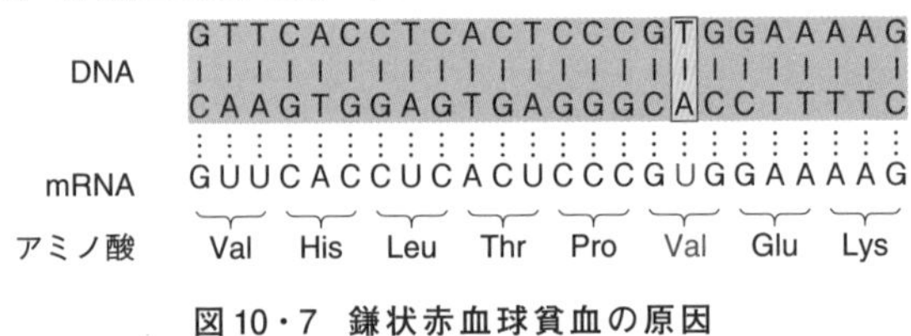

図 10・7　鎌状赤血球貧血の原因

10・9　サプレッサー tRNA

生物には，変異が起こってもそれを抑え込む別の変異［**サプレッサー（抑圧）変異**］によって生存をはかろうとする現象がみられる（第 6 章コラム 12 参照）．**ナンセンス変異**をもつ個体の遺伝子を調べてみると，もとの変異はそのままなのにタンパク質はできているといった場合がある．これにはtRNAが関わることが多く，終止コドンに適当なアミノ酸をあてる**サプレッサー tRNA** 遺伝子の発現がそのおもな理由である．ナンセンス変異が起こるとサプレッサー tRNA 遺伝子が活性化し，終止コドンに適当なアミノ酸を振り当ててそこを読み過ごす（**リードスルー**，図 10・8）．ただしサプレッサー tRNA は生理的終止コドンにも影響を与えるため，それが発現した細胞は一般に増殖低下がみられる．

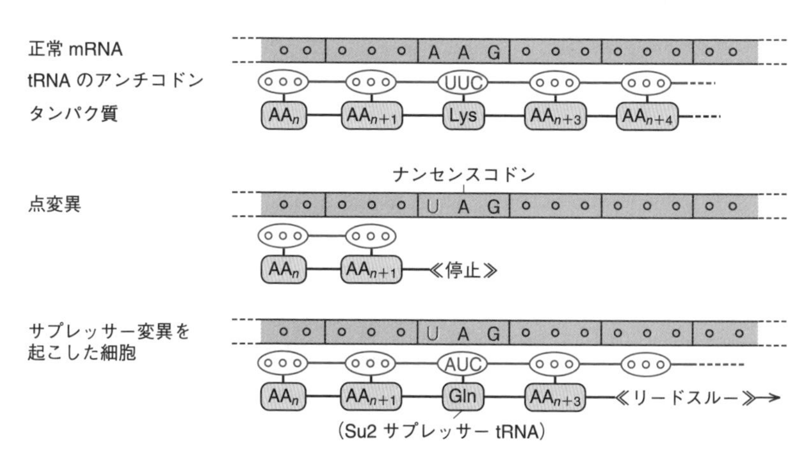

図 10・8 遺伝子に生じた突然変異は変異 tRNA（サプレッサー tRNA）の働きにより抑えられる ナンセンス変異を抑圧する機構が，アンチコドン部に変異をもつ tRNA（サプレッサー tRNA）により起こる．ここではアンバーコドンに Gln を指定する Su2 サプレッサー tRNA の例を示す．サプレッサー tRNA にはこのほかにも，アンチコドン以外に起こった変異をもつもの，アンチコドンが 4 塩基になったもの（フレームシフト変異を抑圧することができる）など多くのものがある

10・10 翻訳の制御

細胞には必要な翻訳反応を継続させたり，異常な翻訳を抑えるための制御機構が存在する．制御の一つは**リコーディング**という翻訳停止を抑える機構で，その典型的な例は前述のナンセンスコドンをリードスルー（読み過ごし）させるサプレッサー tRNA の関与である．リードスルーが関わる機構としてはこのほかにも，リボソームが読み枠を前後に 1 個ずらす機構（例：レトロウイルスの *gag*－*pol* 遺伝子の連結部分で融合タンパク質をつくるとき）や，UGA コドンにセレンを含むアミノ酸である**セレノシステイン**をあてる機構がある．

翻訳領域の途中に異常で未成熟な終止コドンが生じてしまうと，できたポリペプチドは機能をもたないばかりか細胞に悪影響を与える．このため，細胞にはこのような異常短縮翻訳を抑えるために異常mRNAを積極的に分解する機構が存在する．この機構を**ナンセンスコドン介在mRNA分解**（**NMD**）という（図10・9）．NMDは真核細胞では**Pボディ**（第9章メモ9・2参照）といわれるRNA分解酵素とRNAを含む複合体で行われる．この機構が働くため，ナンセンス変異の結果として，合成が予想されるポリペプチドは通常ほとんど検出されない．Pボディはキャップのないm RNAやポリA鎖の短いmRNAの分解にも関わる．

上とは逆に，終止コドンやそのわずか手前で変異が起こり，翻訳が終止しないでC末端に余分なペプチド鎖が付加された異常翻訳物ができる可能性がある．このようなmRNAを**ノンストップmRNA**というが，細胞にはノンストップmRNAを分解したり異常翻訳産物を抑える機構が存在する．ポリA鎖が翻訳されてできる**ポリリシン**が翻訳そのものを抑制する機構や，真核生物ではポリA鎖結合タンパク質が解離するためにmRNAが不安定になる機構もある．原核生物ではリボソームがmRNA機能をもつ特殊なtRNA（**tmRNA**）に移り，翻訳が切替わってtmRNA内で翻訳を終了させる**トランス翻訳**という機構がある．

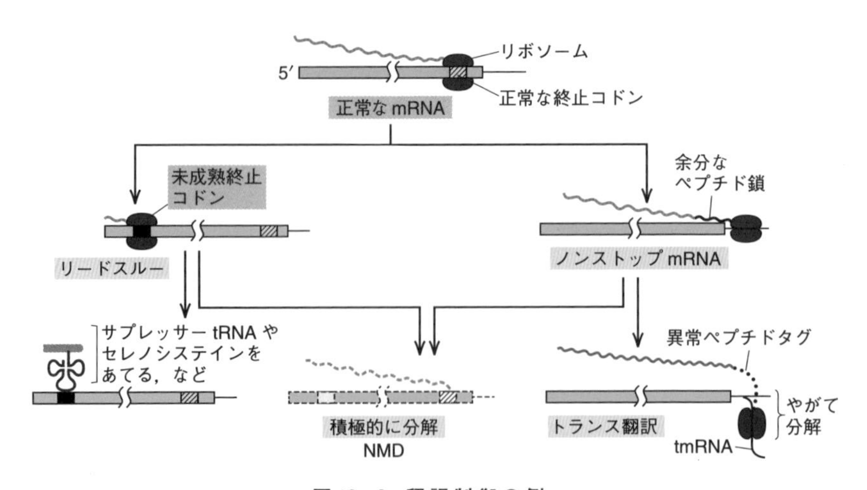

図10・9 翻訳制御の例

10・11 タンパク質のプロセシング

合成されたばかりのタンパク質と成熟タンパク質の間で構造に違いがみられることがあり，翻訳後の加工や修飾によって生じる．タンパク質の**翻訳後修飾**は，1）ペプチド鎖切断，2）アミノ酸側鎖の化学的変化，3）スプライシングの三つに分けられる．タンパク質のN末端にメチオニンがみられない場合の多くは1）が関与する．分泌性タンパク質はN末端の**シグナルペプチド**（**シグナル配列**，疎水性に富む）が酵素による限定分解を受けて除かれ，生体膜を通過する．真核生物では新生タンパク質（**プロタンパク質**）が内部で限定分解を受け，機能性タンパク質ができる例がよくみられる．タンパク質分解酵素やインスリンで知られている限定分解を経て，成熟する（プレプロタンパク質→プロタンパク質→成熟タンパク質）ものもある．2）の例としては，アミノ酸側鎖のプロテインキナーゼによるリン酸化や，糖鎖やユビキチン付加が細胞機能を調節する例がある．

10・12 タンパク質スプライシング

タンパク質の加工編集機構の一つに，ポリペプチド鎖のつなぎ換えによって成熟タンパク質ができる**タンパク質スプライシング**がある．タンパク質スプライシング

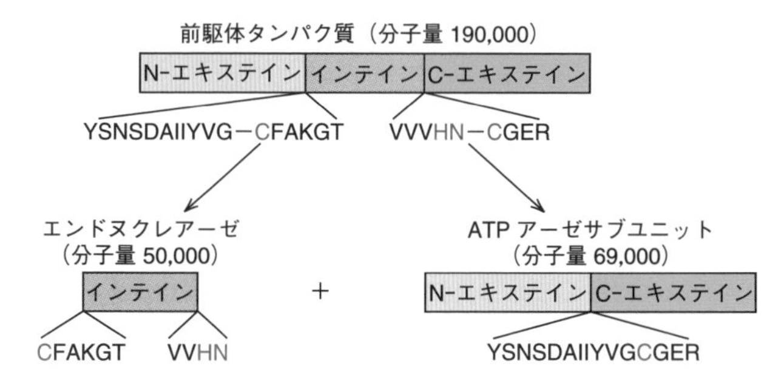

図 10・10 タンパク質スプライシングの例 菌類の一種 *Candida tropicalis* の V-ATP アーゼ触媒サブユニットに見られるスプライシングの例．アミノ酸は1文字表記．赤い文字のアミノ酸は保存性の高いもの

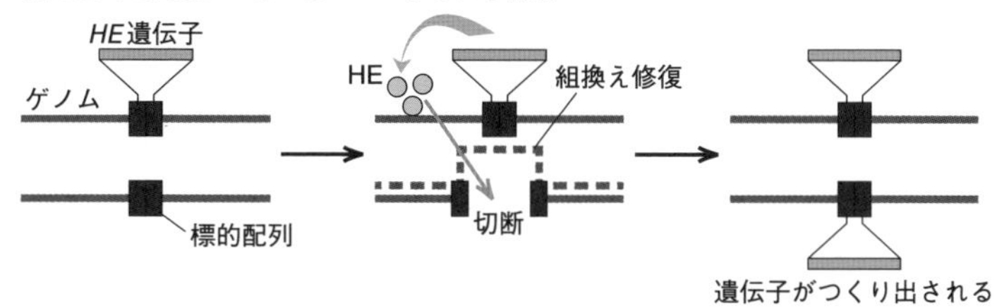

図 10・11 ホーミングエンドヌクレアーゼ遺伝子の増幅

では前駆体タンパク質の内部（**インテイン** intein）が切出され，両端のペプチド鎖（**エキステイン** extein）が連結される．切断・連結反応は，グループＩイントロンによる RNA 自己スプライシング（図 9・6 参照）のように，自己触媒的に起こる．発見されているインテインはいずれも分子量 40,000〜60,000 の大きさで，共通機能として DNA 分解酵素（エンドヌクレアーゼ）活性を示す（図 10・10）．インテインは制限酵素（§18・3 参照）のように，DNA を特異的配列で限定的に切断する活性をもつ．そのため，インテインがゲノムの特異的配列をもつ標的部分を切断すると，組換え修復機構によってそこにインテイン DNA 配列がつくられ，結果的にインテイン DNA がコピー＆ペーストの形でつくり出されることになる．このため，インテインにコードされるエンドヌクレアーゼは**ホーミングエンドヌクレアーゼ**と称される（図 10・11）．特異的 DNA 切断活性をもつインテインが DNA 切断→DNA 修復→遺伝子変換という機構を通じて染色体に広がっていった過程が推察されるため，インテイン DNA は**利己的 DNA** の一種とみなされることがある．

11

細菌の分子遺伝学

11・1　細菌の増殖

細菌は**無糸分裂**による2分裂で増殖する．細菌を増やすために水に養分を溶かし，pHを中性に調整したものを**培地**とよぶ．この**液体培地**に加熱溶解した寒天を加え，冷やしてシャーレなどに固めたものが**固形培地**である．細菌の酸素要求性はさまざまで，生育に十分な酸素を必要とするもの（**好気性菌**）がある一方，酸素が不要な**偏性嫌気性菌**（例：破傷風菌）もある．野生型の大腸菌はわずかな酸素があれば増殖できる**通性嫌気性菌**で，グルコースと少数の無機塩類から生育に必要なすべての分子を合成することができる．グルコースはエネルギー源と炭素源になり，アンモニウム塩は窒素源となってアミノ酸などがつくられる．細菌の種類によっては図11・3に記してあるような単純な合成培地（**最少培地**という）では増えず，特定のビタミンやアミノ酸，あるいは天然の栄養分を要求する場合がある．

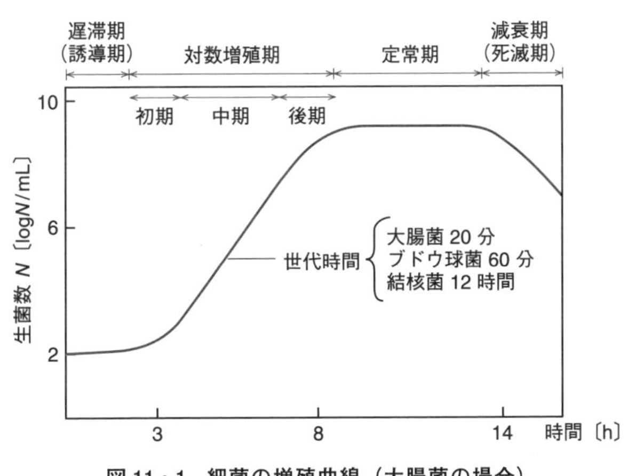

図11・1　細菌の増殖曲線（大腸菌の場合）

細菌を培地に植えて37℃に温めて増やす（これを**培養**という）と，数十分〜数時間の世代時間で1個の細菌が2個，4個，8個，…と指数関数的に増え，やがて栄養源の枯渇と老廃物の蓄積，菌体密度の上昇などの理由によって増殖が停止し，死滅する（図 11・1）．**対数増殖期**にある 1 個の細菌は半日で 100 万から数億個になり，固形培地上で目で見える**コロニー**（集落）をつくる（図 11・2）．

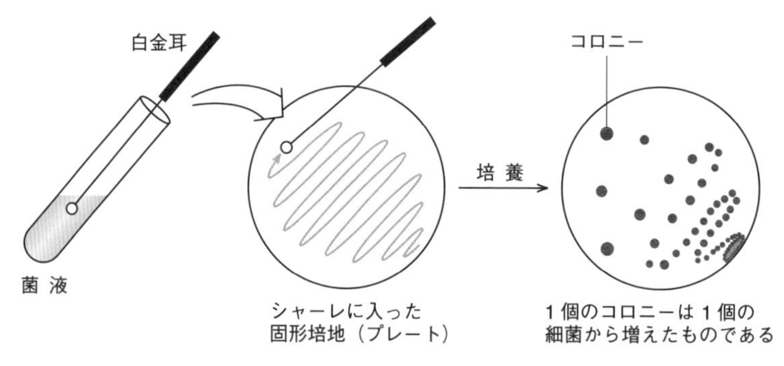

図 11・2　細菌のコロニー

培養の手順

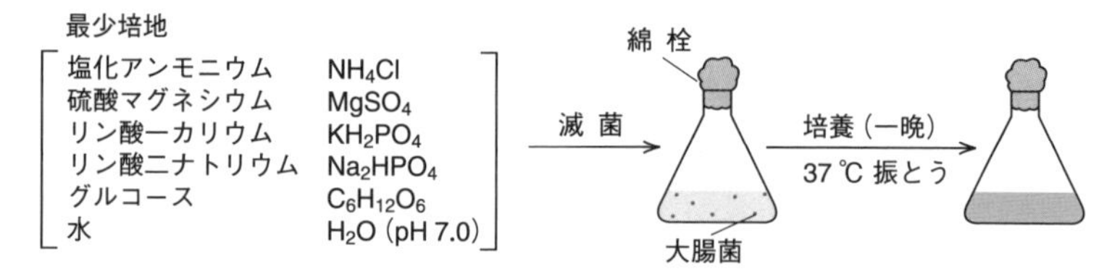

培 地

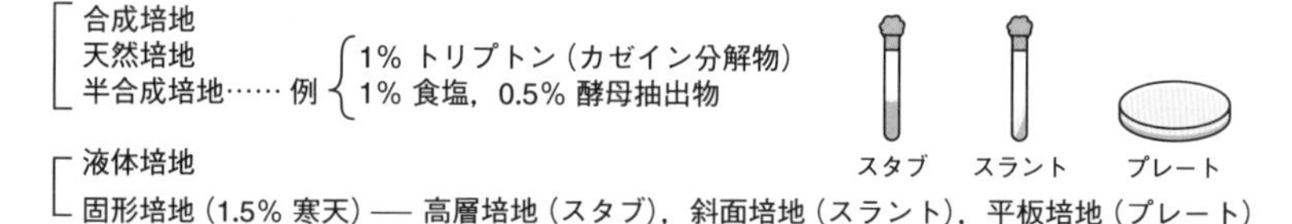

液体培地
固形培地（1.5% 寒天）── 高層培地（スタブ），斜面培地（スラント），平板培地（プレート）

滅菌法　滅菌：すべての生命体を死滅させる

高圧蒸気滅菌（オートクレーブ）2 気圧，121 ℃，20 分
乾熱滅菌 180 ℃，60 分
火炎滅菌

図 11・3　大腸菌の培養

特定の細菌のみを扱おうとする場合，まず細菌がまったくいない環境をつくる必要がある．細菌のみならず，すべての生命体を死滅させる操作を**滅菌**といい，通常

は180℃，1時間の加熱，焼却，あるいは121℃，2気圧の蒸気で20分の加熱（**オートクレーブ**）を行う．滅菌により細菌の芽胞やDNAも不活化できる．**栄養型**といわれる通常の細胞の微生物を殺すことは**殺菌**という．なお**消毒**とは病原性のあるもののみを死滅させる方法で，煮沸したり（熱），消毒薬，紫外線などを使う．DNAを直接攻撃するものは細菌などを死滅させることができ，放射線（**γ線**など）や太陽光線（特に**紫外線**），そしてある種の化合物が用いられる．

11・2 細菌遺伝学の成立

かつて，細菌は遺伝という高等な生命現象をもたないだろうと考えられていて，細菌の特定の栄養素に関する要求性，変異やファージに関する抵抗性も，生育環境やファージとの接触に応じて誘導される適応現象とみなされていた．S. E. Luria と M. Delbrück は，大腸菌とファージを使った**揺動実験**（**ばらつき試験**）ともよばれる**ルリア-デルブリュックの実験**により，細菌の形質も遺伝によって決まることを示した（図11・4）．ファージは大腸菌に感染して宿主である大腸菌を殺すが，ファージに耐性を示す大腸菌が一定の頻度で出現することが経験的に知られていた．当時この現象は，細菌の適応現象の一つと考えられていた．彼らは多数の大腸菌を分割し，一定時間培養後それぞれの大腸菌にファージを感染させるという実験を行った．もしファージ耐性がファージに接触したために誘導されるのであれば，どのシャーレにも一定数の耐性菌のコロニー（集落）が出るはずである．しかし実際には，少数のシャーレのみにコロニーが出現するというばらつきがみられた（図11・4）．この現象は，特定の細菌がファージに接触する以前にすでに耐性をもって

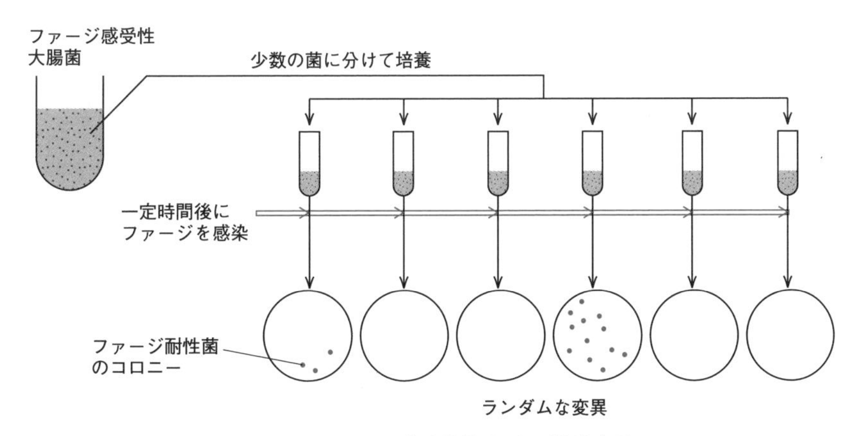

図11・4 ファージ耐性菌出現の揺動実験

いた（変異していた）ことを意味する．一度耐性を獲得した細菌がファージのいないところで培養しても安定にファージ耐性の性質を保ち続けることも明らかになり，細菌にも遺伝現象が存在することが証明された．

11・3　伝統的な細菌遺伝学の手法

遺伝学では変異体を得ることが重要であるが，**大腸菌**は世代時間が20分と短く，変異体を得やすい．ヒトであれば世界中で1例しかないようなまれな変異も，細菌であれば理論的には一晩の小規模な培養で得られる．大腸菌は安全で手技が容易であり，大量に増やすことができ，またファージやプラスミド（§11・5）を用いた遺伝子導入が簡単で，一倍体であるために遺伝形質が現れやすい．以上の理由により，分子生物学の研究材料として大腸菌が好んで使われる．

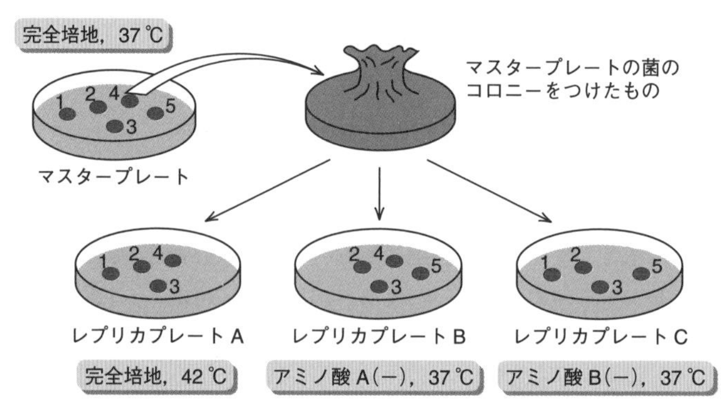

コロニー	温度感受性	アミノ酸A要求性	アミノ酸B要求性	表現型
1	無	有	無	A栄養要求変異体
2	無	無	無	野生型
3	無	無	無	野生型
4	無	無	有	B栄養要求変異体
5	有	無	無	温度感受性変異体

図11・5　レプリカプレートで細菌の遺伝的性質を調べる

メモ11・1　**ペニシリン濃縮法**

ペニシリンは細菌の細胞壁成分として取込まれて増殖を阻害するため，増殖している細菌のみを殺すことができる．ペニシリンを含む培地で培養すると，その条件で増殖できない変異体を濃縮できる．

細菌に変異を起こすには，紫外線やニトロソグアニジンなどの**変異誘発剤**を用いる．ある栄養がないと生育できない**栄養要求変異体**を見つけようとする場合，まずすべての栄養を含んだ完全培地で細菌のコロニーをつくらせる．そのシャーレ（**マスタープレート**という）に布で巻いたスタンプを押しつけ，そのスタンプをそれぞれの栄養を除いた培地につける．こうすることにより，もとと同じコロニーをもつプレートのコピー（**レプリカプレート**）を簡単に複数つくることができ，各培地での増殖をみれば，各コロニーの栄養要求性がわかる（図11・5）．たとえば，熱に弱い細菌を見つけたい場合は培養温度を高くすればよい．

11・4　変異体の遺伝解析：相補性テスト

一つの表現型に関わる遺伝子の数を次のようにして決めることができる．アルギニンを利用できない変異体AとBのDNAを一つの細胞に入れてアルギニンが利用できるようになったとすると，AとBはそれぞれアルギニン代謝に関する別の酵素をつくることがわかる．この場合，AとBの変異はそれぞれアルギニン利用能を**相補する**といい，また，A, Bは別々の相補群に分類されるという．相補しない場合，AとBは同じ酵素遺伝子上に変異をもつことになる．前者の場合，二つの遺伝子は**トランス**の関係にあるといい，後者の場合は**シス**の関係にあるという．細菌は通常一倍体だが，F因子（§11・7）やファージ（§11・8）を用いて部分二倍体をつくらせて，このテストを行うことができる．上述のような遺伝子解析法を**シス-トランス相補性テスト**といい（図11・6），このテストでシスの効果を示す

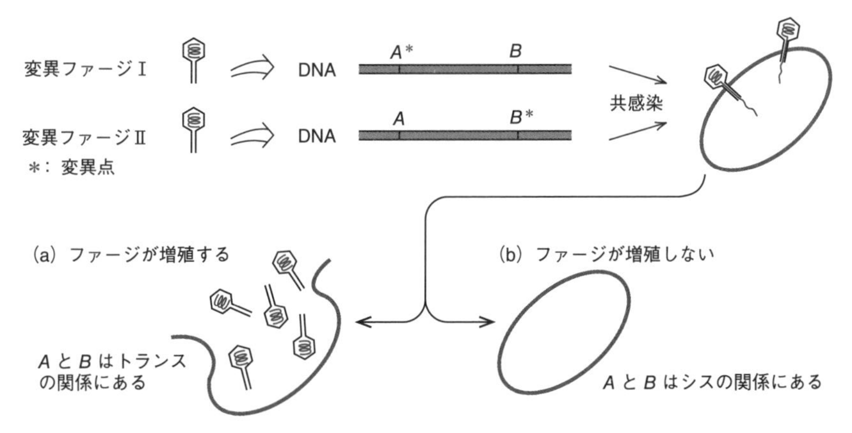

図11・6　シス-トランス相補性テスト　AまたはBに変異点をもち，増殖できない2種類のファージの共感染．変異点A, Bが同じタンパク質中にあるかどうかがわかる

DNAの最大範囲が**シストロン**，すなわち遺伝子産物をコードする1個の遺伝子の実質的な範囲である．

11・5 染色体外遺伝因子とプラスミド

ゲノムDNA（染色体DNA）は生存に必須で，細胞の基本的性質を決める．しかし細胞にはそれ以外にも遺伝的性質を付与するDNAが存在する場合があり，そのような**染色体外遺伝因子**を総称して**エピソーム**とよび（図11・7），小型DNAである**プラスミド**や**ウイルス**，複製型トランスポゾンがそれにあたる．

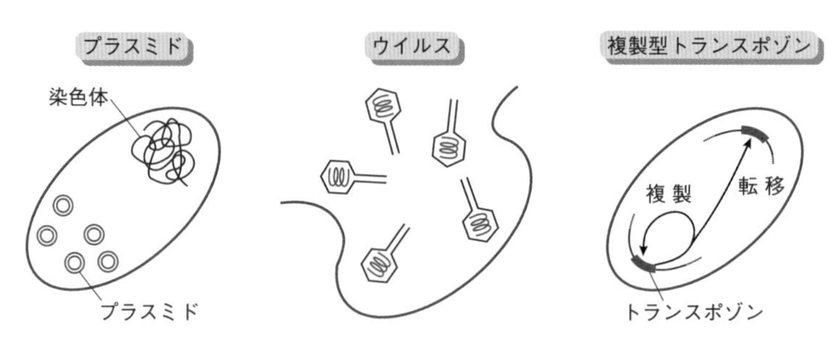

図11・7 エピソーム エピソームは染色体外で増える遺伝因子で，プラスミド，ウイルス（ファージ），複製型トランスポゾンが含まれる

細菌のプラスミドは二本鎖環状DNAで，大腸菌ではF因子，R因子，ColE1などが知られている．**F因子**（**稔性因子**）は細菌の雌雄の決定に関わる（§11・7．プラスミドという名称はF因子に対して初めて用いられた）．**R因子**は**耐性因子**ともよばれ，抗生物質耐性の性質を与え，**RTF**（**耐性伝達因子**）と**耐性決定因子**［トランスポゾン（§11・11）内にあり，抗生物質耐性遺伝子をもつ］が融合した構造をもつ．細菌がつくる毒素で他の細菌を殺す**バクテリオシン**のうち，大腸菌が産生する**コリシン**は，**ColE1**というプラスミドからつくられる．細菌にとってみればプラスミドは薬剤耐性などの有利な性質を与えてくれ，一方プラスミド側からみても細菌から複製や遺伝子発現に必要な材料と場所を提供してもらっていることになり，共生関係が成り立っているとみなすことができる．植物にがんをつくる**アグロバクテリア**という細菌は**Ti**とよばれるプラスミド（細胞増殖促進に関わる遺伝子をもつ）をもつ．プラスミドは真核生物にも存在し，酵母の**2 μm DNA**，**キラー因子**（RNA）などが知られている．環状DNAウイルス（ウシパピローマウイルスなど）がプラスミド状態で動物細胞内で長期間存在し続けることがある．

11・6 プラスミド増幅の特徴

プラスミドなどのDNAが細胞に入り，DNA中にある遺伝子で細胞の性質が変化する現象を**形質転換**という（図11・8）．塩化カルシウムや塩化マグネシウムで処理された細菌（**コンピテント細胞**）はDNAの取込み能が高くなり，研究現場ではプラスミドを細胞に導入する方法として利用されている．細胞に入ったプラスミドは基本的にθ型複製様式で増える．細胞当たりのプラスミド数（**コピー数**）の少ないプラスミド（1個〜数個以内）を**ストリンジェント型**，多いもの（数十個）を**リラックス型**といい，前者には大型プラスミド（F因子，R因子など），後者には

コラム18

耐性菌に注意せよ！

MRSA（メチシリン耐性黄色ブドウ球菌）など，薬（**抗生物質**）が効かずに細菌が病院内にまん延するといった事例が増えている．細菌には**薬剤耐性遺伝子**を運ぶ**R因子**が存在する．R因子に入り込める耐性決定因子の種類には制限がなく，入り込み現象も頻繁に起こる．このことは，R因子が多数の薬に対して一挙に耐性を与える**多剤耐性因子**になることを意味する．薬を使用しているうちにそのような耐性菌が選択的に増えると考えられる．細菌がそのようなプラスミドを獲得するとどの薬も効かなくなり，健康人であれば何ということのない日和見（ひよりみ）感染菌でも，抵抗力のない人が感染すると薬が効かず重篤な症状に陥ることがある．**薬剤耐性菌**にはMRSA以外にも，多剤耐性結核菌，ナリジクス酸耐性サルモネラ菌，バンコマイシン耐性腸球菌（**VRE**）など，いくつかのものが知られている．

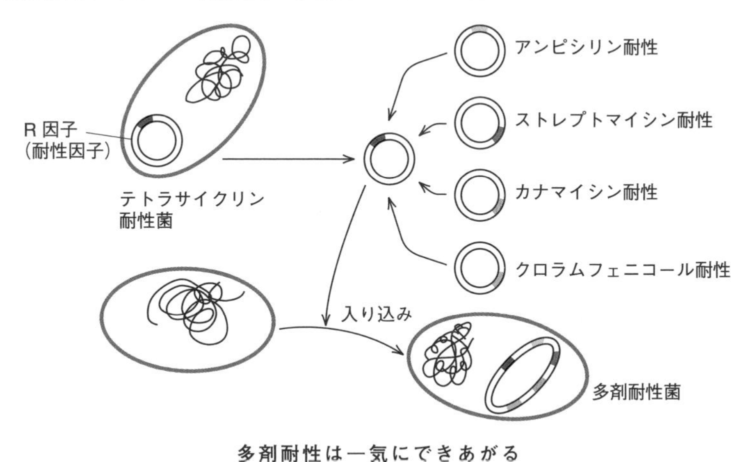

多剤耐性は一気にできあがる

小型プラスミド（ColE1）が含まれる．ストリンジェントプラスミドの複製は複製因子が限定要因になる．ColE1の複製では自身がつくる**Rom**タンパク質が，やはり自身のつくるRNAが複製のプライマーになることを阻害するため，コピー数はあるところで安定化する．

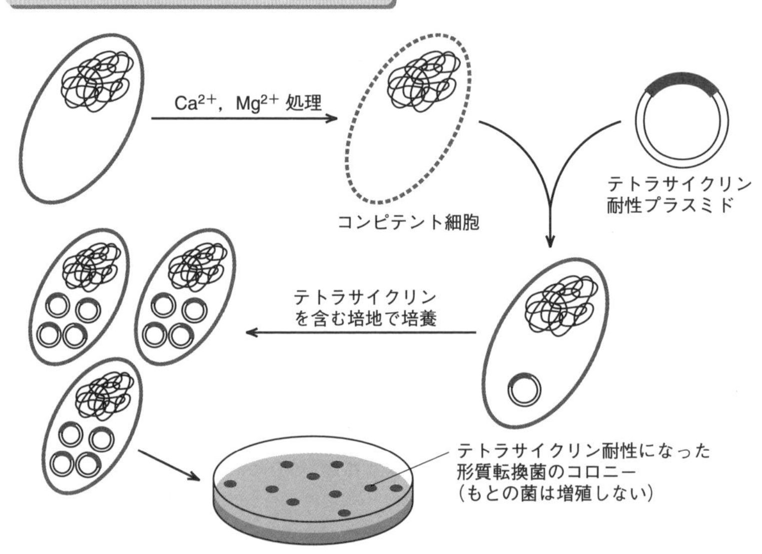

図11・8　薬剤耐性プラスミドによる細菌の形質転換

コラム19

Tiプラスミドが植物細胞をがん化させる仕組み

Tiプラスミドは土中細菌であるリゾビウム属細菌の**アグロバクテリア**がもつプラスミドで，植物にクラウンゴール（crown gall．木本の双子葉植物の根に近い部分にできるこぶ）というがんのような組織を形成させる．植物の傷口などから細胞内に侵入する．

プラスミド内には**T-DNA**という領域があり，そこには植物成長ホルモンをつくる酵素遺伝子がある．別の領域からは組換えに関わる因子がつくられるが，この因子がT-DNAの両端の組込み配列に作用してT-DNAを植物ゲノムに組込ませる．その結果，植物ゲノムが大量の成長ホルモンをつくり組織が過剰増殖する．

TiプラスミドはDNAを双子葉植物のゲノムに組込ませるためのベクターとして汎用される．

プラスミドは同じ種類のプラスミドが細胞内で共存できない**不和合性**という性質を示すが，この現象は同一細胞ではプラスミドのコピー数が抑えられ，さらにコピー数が常に均等に娘細胞に分配されないなどの理由で起こる（最初の分配のずれにより，最終的に片方のプラスミドのみが存在するようになる）．この性質はプラスミドベクターを使った遺伝子組換え実験において，細菌細胞内で単一の組換えDNA分子を純粋に増やすことに利用される．

メモ11・2　**DNA導入法**

DNA導入で細胞の形質が変化することが形質転換であり，単に導入させるだけだと**トランスフェクション（DNA感染）**という．このうち機械的に注入する場合は**微量注入（マイクロインジェクション）**，電気的に行うときは**電気穿孔法（エレクトロポレーション）**という．ウイルスDNAが細胞に入る場合は感染（**インフェクション**），ファージ粒子の中に存在する異種DNAが細胞に入る場合は**形質導入（トランスダクション）**という．

11・7　細菌の性を決定するF因子は遺伝子交換の道具

F（fertility：**稔性**（ねんせい），有性生殖を行う能力）**因子**は約94,000塩基対のDNAからなる大型のプラスミドで，無性生殖をする大腸菌に“性”の性質を与える（図11・9）．性とはゲノムを再編させるためのシステムであるが，F因子をもつ菌（**F^+**）を雄菌，もたない菌（**F^-**）を雌菌という．①F^+菌は**性線毛**を形成してF^-菌と接合するが，ここでF因子が*tra*オペロンにニックが入ったあと，ローリングサークル型（σ型）複製様式で複製し，1組が性線毛を通ってF^-菌に移る．F因子を受け取った菌はF^+に変わるが，F因子は比較的不安定で，脱落してF^-菌に変わりやすい．②F因子が宿主染色体DNAに組込まれると**Hfr菌**（高頻度組換え菌）となる．③Hfr菌もF^+の性質をもつので，F因子の内部でニックが入り，そこから一本鎖が伸びて複製し，複製に伴ってDNAがF^-菌に移入されるが，このとき受容菌のゲノムは一時的に部分二倍体となり，そこで相同組換え（§7・2）が起こる．この現象は遺伝子の再配列であり，これがF因子が**稔性因子**とよばれる理由である．結局，F因子はDNAを供与菌に移入する装置ということができる．

Hfr菌からF^-菌へのDNA移入を激しい振とうなどで中断させることができる．DNAの移入は60分で完結するので，時間を区切れば，移入される遺伝子の数を制御できる．Hfr菌とF^-菌の遺伝形質を時間をいろいろ変えて実験することにより，DNA上の遺伝子の位置を知ることができる．この実験から**大腸菌の遺伝子地図**がつくられ，ゲノムDNAが環状であることもわかった（大腸菌の遺伝子地図が時間〔分〕で表されるのはこのため）．④ なおHfr菌からはF因子の切出しも起こるが，その機構があまり厳密でないため，大腸菌のラクトース利用能やビタミン非依存能に関する遺伝子（*lac*$^+$や*bio*$^+$など）も同時にF因子に入ることがある．こうしてできたF因子を**F′**（**Fプライム**）という．

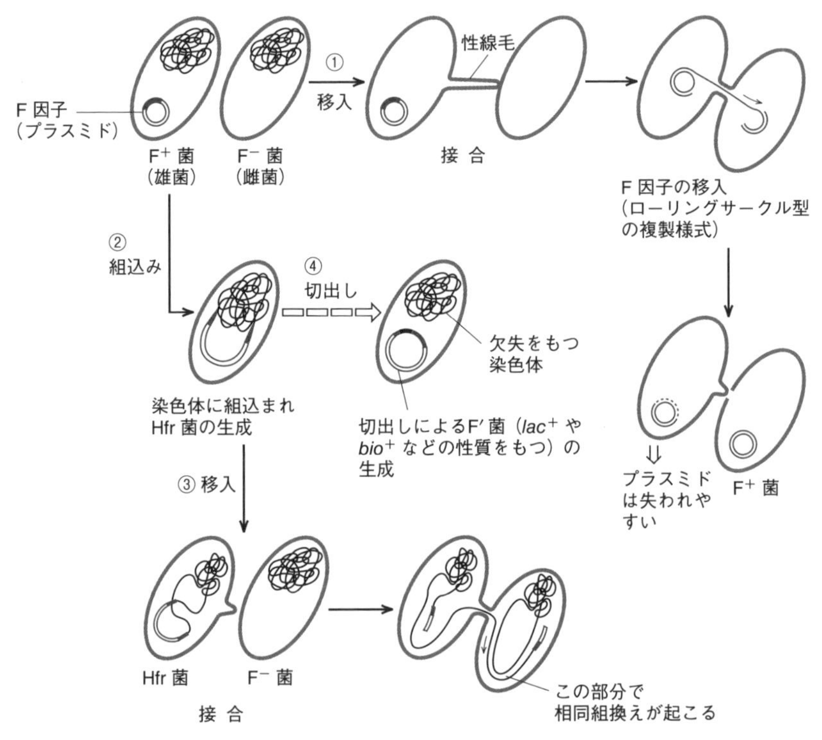

図11・9　F因子の働き　F因子は大型のプラスミドで，なかに性線毛形成やDNA移入などに関わる多くの遺伝子や，多数のトランスポゾンを含む

11・8　バクテリオファージ

バクテリオファージ（細菌ウイルス，単に**ファージ**ともいう．“細菌を食べるもの”という意味．phageはギリシャ語の食べる*phagein*に由来する）は1915年に発見された．ファージは殻に包まれたDNA，RNAのいずれかをゲノムとしてもち，約1時間の**1段増殖**（1回の感染サイクル）で数百倍に増える．宿主細胞のゲノム

DNAとの間で，挿入，欠失，組換えを起こすため，細菌の分子遺伝学に広く使われるようになった．大腸菌のDNAファージだけでもいくつもの種類がある（表11・1）．二本鎖線状DNAをもつ一般的なものとして**T系ファージ**（T偶数系やT奇数系），**λ**（ラムダ）**ファージ**，**P1ファージ**があり，一本鎖環状DNAをもつもののうち，繊維状ファージとしては**M13ファージ**やfdファージが，正十二面体頭部をもつものとしては**φX174ファージ**などがある．RNAをゲノムにもつ小型ファージ（MS2，Qβ，f2など）も存在する．ファージは一般的に図11・10(a)のように尾部，尾鞘，頭部よりなり，頭部にゲノムを含み，他の部分は細菌への接着とDNA注入に関わる．繊維状ファージはこのような分化した形をもたない．感染後DNAが注入されると，転写，DNA複製，翻訳を経て細胞内でファージ粒子が形成され，細胞を壊し（殺し）て子ファージが外に出る．このように細菌を殺して増えるタイプのファージを**ビルレント**（毒性）**ファージ**（**溶菌ファージ**ともいう）

表11・1 さまざまな種類のバクテリオファージ

ファージ名	宿主	核酸		
		種類	形状	分子量〔$\times 10^6$〕
φX174	大腸菌	DNA	一本鎖環状	1.8
M13，fd，f1	大腸菌	DNA	一本鎖環状	2.1
PM2	緑膿菌	DNA	二本鎖環状	9
T7	大腸菌	DNA	二本鎖線状	26
λ	大腸菌	DNA	二本鎖線状	31
P1	大腸菌	DNA	二本鎖線状	59
T5	大腸菌	DNA	二本鎖線状	75
T2，T4，T6	大腸菌	DNA	二本鎖線状	108
MS2，Qβ，f2	大腸菌	RNA	一本鎖線状	1.0
φ6	緑膿菌	RNA	二本鎖線状	2.3＋3.1＋5.0

(a) T4ファージ

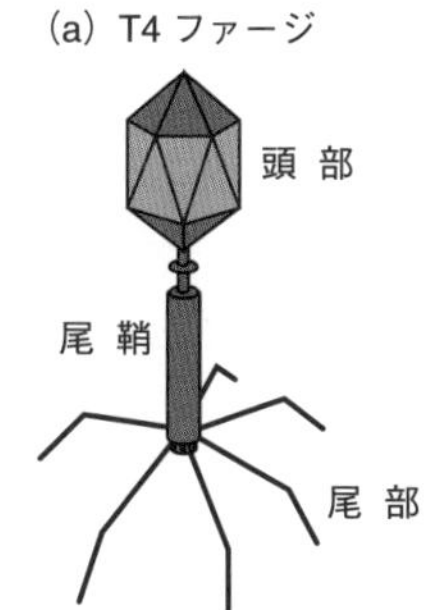

(b) λファージ

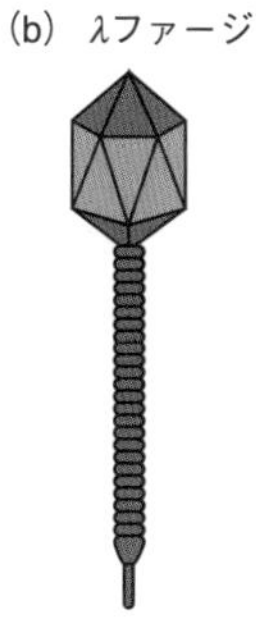

(c) f1ファージ

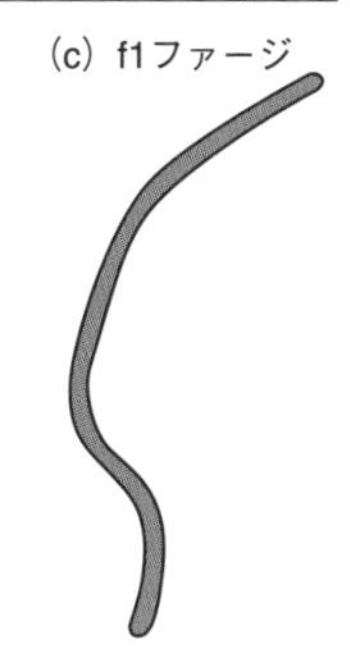

図11・10 ファージの形態

という（例：T系ファージ）．ファージにはこれ以外に感染しても宿主を殺さないP1ファージのような**テンペレート**（馴化）**ファージ**（**溶原ファージ**ともいう）がある．テンペレートファージの状態はλファージやP1ファージなどの生活環の中

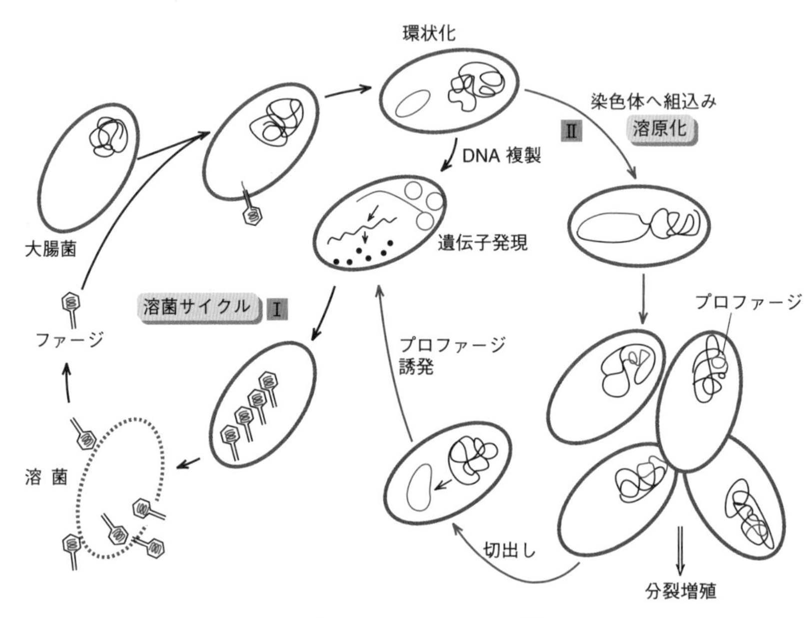

図11・11 λファージの生活環 Ⅰビルレントファージ，Ⅱテンペレートファージの場合

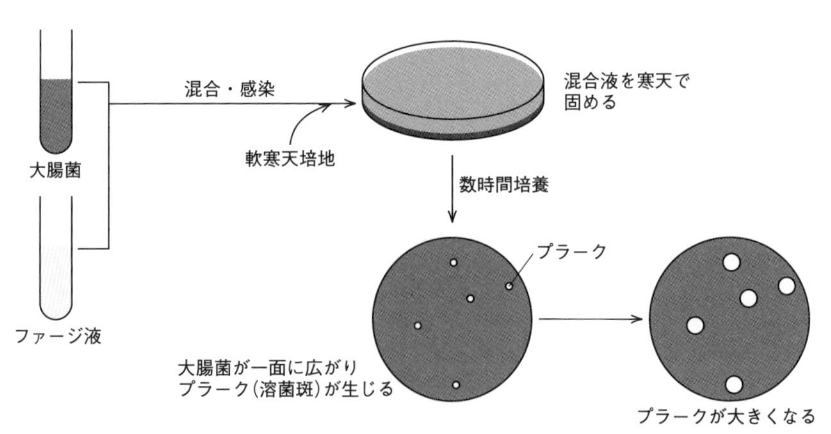

図11・12 プラークアッセイ ファージの数を数える方法．一つのプラークは感染性のある1個のファージに由来する

でもみられる（図11・11）．ファージ感染後，菌体内に長期間ファージがみられなくなることがあるが，この現象を**溶原化**といい，その細菌を**溶原菌**という．

細菌が一面に増殖している平板培地ではファージが次々に隣の細菌へ感染して細菌を溶かすので，ファージの存在を**溶菌斑**（**プラーク**）として目で確認でき，ファージを検出・定量する実験方法（**プラークアッセイ**）として使われている（図11・12）．時としてプラークが透明にならず濁る場合があるが，そのようなプラークには溶原菌が含まれる（溶原化はファージの一部のみが起こすため）．

11・9 ファージの生活環

λファージは感染後，ゲノムDNAが***cos***とよばれる付着末端を利用して環状化し（図11・13），その後θ型複製，ついでσ型複製によって増幅する．つづいて遺伝子発現が起こり，やがてファージ粒子が形成され溶菌する．溶原化に向かう場合，環状化したファージDNAは複製サイクルには入らず，ファージの酵素である**インテグラーゼ**の働きで大腸菌染色体DNAに組込まれる．組込みは部位特異的組換えにより，環状化したファージDNAの特定部位と，染色体のラクトースオペロンの近傍の短い共通配列を利用して起こる（図7・8参照）．溶原菌の染色体に組込まれたファージを**プロファージ**という．プロファージDNAはファージのリプレッサー（抑制因子）の働きにより安定に染色体中に存在し，染色体と挙動をともにするが，何らかの原因でリプレッサーが働かなくなると，ファージの酵素**エクシジョナーゼ**の働きでファージDNAが切出され，遺伝子発現後にファージが誘発される．λファージが溶原化に向かう確率は数%と低い．λファージの生活環が溶菌・溶原化のどちらの道をとるかは，感染初期に発現するファージの制御タンパク質（**CI**，**Cro**など）の発現量により決まり（Croは溶菌に向かわせ，CIは溶原化に向かわせる），溶原菌をストレス下に置くとストレスにより発現するRecAがCIを分解に向かわせる．

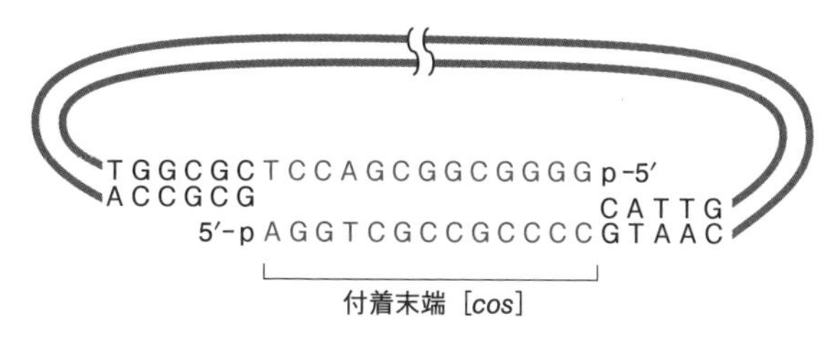

図11・13 λファージDNAの末端構造

P1 ファージは二本鎖線状ファージで，溶原ファージとしての性質も示す．**溶原化**の場合，ゲノム末端にある 93 bp にある反復配列，***lox*P**（locus of crossing of phage）間でファージの組換え酵素である **Cre** によって部位特異的組換えを起こして環状化し，ファージ DNA がプラスミド状で増える．この組換えは Cre のみで進むため，Cre を**遺伝子ターゲッティング**で真核生物の DNA 相同組換えを人為的に行わせる **Cre-*loxP* システム**の手段として使うことができる．

11・10　形 質 導 入

ファージによって宿主遺伝子が別の細胞に運ばれる**形質導入**が J. Lederberg（レーダーバーグ）により発見された（図 11・14）．ファージ粒子形成時，ファージの殻の中に宿主 DNA の断片が入ったものを**普遍（一般）形質導入**ファージといい，P1 ファージなどでみられるが，外来 DNA に関する感染性がある．λ ファージの場合，溶原化プロファージが宿主 DNA から切出されるとき，近くにあるラクトースオペロンの一部がファージ DNA として粒子に入り，感染とともに細胞に導入されることがある．これを**特殊形質導入**といい，外来遺伝子に関する感染と増殖性がある．レトロウイルスが動物細胞のがん原遺伝子を取込んでがんウイルスとなったときにも似たようなことが起こったと考えられる．

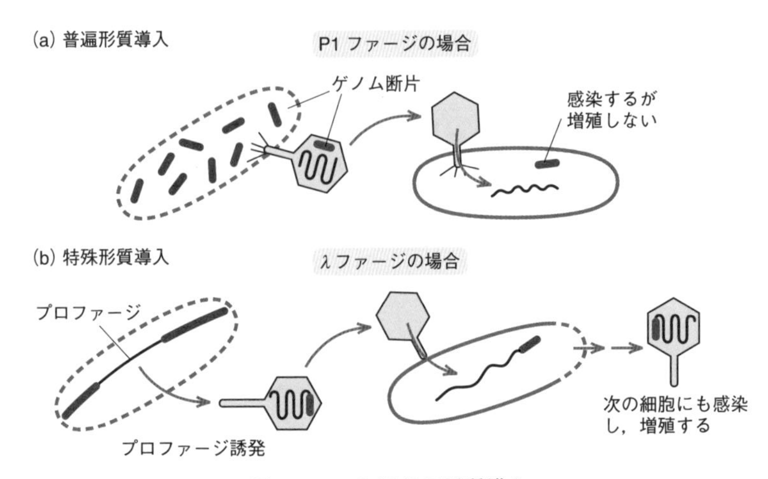

図 11・14　2 通りの形質導入

11・11　動く遺伝子：トランスポゾン

ゲノムやエピソームを含め，DNA の中をある場所から他の場所に移動する因子

(DNA) があり，原核生物，真核生物に広く分布している．このようなものを**転移因子**（**可動性遺伝因子**）といい，一般に**トランスポゾン**（transposon）とよばれる（図 11・15）．トランスポゾンの発見により“ゲノムは揺れ動く”と認識されるようになった．トランスポゾンは末端に数十から数百 bp の正あるいは逆の**反復配列**があり，内部に少数の遺伝子をもつが，このうちの少なくとも一つは転移酵素**トランスポザーゼ**である．転移はRecAに依存しない非相同組換えで，トランスポザーゼ単独で進み，酵素反応の形式はトポイソメラーゼに近い．受容 DNA への組込みはトランスポゾン反復配列の両端で起こり，**標的配列**は数 bp のランダムな配列で

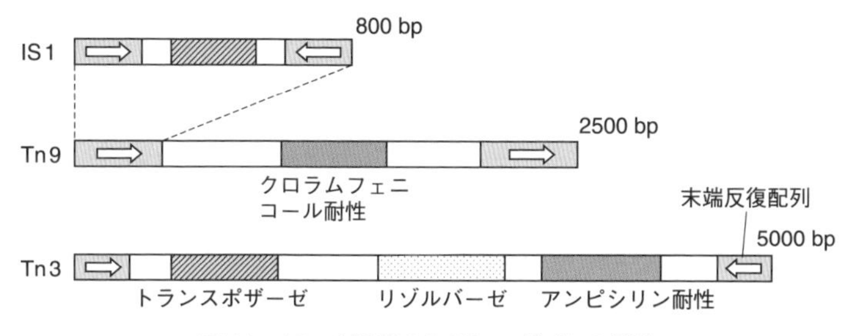

図 11・15 大腸菌のトランスポゾンの構造

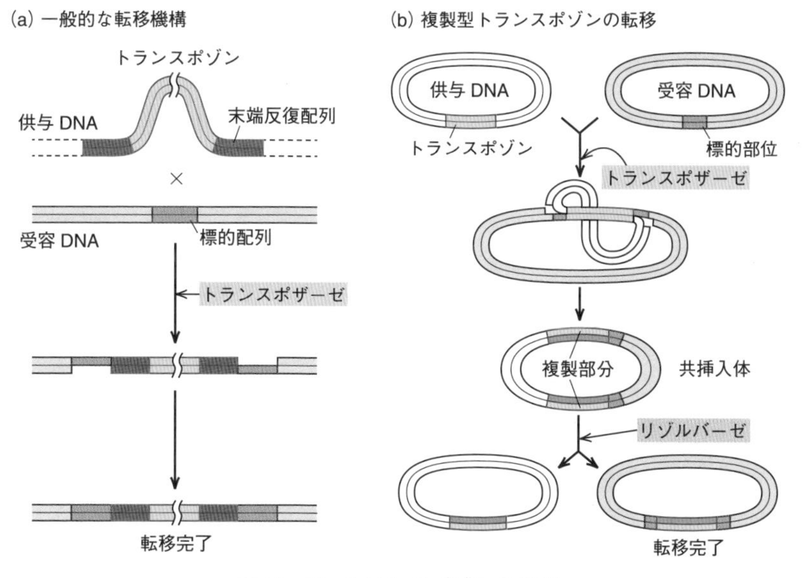

図 11・16 トランスポゾンの転移

ある．標的配列の末端にずれてニックが入った後に一本鎖の突出末端ができ，そこにトランスポゾンDNAが付着し，最後に標的配列のギャップ部分が修復的にDNA合成される．このため，転移後は標的配列が複製する（つまりトランスポゾン両端の短い反復配列が標的配列となる）．このように転移はカット&ペースト方式が基本だが（**非複製型トランスポゾン**），トランスポゾンのなか（例：Tn3）には転移の後でトランスポゾン全体の複製が起こる場合があり，この場合はコピー&ペーストタイプの転移となり，増えながら転移する．**複製型トランスポゾン**の転移には，受容DNA内に複製したトランスポゾンと供与DNAが連結した共挿入体を分離させる解離酵素の**リゾルバーゼ**が必要で，その場合トランスポゾンはリゾルバーゼ遺伝子をもつ．複製型トランスポゾンは**エピソーム**とみなされる（図11・16）．

大腸菌のトランスポゾンは数百から数千塩基対のDNAで，基本型として**挿入配列**（insertion sequence, **IS**）をもち，IS1，IS2などが染色体や**F因子**の中にみられる．大腸菌にあるもう一つの転移性DNAは**Tn**，いわゆる狭義のトランスポ

コラム20

利己的DNA仮説：
DNA・生物を再び考える

トランスポゾンは染色体とは独立に増える．F. H. C. Crickはこのような DNAを**利己的DNA**（selfish DNA）とよんだ．利己的DNAがもつ唯一の機能は自己複製である．**グループIイントロン**（§9・6）やタンパク質スプライシングの**インテイン**（§10・2）も，もともとの機能のあったDNA中に入り込むようにして進化してきたと考えれば，利己的DNAの一つなのかもしれない．

この仮説はR. Dawkinsにより以下のようにさらに発展・解釈されている．トランスポゾンは中に自由に機能的遺伝子を取込むことができる．薬剤耐性遺伝子を取込めば受容菌の抵抗力が増すので，そこに宿主との共生関係が生まれる．それが進化しエピソームになったものがプラスミドであろう（§11・5）．エピソーム状DNAが感染性を高めてDNAを保護する構造ができればファージ（ウイルス）となる．DNA複製のために必要な酵素をつくり出し，増殖効率をさらに上げてきたのであろう．生物は“生殖”のためにさまざまな工夫をこらしているが，それはいずれもDNAを次世代に残すためにほかならない．DNA側からみれば，適応能力を高めるため突然変異する余地を残し，また存続に有利に働くさまざまな遺伝子をつくり出し，自身が絶えることのないようにしている．生物はDNAの企みの結果生まれた巧妙なDNA複製機械であるという考え方である．

表 11・2　大腸菌の転移因子

種　類		大きさ〔bp〕	標的 DNA〔bp〕	特　徴
挿入配列				
IS1		768	9	——
IS2		1327	5	——
IS10-R		1329	9	——
トランスポゾン(タイプ)				
Tn3	(II) (IS はない)	4957	5	アンピシリン耐性
Tn5	(I) (末端は IS50)	5700	9	カナマイシン耐性
Tn10	(I) (末端は IS10)	9300	9	テトラサイクリン耐性
Tn681	(I) (末端は IS1)	2100	9	熱安定性エンテロトキシン
Mu ファージ		36717	5	ファージの形態をとる

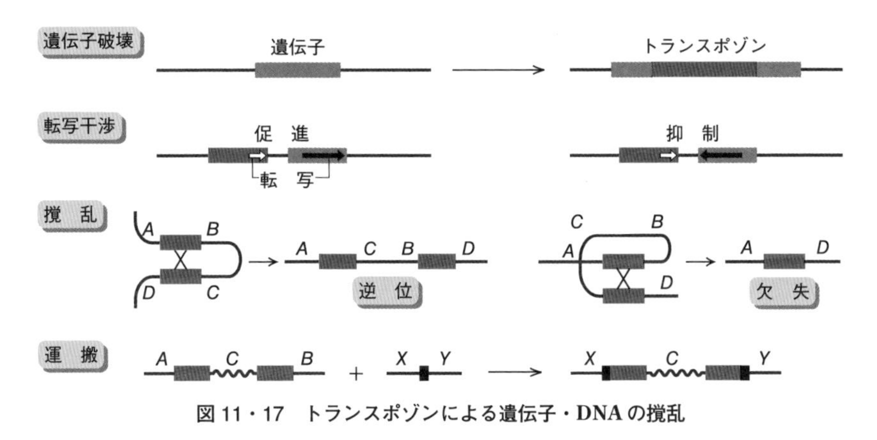

図 11・17　トランスポゾンによる遺伝子・DNA の撹乱

ゾン（Tn3, Tn10 など）で，薬剤耐性遺伝子を運び（表 11・2），転移によって細胞に薬剤耐性の性質を付与する．Tn3 は複製型トランスポゾンである．**Mu**（$\boldsymbol{\mu}$, ミュー）**ファージ**は巨大な II 型トランスポゾンの一種で，ファージの形態をとる．転移によるゲノム撹乱の頻度が高く，変異原（mutagen）としての性格をもつ（Mu は mutagen に由来）．トランスポゾンは変異を誘発しやすく，**非メンデル遺伝**の主要な原因となる．変異が起こるメカニズムとして，1）遺伝子の撹乱，2）プロモーターをもつことによる受容体遺伝子の発現干渉（活性化や抑制），3）トランスポゾン内部の遺伝子の運搬，4）2 個のトランスポゾンに挟まれた DNA の逆位や欠失などがある（図 11・17）．

真核生物の分子生物学

12

ゲノムの構造

12・1 真核生物のゲノム

真核細胞の染色体に含まれる1セット分のDNA，すなわち**ゲノム**は生存に必要な生命情報をすべて含んでおり，原核生物のそれに比べてはるかに大きい．分子生物学が始まった当時，われわれがゲノムについて知っていることはわずかであったが，この数十年の進歩により，DNA配列としてのゲノムの全貌がほぼ描き出された．ゲノムの中の遺伝子はどういう状態で存在し，どのように利用されているのか，本章では真核生物をおもにゲノムDNAの観点から述べる．

12・2 遺伝子はゲノムの一部の領域にすぎない

ゲノム解析の結果，多くの生物において**遺伝子**の数（タンパク質をコードする典

表12・1 生物のゲノムサイズと遺伝子数

生物種	ゲノムサイズ〔Mbp〕	遺伝子数
古細菌		
メタン細菌（*Methanococcus aeolicus*）	1.6	1490
真正細菌		
マイコプラズマ（*Mycoplasma genitalium*）	0.58	470
インフルエンザ菌	1.8	1743
大腸菌	4.6	4288
真核生物		
出芽酵母	12	5500
細胞性粘菌	34	12500
シロイヌナズナ	125	26000
イネ	390	30000
ショウジョウバエ	170	14000
ホヤ	160	16000
マウス	2500	22000
ヒト	3000	20000

型的遺伝子）が明らかにされた（表 12・1）．それによると大腸菌の遺伝子数は，4.6 $\times 10^6$ bp のゲノム中に約 4300 個なのに対し，出芽酵母では 12×10^6 bp 中に約 5500 個，ヒトでは 3×10^9 bp 中に 2 万個，シロイヌナズナでは 1.25×10^8 bp 中に約 3 万個というように，真核生物の**遺伝子密度**は原核生物のそれより低い．言い換えれば，原核生物はゲノムをコンパクトにするように進化し，真核生物はゲノムを膨張させるように進化してきたということができる．マイコプラズマという種類の細菌にはわずか 500 個程度の遺伝子しかもたないものがおり，この数が生物が自律増殖できる最低の遺伝子数と見積もられている．

ヒトは哺乳動物の中でもとりわけ**ゲノムサイズ**が大きい．ヒトの遺伝子には平均で 10 個のエキソン/イントロンがあり，エキソンとイントロンの平均長は 150 bp，3300 bp と算出されている．遺伝子領域の総和は 7700 万 bp と概算され，それをゲノム長で割るとその占有率は約 26%となり，ゲノムの主要部分は非遺伝子領域で占められていることがわかった．遺伝子以外の領域はおもに遺伝子間スペーサー領域や反復配列である（後述）．タンパク質コード領域はもっと少なく，全ゲノムの 1%程度しかない（図 12・1）．

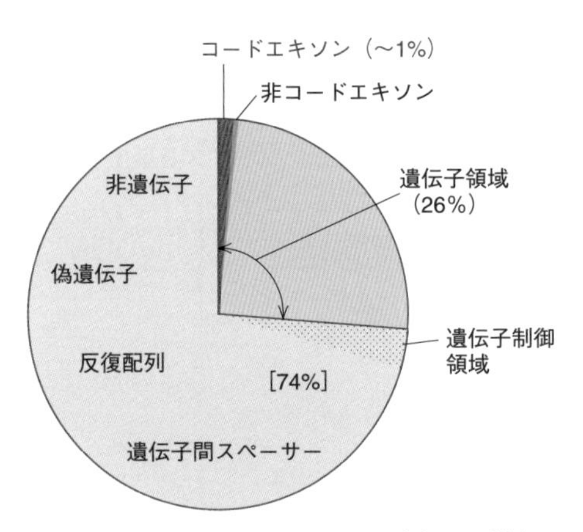

図 12・1　ヒトゲノムに含まれる遺伝子の割合

12・3　ゲノム DNA 構成要素と反復配列

ゲノム DNA 構成要素はゲノム中に一度しか出現しない**ユニーク配列**と，構造の似たものが複数回繰返す**反復配列**に大別される．遺伝子はユニーク配列と反復配列の両方にあり，両者はゲノム上でほぼ同程度の割合を占め，その合計がヒトでは前述のように全ゲノムの約 26%である（図 12・2）．タンパク質をコードしない遺伝子の中で，tRNA遺伝子，rRNA遺伝子，5S RNA遺伝子は数十回から数百回重複してゲノム上に存在する．さらに非遺伝子部分のうちユニーク配列（例：遺伝子間領域）は全体の25%を占めているので，結局，遺伝子領域（ユニーク配列と重複配列を合わせ）とユニーク配列からなる非遺伝子領域，そしてそれに偽遺伝子（コラム21参照）を合わせたゲノム上の占有率は約50%となる．残りの約50%は反復

コラム21

偽遺伝子

ゲノム中の遺伝子の中には機能をもたないものもある．そのような遺伝子は**偽**(ぎ)**遺伝子**とよばれ，タンパク質はつくらない．偽遺伝子にはいくつかのタイプがある．一つ目のタイプは，遺伝子重複の過程で変異が導入されたために構造が崩れ，遺伝子としての機能を失ったもので，**重複偽遺伝子**あるいは**非プロセス型偽遺伝子**といわれる．**グロビン遺伝子ファミリー**にある $\psi\beta1$ や $\psi\beta2$ の偽遺伝子がこれにあたる．二つ目のタイプは**プロセス型偽遺伝子**といわれるもので，**加工済み遺伝子**の一つである．既存の遺伝子からイントロンが失われているがポリA配列をもっており，スプライシングを経て成熟したmRNAが逆転写されてできたcDNAがゲノムに組込まれたものである．このことからmRNAが機能をもつためにはスプライシングを経る必要があることがわかり，実際，遺伝子組換え実験における発現ベクターにもスプライシング部位を通常1組以上含ませる．プロセス型偽遺伝子の発見は細胞内逆転写酵素の存在を示唆するきっかけとなり，その後実際にレトロトランスポゾン由来の逆転写酵素遺伝子が発見された．3番目のタイプの偽遺伝子は単独の遺伝子が進化の過程で変異によって欠陥形になったもので，いくつかのものが知られている（例：ヒトのビタミンC合成酵素遺伝子）．

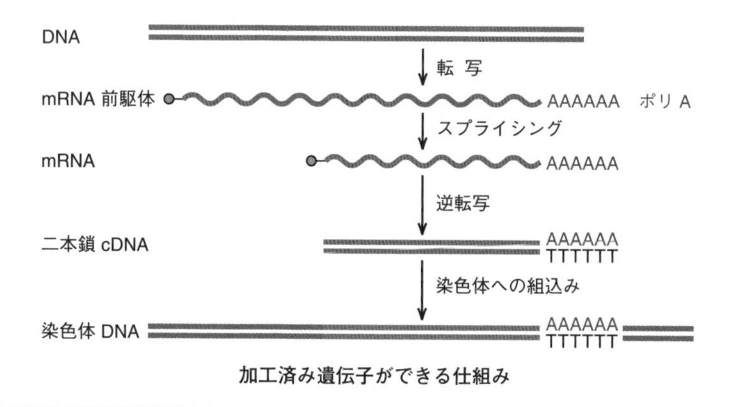

加工済み遺伝子ができる仕組み

配列やトランスポゾンである．

反復配列は大きく**縦列型反復配列**と**散在性反復配列**の2種類に分けられる．縦列型反復配列は数bpから200bp程度のDNAが高度に繰返す領域で，ゲノムの3%を占める．縦列型反復配列は繰返しの単位と領域の全長の長さから3種に分けられる．繰返し単位の短い順に**マイクロサテライトDNA**，**ミニサテライトDNA**，そして**サテライトDNA**といい，それらが数百bpから数百万bpの範囲で切れ目なく繰返して存在する（しかも実際にはこのような塊がゲノム中に多数存在している）．マイクロサテライトDNAは個人で変化が大きく，個人識別（例：犯罪捜査，親子鑑定）のマーカー（目印）になり，ミニサテライトDNAは系統間で多様性があるが一定の安定性もあるので，系統解析などのマーカーとなる．なお，サテライトとは，断片化ゲノムDNAを密度で分離した場合，メインバンドより密度の小さい別の場所（→サテライト）に集まるDNAとしてみられることより命名された．

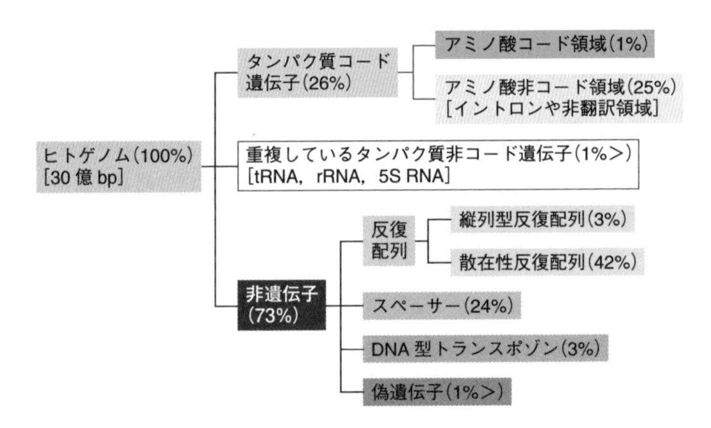

図12・2　ヒトゲノムを構成する配列要素

12・4　真核生物のトランスポゾンとその意義

真核生物にもショウジョウバエの**P因子**（**Pエレメント**），トウモロコシの**Ac/Ds**といった多くのトランスポゾンDNAが存在し，そのあるものは遺伝子組換え実験のベクターとしても使われる（例：蛾（ガ）由来PiggyBac）．Ac/Dsはトウモロコシ種子の色素合成遺伝子の発現に関与する因子として最初に発見されたトランスポゾンで，まだら模様の種子を材料にB. McClintock（マクリントック）によって発見された（1983年ノーベル生理学・医学賞受賞）．真核生物のトランスポゾンで特徴的なことは，転移の過程でRNAを経る**レトロトランスポゾン**（RT：retrotransposon）が存在するという点で，このなかには酵母の**Ty**，ショウジョウバエの**コピア**，**レウロウイルス**のプロウイルスDNA，ヒトのL1や*Alu*ファミリーなどがあり（表12・2），RNAからDNAをつくる**逆転写酵素**遺伝子を転移酵素遺伝子としてもつという特徴がある．真核生物ではトランスポゾンはゲノム中に存在する**反復配列**の構成成分の一つになっており，特にRTは真核生物ゲノム膨張のおもな原因となっている．

RTは多コピー発現したRNAを介して多量のDNAが合成され，それがゲノムに転移するというプロセスをとるため，ゲノムを拡大させる効果が大きく，ヒトやショウジョウバエゲノムの約半分はRT由来の反復配列で占められている．真核生物のトランスポゾンはゲノム占有率が高く，本来の遺伝子発現を乱す可能性も高いため，ゲノム内にはこれらトランスポゾンの発現や転移を抑制するいくつかの機構がある（例：**非コード制御RNA**によるトランスポゾンの発現抑制）．

表12・2　真核生物のトランスポゾン

トランスポゾンのタイプ	名　称	保持する生物
DNA型トランスポゾン	Ac/Ds	トウモロコシ
	Tpn	アサガオ
	P因子	ショウジョウバエ
RNA型トランスポゾン（レトロトランスポゾン）	**LTR型レトロトランスポゾン**[†1]	
	Ty	酵母
	レトロウイルス様のプロウイルスDNA	脊椎動物
	コピア	ショウジョウバエ
	非LTR型レトロトランスポゾン[†2]	
	LINE（ヒトのL1ファミリーなど）	真核生物
	SINE（ヒトの*Alu*ファミリーなど）	真核生物

†1　レトロウイルス様トランスポゾンともいう
†2　ポリAレトロトランスポゾンともいう

12・5　レトロトランスポゾンとその転移機構

レトロトランスポゾン（RT）は二つのグループに分けられる（表12・2，図12・3）．一つ目のグループは末端に長い反復配列（**LTR**）をもつ**LTR型RT**である．**レトロウイルスDNA**（**プロウイルスDNA**）もまさにLTR型RTにあたる．レト

LTR：long terminal repeat

ロウイルスDNAはウイルス粒子になるための複数の構造遺伝子をもつため，転写されたRNAはウイルス粒子に包まれて細胞外へ出て他の細胞に感染し，その細胞のゲノムに入り込む．脊椎動物の**白血病ウイルス**や**肉腫ウイルス**は，ウイルスDNA内に活性化したがん原遺伝子を取込んで生成したものである．ヒトゲノム内にも内在性レトロウイルスDNAがあるが，遺伝子が壊れているためウイルス粒子にはならない．他方，外来性のレトロウイルスであるヒトT細胞白血病ウイルス（**HTLV1**）やエイズの原因となる**HIV-1**などは，それぞれ特有の疾患を起こす．分子生物学でよく研究されているRTとして，このほかにショウジョウバエの**コピア**や酵母の**Ty**がある．

RTには短い末端反復配列しかない**非LTR型レトロトランスポゾン**もあり，**ポリA鎖**をもつことが特徴である．このグループに属するものとして，**LINE**（例：ヒトの**L1ファミリー**）と**SINE**（例：ヒトの***Alu*** **ファミリー**）がある．転移機構はLTR型RTと異なり，RNAのポリA部分がゲノムのT連続配列と塩基対結合し，そこから逆転写が起こってDNAができ，それがゲノムに組込まれる．

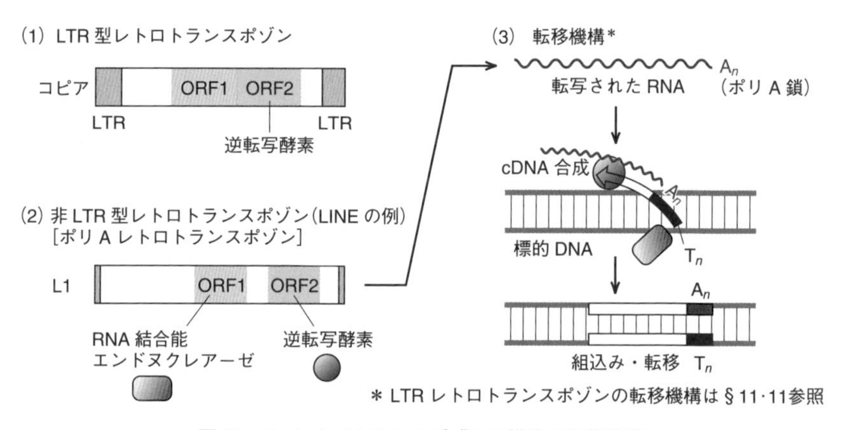

図12・3 レトロトランスポゾンの構造と転移機構

12・6 遺伝子数の重複

進化に伴って遺伝子数が増えるという現象は真核生物全般に広くみられる．タンパク質をコードする個々の遺伝子は基本的にゲノム中に1個しかなく，それが破壊されると，変異という形で障害が表に出やすい．しかし，一つの遺伝子に変異が起

LINE：long interspersed nuclear element，**SINE**：short interspersed nuclear element

こっても一見表現型が変化しないことがままあり，遺伝子破壊実験（§19・4）からもそのことが示唆されている．この現象は，遺伝子に機能的重複があることから説明される．ゲノムには構造・機能の似た遺伝子が複数個存在する場合がよくあり，それらは**重複遺伝子**あるいは**多重遺伝子族**とよばれる．チューブリンにはαとβがあり，**グロビン**はα, β, γ, δ, ε, ζが知られている（図12・4）．このような場合，動物の進化に従って遺伝子数が増え，使われるものも細胞の種類や発生の時期により使われ方が変化する場合がある．塩基配列あるいはアミノ酸配列の類似度から分岐した年代を推定することもできる（図12・4）．ある生物（x）の遺伝子$A(A_x)$に相当する別の生物（y）の遺伝子（A_y）を一般に**ホモログ**という．また，特にAがA_x, B_xという多重遺伝子族を形成する場合，A_xに対する別の生物（y）の$A(A_y)$を**オルソログ**とよぶ．これに対し，同一生物がもつ多重遺伝子族遺伝子のA_xとB_xは，互いに**パラログ**の関係にあるという．

重複遺伝子というほどではないが，全体あるいは部分にわたり，構造が有意に類似している遺伝子が見つかることもよくある．基質が異なるが類似の反応を触媒する酵素や，特定の構造モチーフをもつ DNA 結合因子，細胞膜タンパク質などに多くの例がみられ，そのあるものは進化的に関連する**遺伝子ファミリー**あるいは**遺伝子スーパーファミリー**（例：免疫グロブリンスーパーファミリー，TGFβスーパーファミリー）を形成している．これらは組換え＆変異やエキソンの取込みで生じたものと推察される（§12・9）．

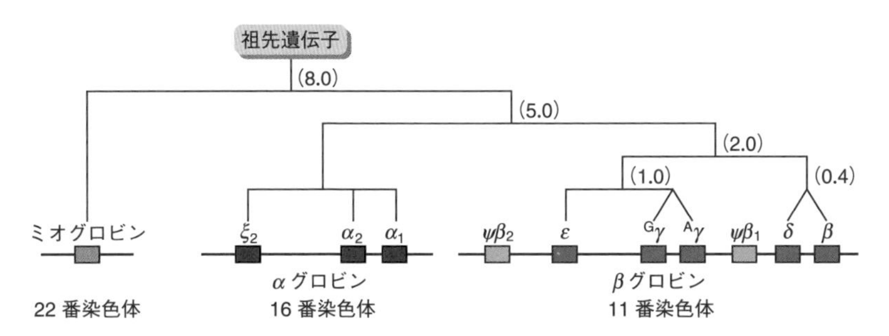

図12・4　ヒトのグロビン遺伝子ファミリーにみられる進化と遺伝子重複　$\psi\beta_2$と$\psi\beta_1$は機能をもたない偽遺伝子.（　）内の数字は分岐した過去の年代（今から何億年前か）[T. Strachan, A. P. Read, “Human Molecular Genetics”, BIOS Scientific Publishers, Oxford (1996)]

12・7　ゲノム DNA の増加機構

トランスポゾンの関与がなくともゲノム DNA が増加するメカニズムはさまざま

考えられるが，一般には相同染色体間で起こる組換えの際の**不等交差**，さらには**姉妹染色分体交換**，複製フォーク付近で起こる**DNA 増幅**（おもに細菌などの一倍体ゲノムでみられる）などがその原因と考えられる（図 12・5）．短い DNA 配列の繰返しは，DNA ポリメラーゼがダブって複製してしまう**複製スリップ**により生成し（§12・3），さらにそこに上記の機構が加わることにより，より広範で急速な DNA の増幅が起こると考えられる．ジヒドロ葉酸レダクターゼ（**DHFR**）を阻害するメトトレキセート（図3・13参照）耐性細胞でみられるDHFR遺伝子の増幅の場合，DHFR 遺伝子領域が均一染色領域（**HSR**）とよばれる染色体の特定領域に多数並んだり，染色体からちぎれてプラスミド様に増える**二重微小染色体**（**DM 染色体**とよばれる）という形態が考えられている．**rRNA 遺伝子**が両生類の卵母細胞で 1000 倍以上に増幅する現象では，**ローリングサークル型**の複製機構が考えられている（§5・6 参照）．

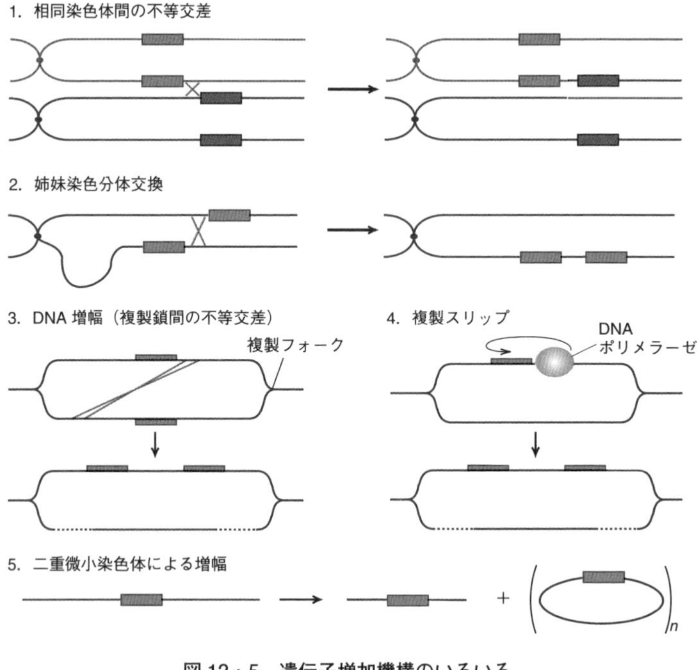

図 12・5　遺伝子増加機構のいろいろ

DHFR: dihydrofolate reductase, **HSR**: homogeneously staining region, **DM**: double minute chromosome

12・8　ゲノムを有効に利用する戦略

限られたゲノムスペースを有効利用する手段の一つにスプライシングがあり，**選択的スプライシング**（§9・4参照）はその典型的な例である．タンパク質はいくつかの**ドメイン**（領域）からできているものが多く，一つのエキソンに一つの機能ドメインが含まれている場合，ドメインを交換することで最小のセットからいくつもの遺伝子産物をつくることができる．ドメインの取込みとmRNAへのスプライシングによるその使い分けは，ゲノム有効利用の好例といえる．

一つの遺伝子は通常1本の染色体上にあるが，スプライシングによって異なった転写産物から一つの成熟したmRNAが生じる場合がある（**トランススプライシング**）．遺伝子をコードする1本のDNA鎖が，その同じ鎖，あるいは反対側の鎖のおもにイントロン内に別の遺伝子（あるいはその一部）をコードするという，**遺伝子内遺伝子**（gene-within-gene）という例もある．さらに同一DNAにおいて読み枠をずらして別々のタンパク質をコードするという例が，ウイルスや動物のミトコンドリアゲノムなどで知られている．ショウジョウバエの*mdg4*遺伝子がトランススプライシングと遺伝子内遺伝子の両方の機構の組合わせからできるという観察もある（表12・3）．

表12・3　ゲノムや遺伝子が多様性を獲得する機構

ゲノム自身の変化		遺伝子発現レベルでの変化	
DNAの組換え	遺伝子混成，遺伝子変換，遺伝子再配列	転　写	複数プロモーター，リードスルー
遺伝子重複	不等交差，DNA増幅，姉妹染色分体交換，複製スリップ，微小染色体	転写後	選択的スプライシング，RNAエピジェネティクス，RNA編集
トランスポゾンによる	転移によるゲノム撹乱	翻訳およびその後	タンパク質の多量体形成の変化，スプライシング，編集，化学修飾，限定分解
染色体レベルの変化	相同組換え，染色体異常，対立遺伝子排除，異質倍数体	エピゲノムの変化	DNA化学修飾，ヒストンの化学修飾，成分変化，ヌクレオソームの構成や位置の変化

12・9　ゲノム多型解析とDNAマーカー

ゲノム中の特定領域に注目した場合，その構造が個体間でわずかに異なることがあり，これを**遺伝子多型**（あるいは**ゲノム多型**）という．これは，DNA複製時のミスが残り，それがそのまま個体になったり系統で固定されたために生じたと考えられる．遺伝子多型解析は**個体識別**の手がかりになるのみならず，遺伝病などの診断にも使え，**進化経路**や**系統関係**を明らかにすることもできるなど，近年その重要性が増している．**多型解析**のために使われる塩基配列を **DNA マーカー**あるいは**多型マーカー**といい，いくつかの解析法が確立している（表 12・4，図 12・6）．

表 12・4　ゲノム多型解析に使われる DNA マーカー

RFLP	制限断片長多型	制限酵素部位の有無に基づく．DNA 断片の有無や長さを検定する
SSLP	単純配列長多型	縦列反復配列がもつ長さの多型を検定する
SSCP	一本鎖 DNA 高次構造多型	特定 DNA を一本鎖にし，安定な二次構造をとらせたうえで電気泳動する．長さや塩基配列の違いに基づく電気泳動パターンを解析する
SNP	一塩基多型	SSCP を点変異のレベルまで検出しようとするもの

RFLP: restriction fragment length polymorphism
SSLP: simple sequence length polymorphism
SSCP: single-strand conformation polymorphism
SNP: single nucleotide polymorphism

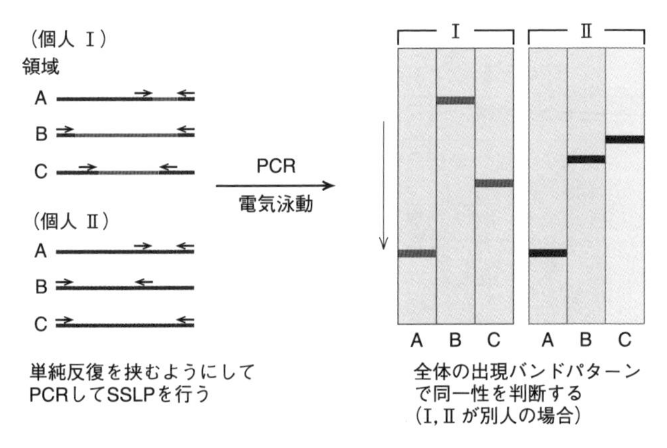

図 12・6　PCR–SSLP による遺伝子多型解析での個人識別

多型データを確実で詳細なものとして取得する方法は塩基配列解析（**DNA シークエンシング**）で，現在ではゲノム構造の（ほぼ）わかっているものに関しては PCR を行い，その産物をシークエンス解析する．ただしシークエンスを多数の配列について行う場合にはその労力が膨大になるため，**次世代シークエンサー**の使用が不可欠である．他方，特定の領域に限定した小規模な解析（例：ミニサテライトを使った個人識別，病理診断や病原体の同定）では，現在でもシークエンシングによらない解析が行われている．方法としては，マーカー領域について行ったPCR産物についてその有無やDNA断片長の違い（**PCR断片長多型**）を検出し，微細な変異があるかどうかも**SSCP**（**一本鎖DNA高次構造多型**）や**SNP**（**一塩基多型**）として検出することができる．

メモ12・1 **中立説と遺伝子多型**

中立説は，木村資生（もとお）によって提唱された，生存にとって良くも悪くもない中立的な変異が集団内で優先的に固定されるという説．遺伝子多型や分子進化の観点から導き出され，Darwinの自然選択説（淘汰を進化の主因とする説）と対比される．

12・10 ゲノミクスから機能ゲノミクスへ

ゲノム構造解析（**ゲノミクス**）ではおもにゲノム塩基配列の解読を行うが，現在では主要生物のゲノム解読は終了しており，また次世代シークエンサーを使えば新規生物でも数カ月以内で解読ができるため，ゲノム解読は今や日常的単純作業の一つになっている．このような状況を踏まえ，現在ゲノム生物学は，ゲノムを機能の面から解き明かそうとする**機能ゲノミクス**にシフトしている．機能ゲノミクスではRNAに関しては発現全RNA（**トランスクリプトーム**）を調べる**トランスクリプトミクス**が，タンパク質に関しては全タンパク質（**プロテオーム**）を調べる**プロテオミクス**が行われる．機能ゲノミクスの進展により，これまで**遺伝子砂漠**などとよばれていた非遺伝子領域にも多くの遺伝子や機能領域が発見された．機能ゲノミクスの最初の段階は発現RNAとタンパク質の同定および対応する生物現象の推定であるが，いろいろなバリエーションにも応用可能である（例：薬剤で誘導される遺伝子発現の網羅的解析．**ケミカルトランスクリプトミクス**）．

トランスクリプトミクス手法のうちの古典的なものにノーザンブロッティングがあるが，その後網羅的アプローチとして**DNAマイクロアレイ法**（§17・5b）が登場した．個別分子の構造を解析するアプローチとして，RNAをcDNAにした後で行うシークエンシングがあり，最近では次世代シークエンサーを使って網羅的に解析する**RNA seq法**が一般化している．他方，プロテオミクスの発展形として，プロテインチップを使ったり，免疫沈降法やプルダウン法による相互作用解析すなわちインタラクトーム解析がある．

12・11　遺伝子機能解析

機能ゲノミクスの次のステップは，同定された遺伝子をツールに個々のDNA/遺伝子がどのような生物活性に関わるのかを具体的に示すことである．通常の遺伝学（**フォワードジェネティクス**）的手法として，細胞に目印をつけたDNA（タグtagという）を入れて変異個体を網羅的につくり，次にタグを目印にそれがどの遺伝子を破壊したかを見る**タギング法**といった方法がある．個体に変異剤を投与して変異体をつくり，その後次世代シークエンサーでゲノムをすべて解析して変異形質と変異遺伝子を対応させるといった手法は，近い将来機能ゲノミクスの重要な手法の一つになるかもしれない．ゲノミクスによって遺伝子から機能を明らかにしていく**逆遺伝学**（**リバースジェネティクス**）も機動的に行えるようになったが，これに

コラム22

分子生物学からみたヒトの起源

C. R. Darwinの**進化論**をきっかけにヒトとサル（他の霊長類）との関係や，ヒトの起源に関する研究が生物学の対象となった．さまざまな研究からチンパンジーやゴリラがヒトと近縁な類人猿で，その分岐は約500万年前に起こったと考えられている．以前はヒトは他の類人猿とは一線を画し，類人猿同士は（テナガザル，オランウータンからチンパンジーまで）互いに近縁とみられていたが，ゲノム構造やタンパク質構造の解析結果から，この考え方は間違いであること，つまりヒトとチンパンジーはきわめて近縁であり（ヒトがチンパンジーの祖先より分岐した），その差はゴリラとチンパンジーの差よりも小さいことが明らかになっている（図，表を参照）．ウマとロバは約180万年前に分かれたが，驚くべきことに，ヒトとチンパンジーとの違いはウマとロバの違いよりずっと小さく，それでいてラバという**種間雑種**（雄がロバで雌がウマ）が生まれるという事実は興味深い．

ゲノム解読以前はチンパンジーとヒトの遺伝子構造の差は1%以下で，差はほとんどないとされていた．しかしゲノム解読の結果，多くの遺伝子に5%程度の挿入や欠失が認められ，また1遺伝子中でアミノ酸が1個以上違うものが，調べた遺伝子の8割を占めていたことがわかった．これらの解析により，チンパンジーとヒトの生物学的な差が生じる原因は，ある特定の遺伝子によるものではなく，個々の遺伝子のわずかな違いがゲノム全体に蓄積したためと考えられている．

最古のヒトの化石のすべてがアフリカで発見されていることから，ヒト属は100万年以上前にアフリカに出現し，それがほかの地に移動したと考えられている．ヒト属の祖先は現生人類（**ホモ・サピエンス**）ではなく，ホモ・エレクトゥスといわれる原始的な種で

は遺伝子導入（**トランスジェニック**）法や遺伝子破壊/改変法（例：**遺伝子ターゲッティング**，**ゲノム編集**）といったものがある（第19章参照）．

分子生物学的解析にはいろいろなオミクスがあるが，それで得られた情報をくまなく効率的に利用するためには，コンピュータ・インターネット・データベース・解析ソフトを連動させた解析，すなわち**生命情報学**（**バイオインフォマティクス**）の活用が必須である．この手法を使えば，ほんの断片的なDNA/RNA/タンパク質の情報からでも ***in silico*** 解析によって遺伝子を同定でき，関連する疑問に対しても即座に答えを導き出すことができる．

DNA構造解析やバイオインフォマティクスによってデータベース化されたそれぞれの遺伝子は，構造，機能，局在などの観点からどのようなものなのかが決めら

あった．現生人類がホモ・エレクトゥスから生まれた経路について二つの説がある．一つは，**ヒトの多地域起源説**で100万年以上前に各地に散ったホモ・エレクトゥスが各々の場所で独立に進化したという説である．もう一つは，ミトコンドリアDNAの**RFLP解析**によるもので，現生人類はアフリカのホモ・エレクトゥスから進化し，それが20万年以上かけて地球上に広がり，先に住んでいたホモ・エレクトゥスの子孫と入れ替わったという説である（**ヒトのアフリカ起源説**）．後者の説が有力である．

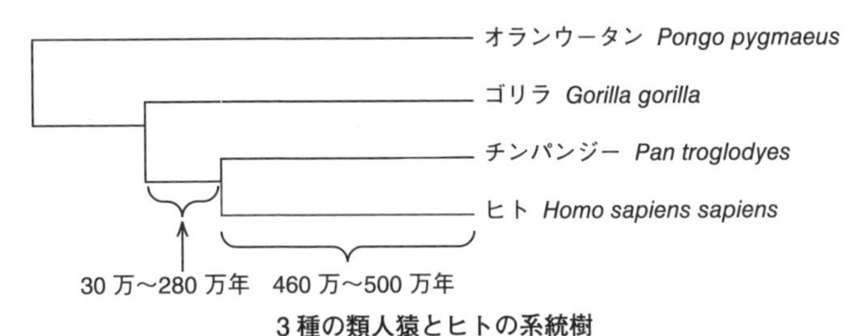

3種の類人猿とヒトの系統樹

近縁動物における分子構造の保存性

分子＼生物	ヒト	＜差＞	チンパンジー	＜差＞	ゴリラ	ウマ	＜差＞	ロバ
シトクロム c	104 †	なし	104	なし	104	104	1	104
ヘモグロビン α 鎖	141	なし	141	1	141	141	2	141
ヘモグロビン β 鎖	146	なし	146	1	146	146	なし	146

† それぞれの分子のアミノ酸数を示す［大野 乾，実験医学，**16**，1217（1998）より引用］

れるが，どうとらえるかは膨大な数の語彙（これを**遺伝子オントロジー**という）を用いて行われている．一つの遺伝子オントロジーと一つの遺伝子の間の関係づけを行うことを**遺伝子アノテーション**といい，最近はAIにこの作業を行わせようという動きもある．

メモ12・2 ***In silico***

生体内実験（***in vivo***），生体外実験（***ex vivo***），試験管内実験（***in vitro***）に対して，コンピュータ内で行う実験のシミュレーションを***in silico***という．塩基配列やアミノ酸配列，さらに核酸やタンパク質の物理化学的性質から，それらの相互作用などをコンピュータで予想することができる．

コラム23

オームとオミクス

解析の対象が細胞中のDNA全体，タンパク質全体であるものを接尾語**オーム**（-ome）を付けて，それぞれゲノム，プロテオームなどという．そこから派生し，これらオームの研究領域はゲノミクス，プロテオミクスなど，**オミクス**（-omics）とよばれ，表に示すような種類がある．

研究領域†1	解析の対象	解析方法
ゲノミクス	ゲノム(おもに染色体DNA)	DNAシークエンス，NGS†2
エピゲノミクス	エピゲノム(修飾されたゲノム，クロマチン)	質量分析，MNアーゼマッピング，クロマチン免疫沈降など
トランスクリプトミクス(機能ゲノミクス，ケミカルゲノミクスや変異ゲノミクスなどを含む)	トランスクリプトームRNAから作成したcDNA	DNAチップ，チップシークエンス，RNAseq(NGSを含む)
プロテオミクス	プロテオーム	二次元電気泳動および質量分析，プロテインチップ

†1 このほかにも，代謝中間体を調べるメタボロミクス，シグナル伝達を調べるシグナロミクス，メチル化DNA（メチローム）を分析するメチロミクス，糖の総体（グライコーム）を分析するグライコミクスなど多くのものがある

†2 次世代シークエンサー

13

細胞調節における RNA の役割

13・1　RNA コード領域を遺伝子としてとらえ，再度ゲノムを眺める

“遺伝の暗号とは何なのか？”をもう一度考えてみよう．第Ⅰ，Ⅱ部で述べたように，**遺伝子**はタンパク質の構成要素であるアミノ酸を**コード**している．本書ではこのようにしてコードされた遺伝子を典型的遺伝子とよんでおり，遺伝子発現を調節する調節遺伝子でもそれが調節タンパク質をつくるのであれば典型的遺伝子の範疇(はんちゅう)に入ることに変わりはない．“遺伝子は RNA に転写される DNA 部分”という分子生物学的な遺伝子の定義によると（§2・6），遺伝子かどうかはタンパク質をコードするかどうかとは関係なく，そのため tRNA や rRNA といった RNA をコードする DNA も遺伝子となる．この基準からすると，本章でこれから述べる**機能性 RNA** や**制御 RNA** をコードする DNA も遺伝子とすべきである．このような**非コード RNA 遺伝子**は遺伝子間スペーサーや遺伝子内のイントロンなど，ゲノムの至るところに広く分散して存在していることがわかっており，このことは広義の遺伝子はゲノムに遍(あまね)く散りばめられていることを意味する．このため，前章でヒトの遺伝子数は約 2 万個と述べたが，ここでの遺伝子の定義によると，遺伝子の数が一体どれくらいあるのかはまだ未知で，少なくとも現状の 10 倍くらいはあるかもしれない．本章ではこのような分子生物学的に定義された広義の遺伝子によってコードされる多様な RNA を，機能性 RNA を中心に説明する．

13・2　非コード RNA

RNA は，分子生物学の初期に同定されたタンパク質合成/翻訳に関わるもの［mRNA, tRNA, rRNA（5S RNA を含む）］とその後同定されたそれ以外の役割のものに分けることもできるが，タンパク質をコードする**コード RNA**，すなわち mRNA とそれ以外の**非コード RNA**（**ncRNA**）という分け方もできる（表 13・1）．これに対し，タンパク質合成に関わらない ncRNA は特異的な活性をもつ**機能性 RNA** で，量こそ細胞内 RNA の 1% 以下とごく微量だが，構造，役割，局在という観点からさまざまなカテゴリーの多様な RNA 分子が存在している．機能性 RNA

に含まれるものとして，以前より同定されていたスプライシングに関わる**snRNA**（**小分子核RNA**），核小体にある**snoRNA**（**小分子核小体RNA**），RNA編集に関わる**ガイドRNA**，そして近年同定された**miRNA**や**piRNA**といった**制御RNA**，つまり塩基数30以下の小さい**小分子RNA**（small RNA）といわれる制御RNAがある（注：small RNAを低分子RNAと訳す場合もあるが，低分子の分子量は通常1000以下なので誤解を招きやすい）．ncRNAの中は**長鎖非コードRNA**（**lncRNA**）といわれる数百から数千塩基長の分子もあり，その多くは遺伝子発現制御に関わる（§13・6）．他方，RNAがタンパク質的な機能をもつという観点から，触媒活性のある**リボザイム**や結合活性のある**アプタマー**（リボスイッチやRNA抗体なども含む）というカテゴリーに入るものもある．

ncRNAの制御能（例：触媒活性，結合能，制御因子機能）とその程度は多様である（表13・1）．明確で積極的な制御能をもつものには小分子RNA，lncRNA，リボザイム（最大分子rRNAやウイロイドRNAも含む）やアプタマーがあり，他方制御能のないものにはRNAウイルスのゲノム，プライマーRNA，tRNA，そして大部分のrRNAが入る．さらに明確な制御機構は未知であるが，制御の一端を担うものにガイドRNA，snRNA，snoRNAなどが知られている．ただ，この分類基準は現時点ではまだ暫定的であることに留意する必要がある．

表13・1　コード能，制御からみたRNAの分類

RNAの分類	種　類	
コードRNA	mRNA	
非コードRNA (ncRNA)	明確な制御能がある	小分子ncRNA，長鎖ncRNA，リボザイム，アプタマーRNA
	制御過程に参加する	ガイドRNA，snRNA，snoRNA
	明確な制御能がない or 不明	ゲノムRNA，プライマーRNA，tRNA，大部分のrRNA

メモ13・1　**RNAウイルスの複製**

ゲノムにRNAをもつ**RNAウイルス**のうち，**プラス鎖**のRNAをもつものは感染後すぐにタンパク質をつくれるが，**マイナス鎖**であればまずRNAからプラス鎖をつくり，それをmRNAとしてタンパク質をつくる必要がある．レトロウイルスはまずRNAからDNAをつくり（**逆転写**），それを染色体に組込ませた後，そこからプラス鎖のRNA，そしてタンパク質をつくる．

コラム24

細胞は遺伝に関わる暗号を複数種用意している

遺伝に関わるコード（暗号）を少し広くとらえてみよう．最初に発見された**コード**はmRNAに含まれるアミノ酸を指定するコードで，これは古典的遺伝コードである．次に，遺伝子は発現のための調節DNA領域をもち，そうした調節を担うDNA配列も遺伝現象発現に必須であることから，調節配列も遺伝のコードとみることができる．視点を**クロマチン**に移すと，クロマチンを構成するヒストンに刻まれた化学修飾やDNAがもつメチル化などの修飾も娘細胞に受け継がれ，それが遺伝現象に関わることから塩基配列によらない**エピジェネティック**［**後成的遺伝**（情報）］なコードがあることもわかる．これらの事実から細胞は少なくとも3種の遺伝に関わるコード，つまり①DNA塩基配列として存在する古典的遺伝コード（=**コドン**）であるアミノ酸コード，調節DNA配列である②**発現制御コード**，そしてDNA塩基配列決定の後にクロマチンレベルで生成する③エピジェネティックコードをもつといえる．

以上の3種が普遍的にみられるコードだが，このほかの例として，合成されたRNAが化学修飾を介して機能を変化させるという④**RNAエピジェネティクス**というコードもある．この視点をさらに拡張させると，⑤タンパク質機能に影響を与える化学修飾（酸化/還元，ユビキチン化，糖鎖付加，限定分解など）も，エピジェネティックな効果をもつとみることができる．

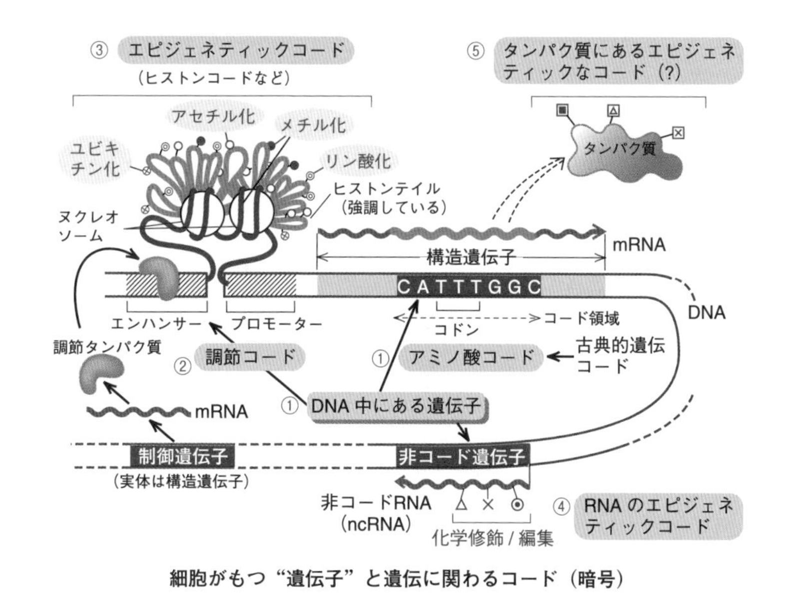

細胞がもつ“遺伝子”と遺伝に関わるコード（暗号）

13・3 リボザイムは RNA 酵素

かつて酵素はタンパク質とされていたが，現在ではRNAも酵素活性をもつことがわかっている（注：まれにある種のDNA配列も酵素活性をもつ）．テトラヒメナ26S rRNAは前駆体RNAの内部がスプライシングによって除かれて成熟する．この反応はタンパク質が不要で，イントロンのみで起こる．酵母ミトコンドリアのシトクロム *c* のmRNAスプライシングもタンパク質なしで起こる．tRNAは少し長めの分子としてDNAを鋳型に合成され，両端が酵素で限定分解されて成熟するが，この酵素のうち5′末端を切断する**RNアーゼP**はタンパク質とRNAからなり，1983年，S. AltmanらはRNアーゼPによる前駆体切断反応が付随するRNAによって起こることを発見した．植物に病気を起こす**ウイロイド**は，数百塩基長の環状一本鎖RNAゲノムからなるが，複製するときはまずRNAが連なり，このRNAを一定サイズに切る反応がRNA自身で起こる．

以上のようなRNA自身によるRNA切断反応が広くみられることから，このような酵素活性をもつRNAは**リボザイム**［リボ核酸と酵素（enzyme）からなる術語］とよばれるようになった．真核生物mRNAの5′末端のポリAシグナルの約30塩基下流で起こる切断もmRNA自身によって起こる（**転写共役切断**：C_oTC）．切断反応だけでなく，リボソーム上で起こるペプチド結合形成反応（第10章）もリボソーム大サブユニット中の**rRNA最大分子**が触媒能を担っている．リボザイムの中には，ウイロイドRNAのように，保存されている二次構造の形から**ハンマーヘッド型リボザイム**というものがある．この保存領域はステム-ループ構造をとるが，保存部分の両端で他のRNAとアニーリングすると，そのRNAのアニーリング部分をステム-ループ部分で切断するので，この機構を使って目的RNAを人為的に切断することができる（図13・1）．

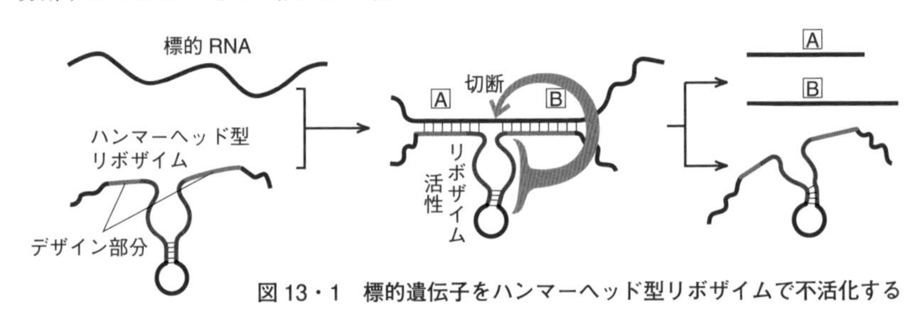

図13・1 標的遺伝子をハンマーヘッド型リボザイムで不活化する

13・4 アプタマー RNA

ある種のRNAはタンパク質がもつような物質結合性を示し，**アプタマー**（結合性物質．結合する標的分子を**リガンド**という）としての役割をもつ．RNA アプタマーは RNA が柔軟な構造を取りうるために種類が多い．アプタマーは候補物質との結合を何度も経る SELEX 法で得られるが，さらにコンピュータシミュレーションによる分子デザインによって安定性や機能を進化させることもできる．RNA はタンパク質に比べて抗原になりにくいので，医療への応用が期待されており，実際にも医療において使われ始めている（例：加齢性黄斑変性症における原因物質との結合）．抗原に対して特異的に抗体が結合するように，アプタマーはリガンドに対する **RNA 抗体**としての利用を進められつつある．細胞内で RNA アプタマーが生理的に活性を発揮している例として**リボスイッチ**がある（図 13・2）．これは**低分子リガンド**が mRNA と結合すると隣接部分の RNA 二次構造が変化してリボソームが結合できなくなり，結果的に翻訳が阻害されて遺伝子機能が抑えられるというように働く．リガンドとしては *S*−アデノシルメチオニン，ビタミン B_{12} など多様なものがあり，リボスイッチはリガンドの代謝調節に働く．

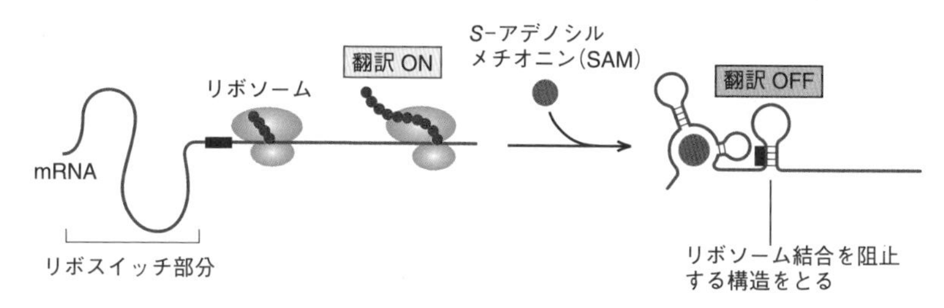

図 13・2　リボスイッチの作用　SAM がリガンドの場合

13・5　小分子制御 RNA

小型の RNA の中で遺伝子機能を制御する一群のものを**小分子制御 RNA** といい，これら RNA によって起こる遺伝子抑制現象は一般に **RNA サイレンシング**といわれる．小分子制御 RNA の代表的なものに RNA ポリメラーゼⅡ（植物では RNA ポリメラーゼⅣ）で転写されて生成する **miRNA**（**マイクロ RNA**）がある（図 13・3）．はじめ長い pri−miRNA として転写された後，pre−miRNA という末端が削られた（トリミングされた）ヘアピン状になり，それが **Dicer1** によってループ部分が切取られたうえにさらに末端がトリミングされて miRNA となる．miRNA は約 20 塩基対の部分的不対合をもつ二本鎖 RNA で，ここに AGO1 を含む複合体，**RISC1** が結合し，二本鎖の一方の鎖が残る．この RNA が相補的構造の類似した標的 RNA と塩基対結合することにより標的 RNA の翻訳が阻害される．

miRNAははじめ線虫で発見され，その後さまざまな生物でも存在が確認された．miRNAはゲノム中に数百個の遺伝子があり，さまざまな細胞機能の調節やウイルス抵抗性に関わっている．一方，精巣には**PIWIタンパク質**と結合する小分子制御RNA，**piRNA**が存在し，生殖細胞内でのトランスポゾンの転移抑制に関与する（piRNAはトランスポゾン部分から生成する）．AGOタンパク質群とPIWIタンパク質群をあわせて**AGOファミリータンパク質**といい，いずれもRNA結合活性とRNアーゼH様エンドヌクレアーゼ活性（RNAを切断する**スライサー活性**）をもつ．小分子ncRNAにはこのほか，減数分裂での相同染色体の相互認識に関わる**meiRNA**や，植物においてトランスポゾンやウイルスを抑制する内在性のsiRNA（コラム25参照）などもある．

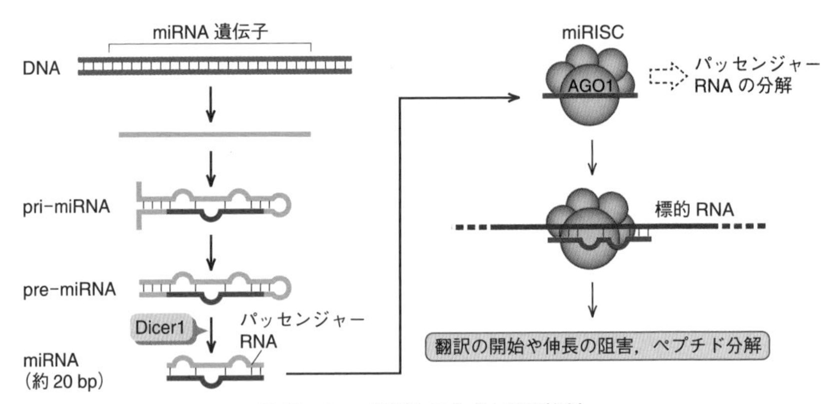

図13・3　**miRNAの生成と翻訳抑制**

13・6　長鎖非コードRNA

理化学研究所の**FANTOMプロジェクト**（mRNAタイプRNAの網羅的解析）をきっかけにゲノムのいろいろな部分から転写される非コード性の大型RNAが多数同定されたが（ポリA鎖をもつものもある），これらは一括して**長鎖非コードRNA**（**lncRNA**）とよばれる．lncRNAは構造のみならず機能面でも多様である．役割の一つに，転写調節因子やヒストンの修飾，ゲノムDNA領域の凝縮などを介して転写抑制活性を発揮するポリコーム群タンパク質といったエピジェネティック制御に関わるタンパク質と結合して転写調節に関わる機能がある．この例としてよ

PIWI：P-element induced wimpy testis，**FANTOM**：functional annotation of the mammalian genome

メモ 13・2

共 抑 制

植物などでは，ある遺伝子を外来遺伝子として強制発現させると内在性の遺伝子機能が抑えられる**共抑制**という現象が知られており，この機構としてコラム 25 で述べた RNAi が考えられる．

コラム 25

RNAi：遺伝子機能を抑える普遍的技術

遺伝子抑制法には**遺伝子ターゲッティング**や**ゲノム編集**によって遺伝子そのものを破壊する**遺伝子ノックアウト**があるが，操作が複雑で日常的な実験法とは言い難く，RNA を分解したりその後の翻訳を抑制する**遺伝子ノックダウン法**の方が実際的である．このためには**ハンマーヘッド型リボザイム**を使う方法（§13・3）もあるが，より機動的な方法として，細胞に目的遺伝子配列を含む二本鎖 RNA を導入する **RNAi 法**（**RNA 干渉法**）があり，実験的には標的 RNA 内の 21 塩基対の二本鎖 RNA，**siRNA**（small interfering RNA）を用いる．siRNA に AGO タンパク質群の一つの AGO2 が結合して二本鎖 RNA の一方が外れ，その後 RISC2 複合体が形成されて標的 RNA とハイブリダイズする．すると標的 RNA が RISC2 により分解されるため，結果的に遺伝子機能が抑制される．RNAi は細胞に化学合成 siRNA を入れるだけで簡単に遺伝子抑制ができ，今や遺伝子ノックダウン法の定番となっている．細胞内の siRNA は寿命が短いが，siRNA をつくる DNA をゲノムに組込ませてできた RNA はヘアピン構造をとり **shRNA**（ショートヘアピン RNA）となるので，Dicer2 による変換で siRNA 相当の分子を継続的に生成させることができる．

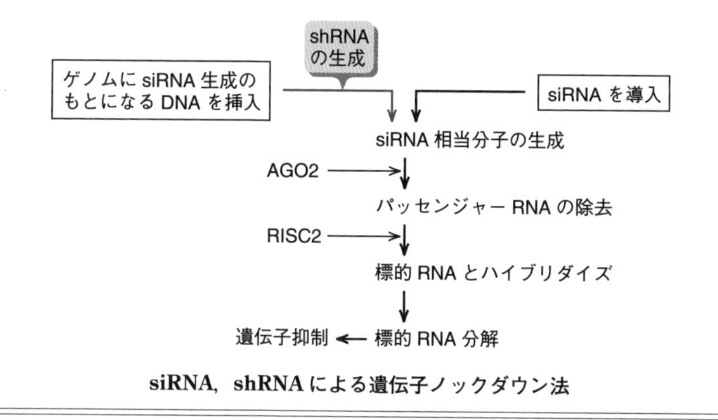

siRNA，shRNA による遺伝子ノックダウン法

く知られているものに**X 染色体不活化**がある（§14・5 参照）．雌の 2 本の X 染色体の一方は不活化されて遺伝子発現は抑えられているが，これは抑制される側の X 染色体の ***XIC*** **領域**から発現する ***Xist*** とよばれる lncRNA がポリコーム複合体に結合して染色体全体を不活化しているためである（図 13・4）．

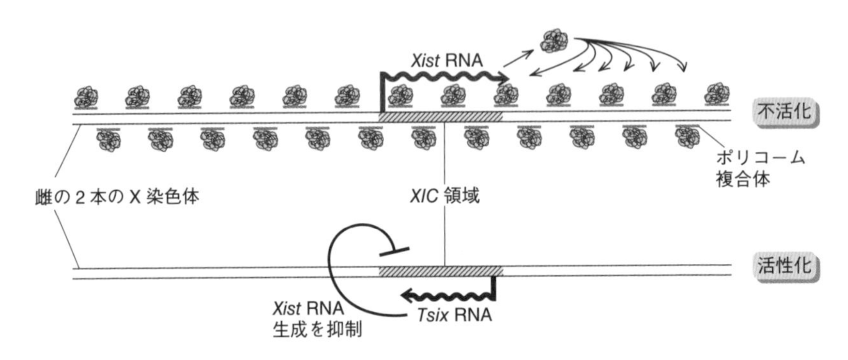

図 13・4　雌の X 染色体不活化における lncRNA の関与

XIC 領域からは *Xist* 以外にもいくつかの lncRNA が発現し，それらは協調して染色体不活化に働く．抑制されない側の *XIC* 領域からはアンチセンス側に ***Tsix*** という lncRNA が発現し，これが *Xist* の転写を抑える．このような lncRNA は，拡散して遠くででも働く**トランス作動性**の因子と異なり，発現している位置で特異的に働く**シス作動性**である．エンハンサー（§8・9）はそこに結合する転写調節タンパク質によって制御されていると理解されているが，エンハンサーから lncRNA すなわち**エンハンサー RNA**（**eRNA**）が生成し，転写調節因子と相互作用してエンハンサー領域の高次構造を安定化して転写活性化効果を発揮するという機構も提唱されている．エンハンサーは細胞内（クロマチン状態）でなければ働かないという事実はこの機構と関連があるかもしれない．mRNA 領域のアンチセンス鎖が lncRNA として発現して遺伝子機能の抑制に関わる例も示唆されている．

14

クロマチンと遺伝子制御

14・1　クロマチンとその基本構造

真核生物のゲノム DNA は物質的には**クロマチン**とよばれる DNA–タンパク質複合体で，染色体と同等の物質である．クロマチンはよく染色されるために**染色質**とよばれることもあり，核において染色が均質な部分を**ユー（真正）クロマチン**，不均質な部分を**ヘテロクロマチン**といい，前者は発現している DNA 領域に，後者は発現抑制されている DNA 領域にそれぞれ相当すると考えられる．

クロマチンタンパク質の大部分は**ヒストン**とよばれる塩基性タンパク質であり，その他少量の非ヒストンタンパク質（例：酵素，転写や複製に関わる因子，その他）も含まれ，それらが DNA と非共有結合的に結合している．クロマチンは**ヌクレオソーム**とよばれる数珠状構造を基本とし，ヌクレオソームは約 200 bp に 1 個，**ヌクレオソームコア**（あるいは**コア粒子**）という構造をもつ（図 14・1）．ヌクレオソームコアは**コアヒストン**が 8 個［4 種類(ヒストン H2A，H2B，H3，H4)×2］集まった**ヒストンオクタマー**を芯に 147 bp の DNA が左向きに 1.75 回巻きついた構造をとる．ヌクレオソームコアをつなぐリンカーDNA 部分には**リンカーヒストン**

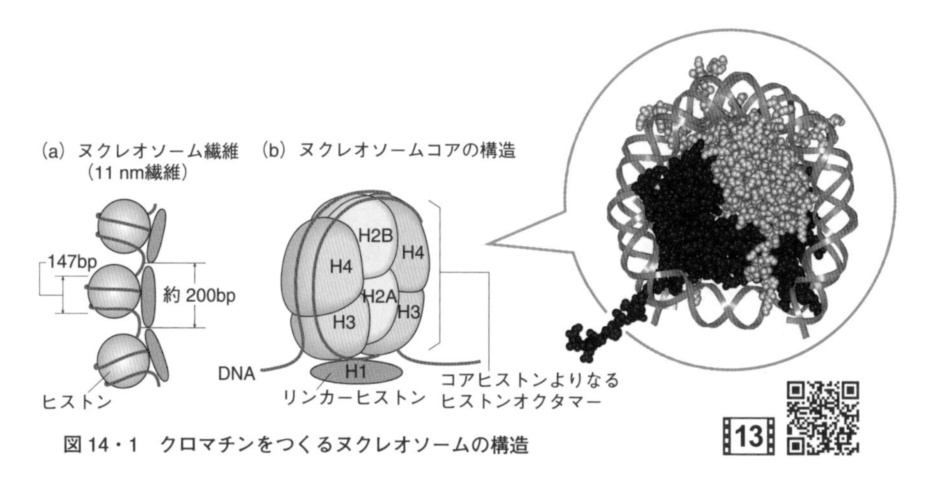

図 14・1　クロマチンをつくるヌクレオソームの構造

（例：ヒストン **H1**）が結合し，ヌクレオソームコアの集合や繊維の凝縮に働いている．コアヒストンとDNAは比較的強く結合しているが，クロマチンDNAを**ミクロコッカスヌクレアーゼ**で処理するとクロマチンがヌクレオソーム単位で切り出されるので，この酵素はしばしばクロマチン構造解析に利用される．

14・2 ヒストンの種類とその構造

ヒストンは，リシンやアルギニンという塩基性アミノ酸（コアヒストンでは全体の20〜24％）に富む分子量1万〜2万の塩基性タンパク質で，中央部に安定な構造の**ヒストンホールド**，両端に**ヒストンテイル**をもち（N末端側が長い），テイル部分は化学修飾の標的になる．コアヒストンはヒストンオクタマーをつくってヌクレオソームコアの芯になるが，テイルは芯の部分から外に突出している．ヒストンにはこのような標準的な**カノニカルヒストン**以外にも，H4以外のクラスのヒストンには類似体である**ヒストンバリアント**が複数存在し（例：H2A.X，マクロH2A，TSH2B，H3.3，H1T），ある比率でヒストンコアに組込まれ，そのうちのあるものは組織や細胞状態特異的な遺伝子発現に関わる．染色体のセントロメア（第15章）に局在する **CENP-A** はH3バリアントの一つである．

14・3 ヌクレオソームのコアと繊維の形成

ヌクレオソームの *in vitro* 形成実験から，コアヒストンの集合を促進する**ヒストンシャペロン**（例：CAF-1，NAP-1）の存在が明かにされた．ヌクレオソームコア形成はまずH3とH4が結合したものが二つ，CAF-1の働きでDNAに結合し，そこにH2AとH2Bが結合したもの二つを取込んで八量体粒子（**オクタソーム**）となる．細胞内にはこのような典型的な構造のもののほか，右巻きのオクタソーム，各1個ずつをもつヘミソーム，H3-H4を2個もつテトラソームなど，マイナーなものもいくつかみられる．

ヌクレオソームが単純な繊維状になっている状態（**11 nm 繊維**）は，**オープンクロマチン**ともよばれ，核内ではユークロマチン領域に多い．11 nm 繊維はリンカーヒストンなどの関与で重なり合って **30 nm 繊維**となるが，この構造は遺伝的に不活性なヘテロクロマチン領域に特徴的である．かつて30 nm 繊維は規則正しくらせん状に積み重なる**ソレノイドモデル**が提唱されていたが，この構造が人為的である可能性が指摘され，最近は11 nm 繊維が内部で直線的に縦横に走って互いを凝縮し合う**直線リンカーモデル**の方が好まれている．

14・4　クロマチンの修飾

クロマチンは，時期，組織，細胞の状態，環境要因（例：栄養）などによって起こるさまざまな修飾を受けており，それが直接あるいは間接的に遺伝子発現に影響する．**クロマチン修飾**機構はおもに以下の五つに分けられる（表 14・1）．

表 14・1　クロマチン修飾の種類

種　類	内容と特徴
DNA のメチル化	シトシンのメチル化 5−メチルシトシンの生成 CpG 配列が標的 DNMT によって起こる
ヒストンの化学修飾	おもにヒストンテールが標的 リシンのアセチル化やメチル化 セリンリン酸化 アルギニンのメチル化 プロリンの異性化
ヌクレオソームアレイの変更	クロマチンリモデリング因子(ACF，SWI/SNF など) ATP アーゼ活性が必要
高次クロマチン構造の変化	ユークロマチン↔ヘテロクロマチン変換 核マトリックスとの結合 遠方のクロマチン同士の結合やクロマチンのループアウト
クロマチン結合因子との非共有結合	ポリコーム複合体 HP1，CTCF パイオニア転写因子 ncRNA，lncRNA 酵素(トポイソメラーゼなど)

1) 第一はシトシンを標的にした **DNA メチル化**で，修飾により 5−メチルシトシンが生成する．メチル化は 5′−CpG（とその相補鎖）部分に生じるが，**DNA メチルトランスフェラーゼ**［DNMT］3a や 3b による新規メチルと複製後に生じたヘミメチルを DNMT1 でフルメチルにする維持メチル化がある．**CpG 配列**（**CpG アイランド**という）は遺伝子上流の制御部分に多く存在する．
2) 第二はヒストンの化学修飾で，よくみられるものはヒストンテイルのリシン残基のアセチル化やメチル化である．アセチル化は **HAT**（**ヒストンアセチルトランスフェラーゼ**）により，脱アセチルは **HDAC**（**ヒストンデアセチラーゼ**）による．アセチル化は基本的に転写活性化（脱アセチルは転写抑制）に関わり，転写コアクチベーターのあるものは HAT 活性をもつ（§8・10）．メチル化は修飾

部位によって活性化に向かう場合と抑制に向かう場合がある．化学修飾には，このほかリン酸化やユビキチン化などもある．N 末端テイルの化学修飾は遺伝子発現に大きく影響し，その修飾パターンの総体は**ヒストンコード**といわれる．

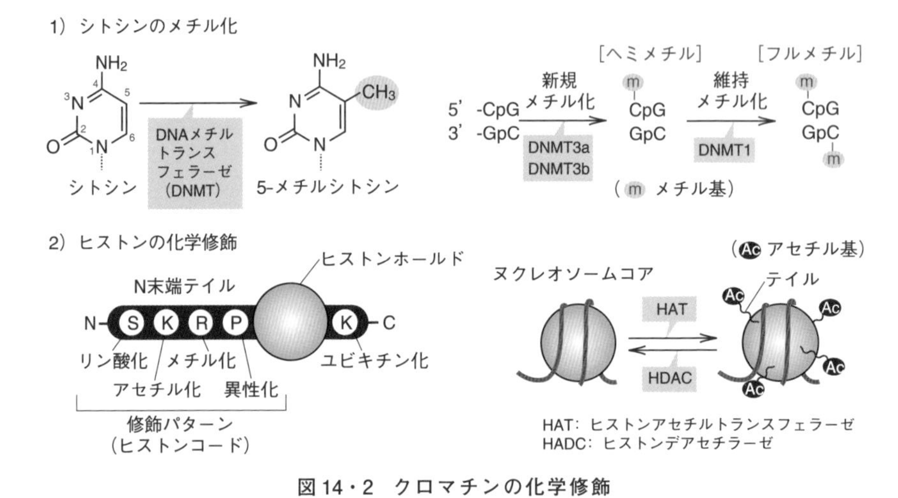

図 14・2　クロマチンの化学修飾

3）第三はヌクレオソームコアのアレイ（位置）やヒストン分子種の変更である．この反応では，すでにあるヌクレオソームコアを解体されてから組直される．解体には **ATP アーゼ**によるエネルギー供給が必要であり，その活性を利用してヌクレオソームの位置変更を行う因子である**クロマチンリモデリング因子**（例：ACF，**SWI/SNF**）が関わる．

4）第四はクロマチン高次構造の変化で，オープンクロマチン↔ヘテロクロマチンの交替，遠方のクロマチンとの連結，クロマチンと核マトリックス因子との相互作用などがある．

5）最後は第四のものとも関連するが，クロマチンと非共有結合する分子の結合で，これにはタンパク質（例：**ポリコーム複合体**，HP1）と **ncRNA**，とりわけ lncRNA（第 13 章参照）があり，後者には X 染色体不活化に関わる ***Xist* RNA** や，**エンハンサーRNA**（eRNA）などが知られている．

14・5　エピゲノムによる遺伝子発現制御

クロマチン構造は遺伝子発現に対してどちらかといえば阻害的で，とりわけヘテロクロマチンは基本的に遺伝子発現抑制に関わり，真核生物の遺伝子発現はこの抑制をいかに解くかが鍵になる．転写の活性化や抑制の実動分子は転写制御因子だが，それらの働く場所をつくるのはクロマチンであり，クロマチン修飾が遺伝子発現制御の上位で働くと考えられる．以上のようにクロマチン修飾は遺伝子発現での重要な位置を占めており，このような修飾されたクロマチンは**エピゲノム**といわれる(epi（エピ）は“後で”を示し，DNA 配列決定の後にできたものという意味をもつ)．エピゲノムはゲノムをどう利用するかを決める仕組みであり，修飾は細胞一代限りし

メモ 14・1

ゲノムインプリンティング

ゲノムインプリンティング［**遺伝子刷込み**（遺伝的刷込み）あるいは**ゲノム刷込み**］はエピジェネティクスの一つで，両親の一方の形質が子に強く出る現象．“刷込み”は，本来は孵（ふ）化した幼鳥が初めて見た動くものを“親”として認識し続ける現象をいう．親がもっていた**エピゲノムマーク**（目印）が生殖細胞形成～受精～発生後も維持されることにより成立する．マークはおもに DNA のメチル化で，インプリンティング領域内には両親で異なるメチル化制御中心になる**インプリンティング制御センター**がある．

コラム 26

父親がいなくても子が生まれた！
——雄の存在意義

植物や多くの動物では雄なしでも生殖能をもつ仔が生まれる**単為生殖**という現象がみられるが，哺乳類は例外で，生殖に雄を必要とする．哺乳類ではなぜ単為生殖が阻止されているのかよくわからなかったが，日本の研究者らによってこの謎が解明された．マウス *H19* と *Igf2* 遺伝子は近くにあり，雌雄で相反する**ゲノムインプリンティング**を受け，雌では *H19* が，雄では *Igf2* が発現し，他の一方は発現しない．この現象は，これら遺伝子の側にある親特異的メチル化領域（DMD）のメチル化修飾（インプリンティング）が異なるために起こる（例：雄はメチル化され，*H19* が不活性化される）．卵から得た染色体と，人為的に DMD と *H19* を除いた染色体を組合わせてマウスをつくったところ，驚くべきことにこのマウスは雄なしに正常な雌を出産し，さらにその仔らも妊娠・出産した．雄を必要としなくなったマウスができたのである．遺伝子を欠損させた側の染色体は，雄の場合でみられるように，インプリンティングが起こらずに *Igf2* のみが発現するため，雄の染色体が模倣されていると考えられた．この研究は，不適切な遺伝子発現を抑えるゲノムインプリンティングが，単為生殖を防止する機構を担っていると解釈される．

か存在できないわけではなく，細胞分裂後も維持され，さらには個体レベルでも世代を継承して伝えられうる．すなわちエピゲノムの多くは遺伝現象に関わるが，このような塩基配列によらない遺伝現象を**エピジェネティクス**（**後成的遺伝**）といい，生命現象のいろいろなところでみられる．このなかには遺伝子刷込み（メモ 14・1 参照），脊椎動物雌の **X 染色体不活化**（図 14・3），がん化や分化に伴う遺伝子発現の変化，環境要因が原因の遺伝子発現の変化，セントロメア不活化，動植物にみられる色斑模様/斑入り（**バリエゲーション**）など，多くの事例が知られている．

図 14・3　X 染色体不活化で生まれる雌の三毛ネコ

15
染　色　体

15・1　染　色　体

真核細胞の核内には**染色体**がある．染色体は生化学的にはいわゆる染色質，クロマチンで，遺伝物質としてのDNAとヒストンタンパク質が複合体を形成している．DNAはリン酸基をもつために酸性の性質を示すため，染色体は塩基性色素で染まりやすい．染色体は細胞分裂期に凝縮した構造として光学顕微鏡で見えるが，それ以外の時期は見えない．このため，染色体の形態学的研究はおもに分裂期中期の細胞を用いて行われる．

15・2　染色体の構成

体細胞にある染色体の数と形で表される状態を**核型**といい，生物種に固有である（表15・1）．体細胞の染色体数は2の倍数で，同じものを2本ずつ含む．それぞれ対になっている染色体を**相同染色体**といい，その中の各染色体は雌雄の**配偶子**に由来する．それぞれの染色体上の遺伝子の部位（**遺伝子座**）は相同染色体の同じ部分に存在するが，それぞれの遺伝子座一対には**対立遺伝子**（**アリル**）が存在する．このように通常の体細胞の染色体の存在状態（**核相**）は**複相**で $\boldsymbol{2n}$ と表す．複相細胞は一般的に2組のゲノムをもつ**二倍体**である．他方，生殖細胞は**単相**で（$\boldsymbol{n}$ と表す），通常は1組のゲノムをもつ**一倍体**（あるいは**半数体**）になっている．多くの真核生物の体細胞において，複相は二倍体であるが，品種改良された植物のなかには四倍体などの**多倍体**もある（この場合でも体細胞を $2n$ と表すことに注意）．ヒトの染色体数は46本であるが，このうちX染色体とY染色体は，女ではXX，男ではXYという組合わせで存在する**性染色体**で，性決定，とりわけY染色体は男性の性決定に関わる．他の染色体は**常染色体**という．

複製を終え，凝縮した染色体は重複した構造になっており，それぞれを（**姉妹**）**染色分体**［（**シスター**）**クロマチド**］といい，中央で接触している．接触部分を**動原体**，末端部分を**テロメア**という．

染色体をある特定の方法で染めると特有のしま模様が現れ，用いる染色剤によっ

表 15・1　生物の染色体数

一 般 名	学 名	染色体数
動物(二倍体)		二倍体数
ヒ ト	*Homo sapiens*	46
アカゲザル	*Macaca mulatta*	42
イ ヌ	*Canis familiaris*	78
ウ マ	*Equus calibus*	64
マウス	*Mus musculus*	40
ウサギ	*Oryctologus cuniculus*	44
ニワトリ	*Gallus domesticus*	78±
カエル	*Rana pipiens*	26
コ イ	*Cyprinus carpio*	104
キイロショウジョウバエ	*Drosophila melanogaster*	8
植物と菌類(二倍体)		二倍体数
出芽酵母	*Saccharomyces cerevisiae*	36±
緑藻(カサノリ)	*Acetabularia mediterranea*	20±
コムギ(原種)	*Triticum monoccum*	14
トマト	*Lycopersicon esculentum*	24
タバコ	*Nicotiana tabacum*	48
エンドウ	*Pisum sativum*	14
植物と菌類(一倍体)		一倍体数
細胞性粘菌	*Dictyostelium discoideum*	7
クロカビ	*Aspergillus nidulans*	8
アカパンカビ	*Neurospora crassa*	7

メモ 15・1

C値パラドックス

生物がもつ染色体数は，酵母は 36 本でエンドウは 14 本，ヒトは 46 本でイヌは 78 本と，生物の進化とは無関係である．また含まれる DNA の量もまちまちで，pg 数で表される一倍体当たりの DNA 量（**C 値**）が哺乳類では約 3 pg（= 30 億塩基対）であるのに，進化度の低い両生類ではむしろ 3～90 pg と多くなっている．これを **C 値パラドックス**という．

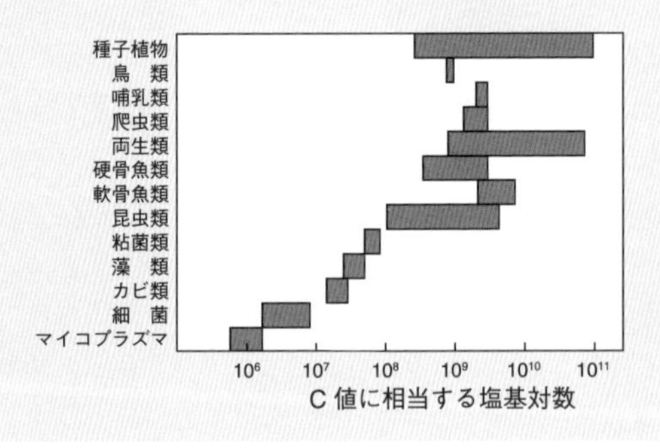

て，Qバンド，Rバンド，Cバンドなどが見える（**バンディング**）．これらのバンドはDNAの反復配列やGC含量，遺伝子の発現状況などを反映しており，染色体が構造的，機能的に均質でないことを意味している．

15・3 異常な染色体と特殊な染色体

染色体は細胞内で安定に維持されているが，病気と関連して異常な状態になる場合があり，そのような**染色体異常**が染色体レベルの相互組換えで起こるものがある．**慢性骨髄性白血病**に関連して生成する**フィラデルフィア染色体**（Ph）は22番染色体と9番染色体の一部が入れ換わる相互転座により生じる（図15・1）．22番染色体の *bcr* 遺伝子と9番染色体にあるがん原遺伝子の一つである *abl* が融合し，プロテインキナーゼ活性をもつ新たなタンパク質が合成され，これがB細胞のがん化につながると考えられる．

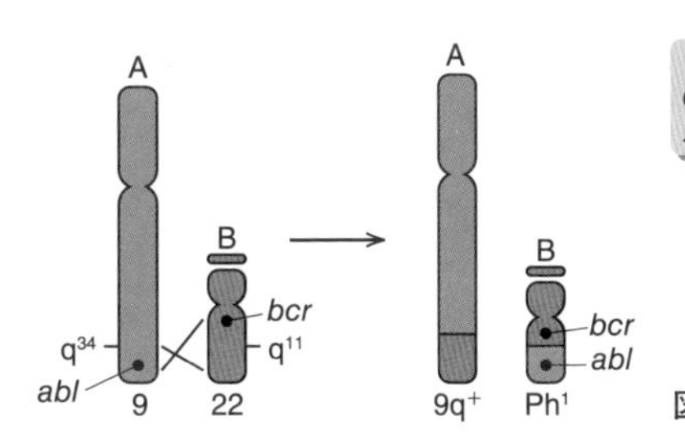

ヒトの9番染色体と22番染色体の相互転座により生じるフィラデルフィア染色体（Ph^1）

図15・1 フィラデルフィア染色体の生成

特定の染色体が1本丸ごと増える（減る）異常の例もあり，ヒトの21番染色体の三倍数性（**トリソミー**）によって起こる**ダウン症候群**などが知られている．ダウン症候群は特有の精神的身体的不具合を示すが，これは適正な遺伝子発現量が健康維持に必須であることを示す明確な例である．性染色体の組合わせや数に異常があると性分化疾患を発症する．

特定の生物や生理・生育条件で，通常と異なる染色体が出現する場合がある．**二重微小染色体**（**DM染色体**，§12・7参照）は哺乳類細胞にみられるがん化，老化，薬剤耐性獲得などに伴って出現する微細な染色体である．ニワトリ細胞は，生理的に多数の微小だが生育に必須な**微小染色体**をもつ．ハエなどの双翅目昆虫の唾液腺細胞中の**唾腺染色体**は複製しても分離しないで何重にも並列に並んだ太い**多糸染色体**で，内部の膨らんだ部分（パフ）は遺伝子発現状態を反映している．

動植物個体の体細胞は基本的には二倍体だが，品種改良された植物（例：ムギ，イチゴ）などでは染色体全体が倍加する**多倍体**（例：四倍体，八倍体．この場合は

同質倍数体で，別の種類の染色体と合体したものは**異質倍数体**という）が多数知られている．魚類では人為的に多倍体を作出することができる．このような生物は個体サイズが大きくなり，商業価値が上がる．二倍体と四倍体の交配で生まれる三倍体などの**奇数倍数体**は染色体分離がうまくいかないため，有性生殖ができない**不稔**となる．人工的（例：栽培種のバナナ）にも作出できるが自然界でもヒガンバナなどの例が知られている．このような個体は種をつくることができず，栄養生殖（地下茎や球根で）で繁殖する．

メモ 15・2　**染色体上の住所**

染色体上の位置を指定する場合には決まった表現法を用いる．X 染色体の長（短）腕の 2 領域の 1 番の位置であれば Xq（p）2.1 と表す．

15・4　クロマチンから染色体へ

第 14 章で述べたように，ヌクレオソームの数珠（じゅず）状構造は折りたたまれて **30 nm 繊維**となり，さらにそれが凝集した集合体（**染色小粒**）がさらにらせん状に凝集して，光学顕微鏡で見える染色体となる．2 m にも及ぶ DNA をわずか直径数十 μm の核の中に収納できるのは，このような構造をとっているからである（図 15・2）．脊椎動物の精子細胞では，クロマチンタンパク質としてヒストンよりもさらに塩基性の強い**プロタミン**が用いられ，DNA はさらに密に凝縮している．

核内に存在する染色体は，クロマチンが単に核内に漂っているのではなく，“核の足場”あるいは**核マトリックス**といわれる構造体に結合しており，非ヒストンタ

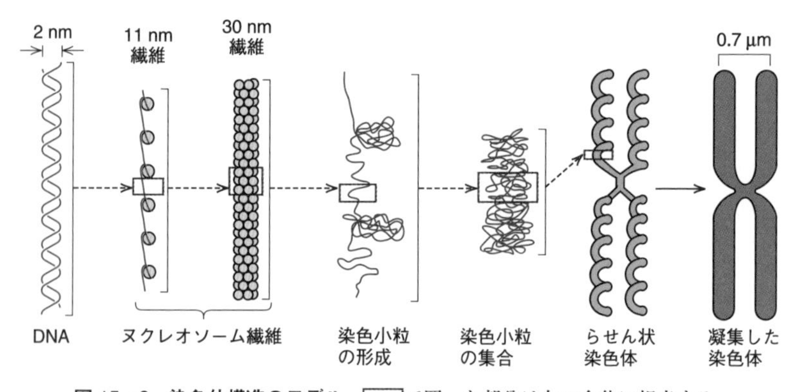

図 15・2　染色体構造のモデル　□で囲った部分は左の全体に相当する

ンパク質もそこに濃縮されている．**非ヒストンタンパク質**はヒストンのDNA結合に影響を与える因子や転写制御因子そのもので，DNAトポイソメラーゼなどの酵素も含み，その一部は**マトリックス結合部位**（**MAR**）に濃縮されている．

15・5　細胞分裂に伴う染色体の挙動

真核細胞は一定の時間間隔をもって細胞分裂とDNA複製を繰返し，これを**細胞周期**という（図15・3）．DNA複製時期を**S期**（synthesis，合成）という．

有糸分裂（mitosis）が起こる細胞分裂期を**M期**といい，S期とM期の間隙（gap）期を**G_2期**，M期からS期の間を**G_1期**という．各時期のDNA量は図15・3のように変動する．M期は細胞小器官と染色(分)体の挙動でさら細分化される．G_2期には染色体凝縮はすでに始まっているが，複製したDNA同士は**コヒーシン**で連結されている．M期に入ると姉妹染色分体は完全に凝縮し，中心体も複製する（M期前期）．つづいて微小管からなる**紡錘体**が**動原体**に結合して染色体を捕獲する（前中期）．星状体が完全に両極に移動し，動原体に微小管が完全に結合して姉妹染色

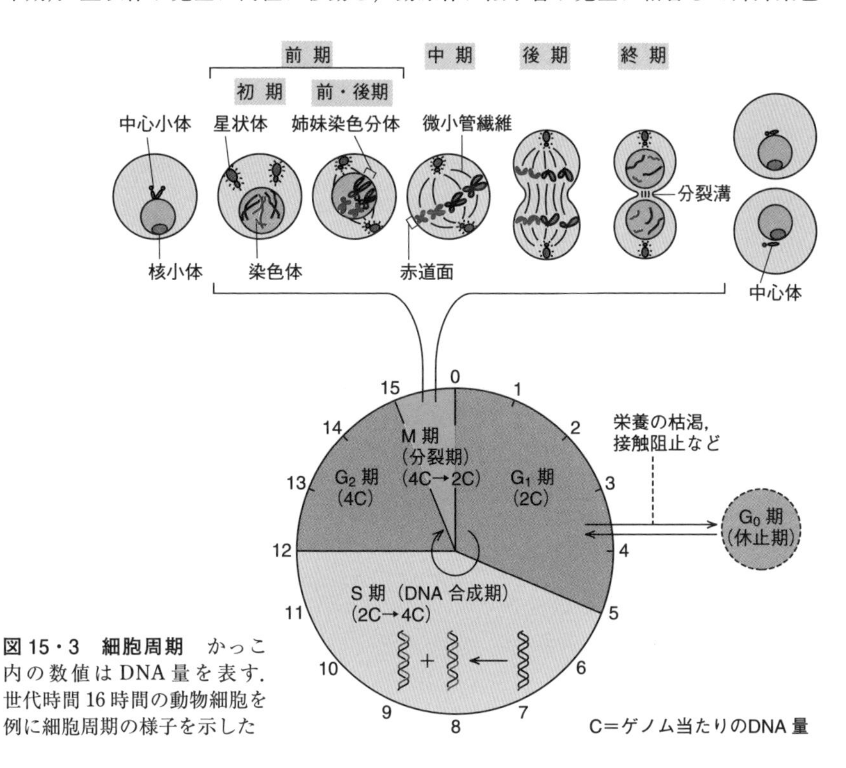

図15・3　細胞周期　かっこ内の数値はDNA量を表す．世代時間16時間の動物細胞を例に細胞周期の様子を示した

分体が赤道面に並ぶ（中期）．つづいて微小管繊維によって染色体が両極に引っ張られ（後期），細胞質分裂が起こって細胞が二分され（終期），細胞が G_1 期に入る．M 期以外の時期を**間期**という．中期まで姉妹染色分体を接着していたコヒーシンが，その分解因子の**セパリン**を抑えていた**セキュリン**の"全染色体が赤道面に揃った"というシグナルで分解されるため，染色体分離はいっせいに起こる．G_1 期の細胞が栄養不足や基質や細胞との接触により G_1 期に留まり続ける状態を**休止期**あるいは **G_0 期**という．正常細胞はいずれ G_0 期を迎えるが，がん細胞にはそれがない．

減数分裂（meiosis）は配偶子をつくるための細胞分裂で，細胞分裂が 2 回連続して起こり，染色体数が半減する（図 7・7 参照）．減数分裂は第一分裂と第二分裂に分けられ，第一分裂期の前半は比較的長く，対合した相同染色体の間で頻繁に組換えが起こる．第一分裂終了後，間期と DNA 合成期を経ず，対になった 2C 相当の染色体が細胞分裂により分配され，1C 相当の配偶子細胞が 4 個生成する．

15・6 染色体の必須要素

染色体には三つの必須要素，すなわち ***ori***（**複製起点**），**セントロメア**，そして染色体末端の**テロメア**があり，いずれも細胞内での安定な複製と存続にとって必要でそれ以外の部分は除外できる．このため，この三要素だけで染色体を作成，あるいは再構成させることができる．*ori* は複製にとっての必須領域で，酵母では**自律複製配列**（**ARS**）に相当する．セントロメアは染色体の内部にある密に凝縮して 2 本の染色体が寄り合わさる部分で，**動原体**に相当する．一つの染色体の決まった場所に 1 箇所存在するが，厳密に染色体中央にないため，セントロメアで染色体を分けたとき，長い方を**長腕**，短い方を**短腕**として区別できる．ヘテロクロマチンに属し，内部には反復配列単位が数十万塩基長の長さで繰返している．セントロメア内部には，安定な有糸分裂を起こさせることのできる特定の DNA 領域，**CEN** が存在する．動原体には板状の構造体が結合しており，これが細胞分裂のときに現れる中心体から伸びた**動原体微小管**と結合するため，染色体が両極に引っ張られる．動原体にはさまざまなタンパク質が結合しているが，このなかにはヒストン H3 のバリアントである **CENP-A** などがある．

15・7 染色体末端テロメア

染色体の末端部分は**テロメア**（**末端小粒**）といい，そこに含まれるテロメア DNA はヘテロクロマチン構造をとっている．**テロメア DNA** は 6〜10 Kb にわたって短い配列が反復する特殊な構造であり，反復配列単位は生物種により特異的で，ヒトは 5′-TTAGGG の単位配列をもち全長は約 1 万 bp にも及ぶ．このようにテロメア DNA が十分に長いため，ゲノムは線状 DNA の**末端問題**があっても 1 回の複製による末端短縮がわずかであり，細胞分裂の回数が少しであればゲノムや遺伝子本体に対する影響はほぼない．しかし，細胞分裂が度重なってテロメアが限度以上に短縮するとゲノムの健全性が損なわれてしまい，結果，細胞は増殖能を失う．

裸の線状 DNA を細胞に入れると速やかに分解されたり，DNA 末端が他の DNA 末端とランダムに結合するなどして，DNA は不安定な挙動をとる．テロメア末端

コラム 27

テロメアとがんや寿命との関係

“正常” な細胞を試験管内で増殖させても，細胞はいずれ必ず死んでしまう．このおもな原因として，複製に伴うテロメアの短縮が考えられる．たとえば正常細胞ではテロメラーゼはほとんど検出されないが，がん化して**無限増殖能**を獲得した**不死化細胞**では，高いテロメラーゼ活性がみられることがあり，また細胞にテロメラーゼを発現させて細胞をがん化させることができる．生殖細胞にはこの酵素が豊富に存在するが，これは短くなったテロメアを修復し，次世代個体のゲノム複製を保障する機構であると考えられる．

細胞・個体が寿命をもつ原因として，テロメラーゼ欠損（不足）によるテロメアの短縮と，それに続く染色体の不安定化という仮説が提唱されている．寿命あるいは細胞分裂の回数を測るカウンターがあるとすると，テロメアがそれにあたるのかもしれない．ただ，テロメラーゼ欠損は寿命短縮をまねくもののテロメア短縮がみられないという観察もあり，テロメア-テロメラーゼ-寿命の関係はそれほど単純でないのかもしれない．

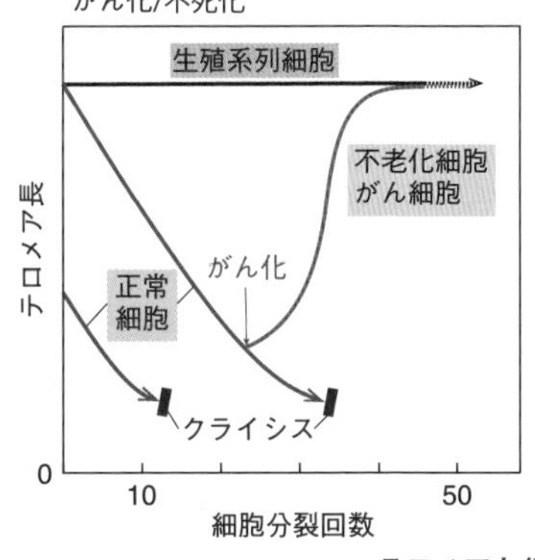

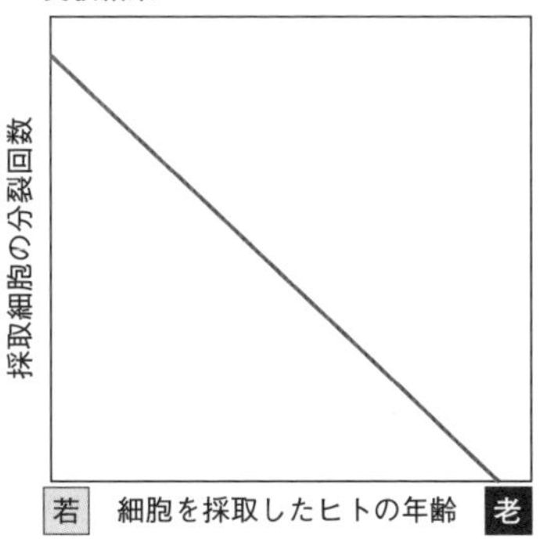

テロメアと細胞寿命，がん化

には3′突出一本鎖（**G–テイル**）が自身の二本鎖に入り込む**三重鎖構造**の**D–ループ**が存在し，全体で**T–ループ**という構造をとる．T–ループにはTRF1，TRF2をはじめとする多くの因子を含む**シェルテリン複合体**が多数結合し，これによってDNA末端の分解や，DNA末端同士のランダムな連結が防止されている．以上からわかるように，テロメアには**染色体安定化**と**ゲノム健全性保持**という二つの重要な役割があり，これが*ori*，セントロメアとともにテロメアが染色体の必須要素となっている理由である．細胞には複製のたびに短くなるテロメアを回復させる機構があるが，そこにはテロメア複製酵素の**テロメラーゼ**やその他の機構が関わっている（§5・9参照）．テロメラーゼは生理的には生殖細胞に多く，テロメアは生殖細胞でリセットされる．

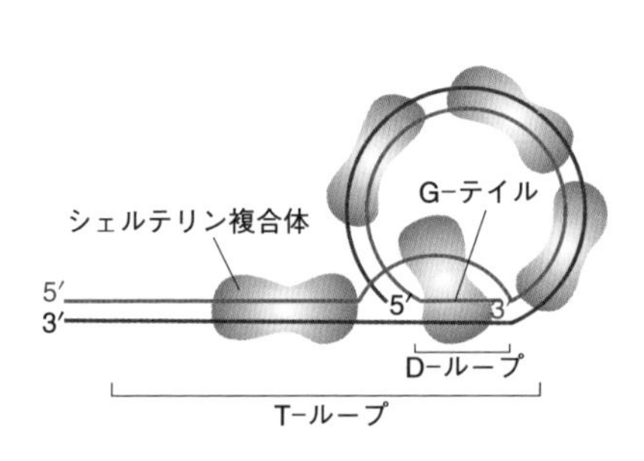

テロメアDNAの構造†

脊椎動物	$(TTAGGG)_n$
センチュウ	$(TTAGGC)_n$
カイコ	$(TTAGG)_n$
出芽酵母	$(TG_{1-3})_n$

† 5′側からの配列

図15・4　テロメアの構造

15・8　相同染色体は厳密には等価ではない

真核生物の1組の染色体には，それぞれ父方と母方に由来する相同な遺伝子が乗っている．染色体が複相だと一方の遺伝子に生じた変異が対立遺伝子で抑えられることがある．このような変異は**潜性の変異**といわれる．潜性の**伴性遺伝**を起こす遺伝病（赤緑色覚異常や血友病など）では，遺伝子がX染色体にあり，変異は対立遺伝子のない男性に出やすい．明らかな遺伝子構造の違いが対立遺伝子間にみられない場合でも，機能に差が出る場合がある．免疫グロブリン遺伝子は組換えの結果，特定の抗体分子が1個の細胞に由来したクローンでつくられるが，このときそれぞれの対立遺伝子は同じようには挙動せず，一方の対立遺伝子では遺伝子の組換え，あるいは発現が抑えられている（**対立遺伝子排除**）．雌の2本のX染色体のうち一方が不活化される**X染色体不活化**という現象もX染色体の非等価性を表している．“母親似”とか“父親似”という現象を起こす**ゲノムインプリンティング**（**遺伝子刷込み**）も一方の染色体が優先的に発現される機構である．細胞に核を移植する場合，その核が精子由来か卵由来かで，できる細胞の形質が異なることがわかっている．

16

増殖と成長の制御

16・1　細胞周期の制御

真核細胞の増殖は**細胞周期**に従って進行する（§15・5）．DNA 複製は S（DNA 合成）期において，染色体上の複数の複製起点から同調的に一度だけ起こる（図 16・1）．複製起点には **ORC** が結合しており，S 期の前にヘリカーゼ活性をもつ

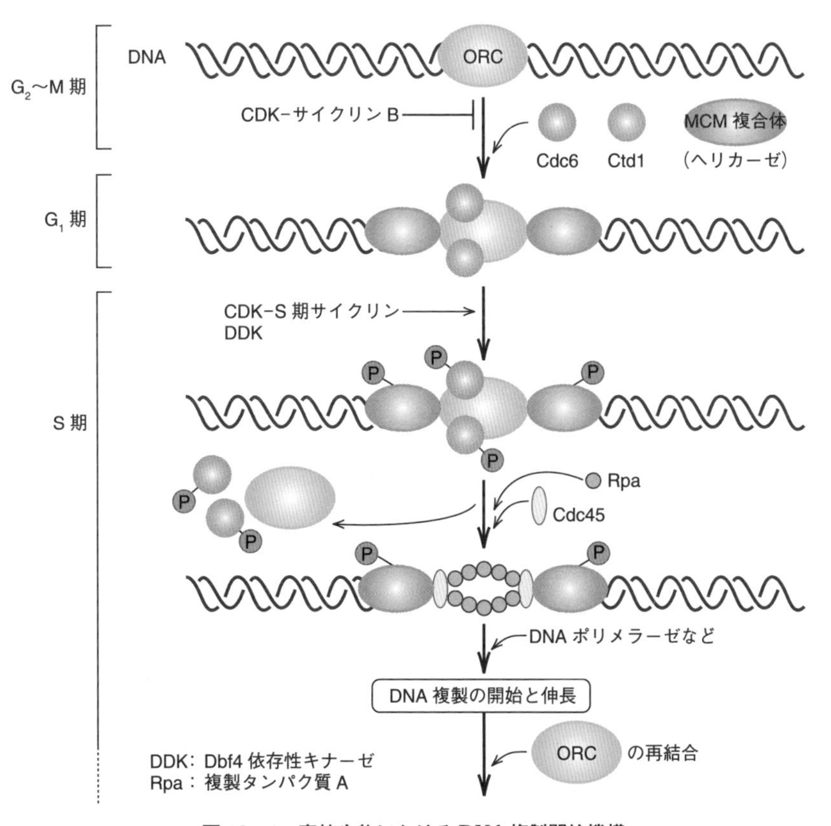

図 16・1　真核生物における DNA 複製開始機構

MCM 複合体を含む因子が結合し，その後 CDK–S 期サイクリンの**プロテインキナーゼ**（タンパク質リン酸化酵素）の作用を経て多くの因子がリン酸化される．ヘリカーゼが活性化して DNA が部分変性し，**複製のバブル**ができる．このときには多くの因子が離れると同時に脱リン酸酵素 Cdc45 などが取込まれる．複合体に入っていた Cdc45 はそのまま複製フォークに移るが，それらは DNA ポリメラーゼなどと結合し DNA 複製が進む．複製が進むと複合体は解離するので 1 箇所からの複製は 1 回しか起こらない．M（有糸分裂）期の制御には**サイクリン B** と **CDK/Cdc2**（**CDK1**）キナーゼ（リン酸化酵素）の複合体である **MPF**［カエルの卵成熟促進因子（maturation promoting factor）として見つかった M–phase promoting factor］が関与する．活性化された Cdc2 キナーゼの作用で MPF がリン酸化され（不活性型），次に Cdc25 ホスファターゼがプロテインキナーゼによって活性化され，それが MPF を脱リン酸型（活性型）に変えて M 期が開始する．CDK–サイクリン B は ORC に MCM 複合体が結合するのを阻止するため，M 期の間は *ori* に ORC が結合しているにもかかわらず新たな S 期進入は起こらない．

細胞周期の進行には多くの因子が関与するが，その中心は現在 8 タイプ知られている**サイクリン**と種々の**サイクリン依存性キナーゼ**（**CDK**）との複合体である（表 16・1，図 16・2）．CDK はサイクリンの結合によって活性化する．CDK が恒常的に存在するのに対しサイクリンの量は細胞周期で変動するが（サイクリン A，B，E），なかには変動のないタイプもある（C，H など）．G_1 期から S 期への移行に関わる **G_1 サイクリン**にはサイクリン D と E があり，それぞれ特異的な CDK と複合体を形成する．サイクリン D は **G_0 期**（休止状態にある細胞）以外でも存在し，サイクリン E は G_1 期のみで発現する．G_1 サイクリンは不安定で，濃度上昇によっ

表 16・1 サイクリンと複合体を形成する CDK

サイクリンの種類	複合体を形成する CDK[†1]	細胞周期での役割[†2]
サイクリン A	CDK1，CDK2	S 期開始，M 期開始
サイクリン B	CDK1	M 期開始
サイクリン C	CDK8	×
サイクリン D	CDK4，CDK6	G_1 増殖刺激で誘導，RB–E2F の解離
サイクリン E	CDK2	S 期開始，RB–E2F の解離
サイクリン G	CDK5	×
サイクリン H	MO15(CDK7)	×
サイクリン T	CDK9	×

†1 哺乳類細胞で活性をもつ CDK を示す
†2 ×は直接の関与はないことを示す

て細胞はS期に進入するため，細胞増殖スイッチとしての役割をもつ．

細胞には1回の細胞周期でS期とM期を一度だけ通過させ，ある時期が終わらないと次の時期に移行させない監視機構がある．細胞は損傷を受けると細胞周期を止めて修復を行い，それが済んでから再び細胞周期に入るという**チェックポイント機構**がある．紫外線でDNAが損傷すると細胞はG_1期で停止する．**p53**はG_1期におけるDNA損傷の監視役として働き，損傷があるとG_1サイクリン複合体の機能を抑えるタンパク質［**p21^{Waf1}**などの**CKI**（**CDK阻害因子**）］の遺伝子発現を高める転写因子としての機能を発揮する．p53や**RB**のような**がん抑制遺伝子産物**は細胞周期をG_1期で止めるため，それらに変異が起こると細胞は際限なく増殖（**不死化**）する（コラム28参照）．

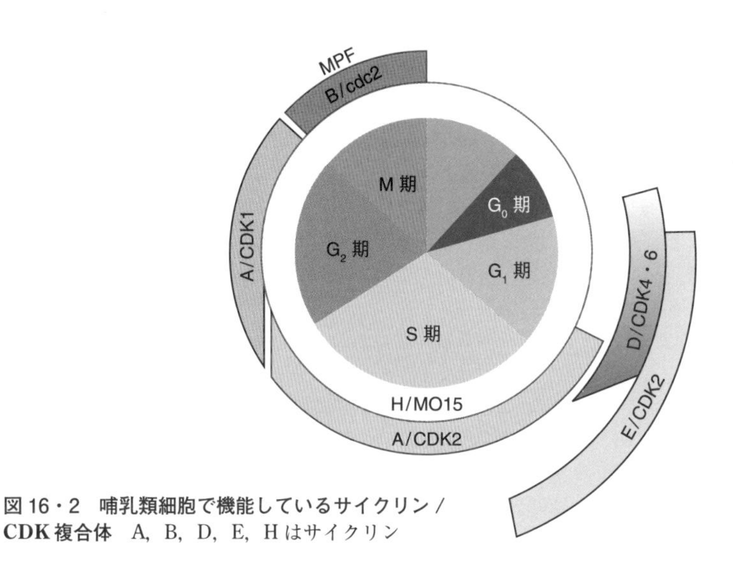

図16・2　哺乳類細胞で機能しているサイクリン/CDK複合体　A，B，D，E，Hはサイクリン

16・2　個体を生かすための細胞死：アポトーシス

細胞には増殖，休止状態，分化，がん化，という経路に加え，死という運命がある．細胞死には，**壊死**（**ネクローシス**．火傷や細胞溶解性ウイルスによる細胞死など）という形式をとる**受動的細胞死**と，**アポトーシス**に代表される**能動的細胞死**の二つのタイプがある．アポトーシスは**自死**ともいわれ，遺伝子によってあらかじめプログラムされた経路に従って起こる．必然的に起こる生理的なアポトーシス（これを特に**予定細胞死**という）は，免疫細胞の選別や神経細胞死，血球細胞や皮膚細

胞の更新時にみられる．自然界においても，発生・分化（カエルの変態で尻尾がなくなるなど）や成長に伴って（落葉や胸腺の退縮），予定細胞死がみられる．アポトーシスは病理的にも（ウイルス感染，がん，アルツハイマー病などの**神経変性疾患**）起こる．過度のストレスを受けた細胞がそのまま増殖するとがん化する恐れがあり，この場合は**p53 依存アポトーシス**により排除される（コラム 28 参照）．

アポトーシスは，誘導・決定・実行の 3 段階に分けられる（図 16・3）．誘導を起こす原因は薬物や放射線のようなストレスと，**TNF**（**腫瘍壊死因子**），抗原，**Fas リガンド**のような生理的リガンドがある．アポトーシスが起こるときは遺伝子発現が変化するが，そこには p53, Bcl-2 などの**がん関連因子**，p21 などの**細胞周期関連因子**が関与する．アポトーシス発現にはシグナルを伝達する多くの**カスパーゼ**（システインプロテアーゼの一種）が関わる．カスパーゼは**開始カスパーゼ**

コラム 28

細胞の運命を握る
マスター遺伝子：*p53*

SV40 ウイルスの腫瘍関連タンパク質である**T 抗原**に結合する細胞性因子として見つかったタンパク質が***p53***である．*p53* は当初，がん遺伝子だと思われていたが，実は変異していたことがわかり，今では**がん抑制遺伝子**であることがわかっており，多くのがんで変異が見つかっている．p53 タンパク質は DNA 結合性の**転写制御因子**で，多くの遺伝子の発現を制御し，G_1/S 期で働く CDK 阻害因子（CKI）の **p21^{Waf1}** もその一つである．p53 は四量体で DNA に結合し，変異すると DNA 結合能を失う．ただ変異体 p53 も四量体に組込まれるため，一方のアレルのみが変異しても四量体は非 DNA 結合性となり，**変異顕性**（変異優性）という現象を示す．p53 の標的遺伝子の中にはこのほかに細胞増殖抑制関連遺伝子があり，がん細胞では p53 の変異によって細胞周期進行の抑制能が欠損していることが多い．紫外線などによる **DNA 損傷**の程度が激しいと**アポトーシス**が起こる．p53 は G_1 期で細胞増殖を停止させる以外にもアポトーシスを起こし，事実，DNA 損傷から細胞死に至る経路の中に p53 がある．細胞内で p53 は複製のヘリカーゼである **MDM2** と結合して存在しており，ストレスを受けると p53 は遊離し，同時に DNA 損傷シグナルで活性化した **ATM**（毛細血管拡張性失調症遺伝子 *AT* の変異）やその関連因子が p53 をリン酸化する．活性化型となった p53 は細胞増殖を停止させ，さらに DNA 修復関連遺伝子のリボヌクレオチドレダクターゼなどを活性化させ，ゲノム修復が活発化する．過度の DNA 損傷による別種キナーゼの活性化で p53 が過剰リン酸化されると，アポトーシス遺伝子（*Bax*，*PIG3* など）が活性化され，細胞が死滅する．このため，細胞は変異をもったまま増殖することがなく，修復が無理と

（例：カスパーゼ8）と**実行カスパーゼ**（例：**カスパーゼ3**）に分けられる．アポトーシスの主要な経路には**ミトコンドリア**が関与する．

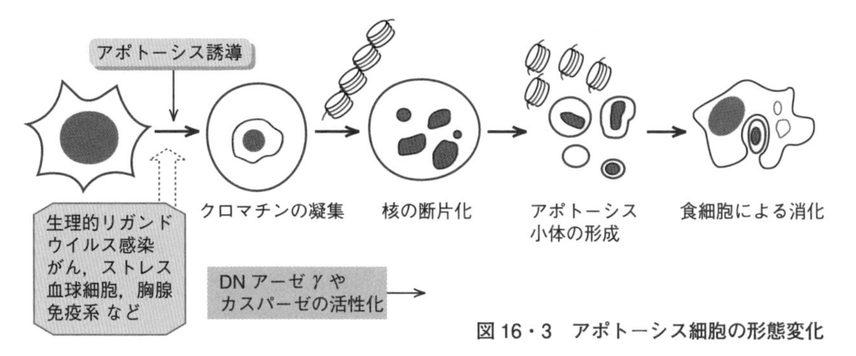

図16・3　アポトーシス細胞の形態変化

判断された場合，細胞は自ら死滅する．このように p53 には細胞増殖制御だけではなく，正常な細胞を残す働きもある．

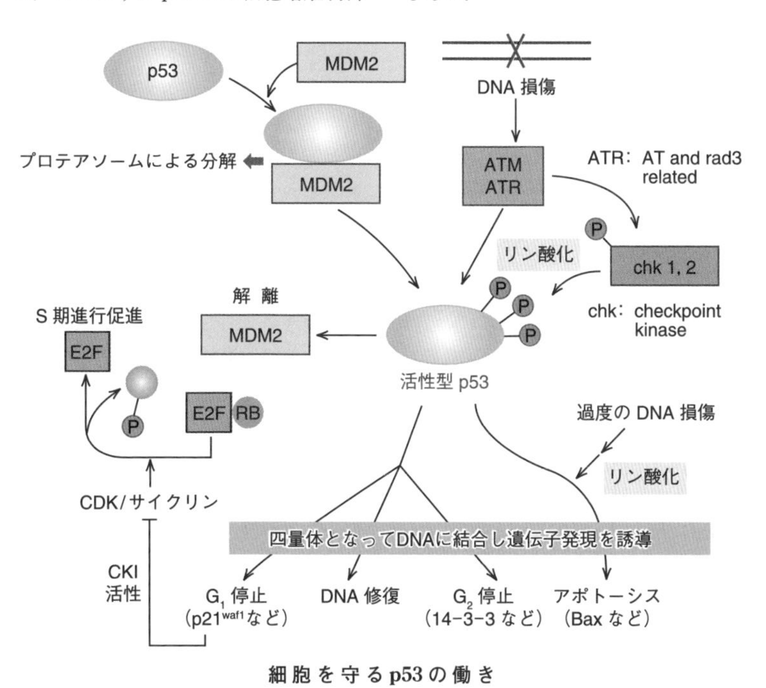

細胞を守る p53 の働き

ミトコンドリアに到達したアポトーシスシグナルはBid，Puma，Noxaといった**BCL-only**因子群を活性化し，それらによって活性化したBak，Baxがミトコンドリア膜の透過性を高めて**シトクロム*c***を外に漏出させ，このシトクロム*c*がアポトーシス実行の直接の引き金となる．実行カスパーゼは細胞構造を破壊し，DNA分解酵素の一種である**DNアーゼ*γ***を活性化し，その結果，アポトーシスは**クロマチン凝集**，核の断片化，**クロマチン断片化**，細胞構造の崩壊と食細胞による消化という順序で進む．

コラム29

細胞の老化はどうして起こるのか

細胞の**老化**は形態変化，*β*-ガラクトシダーゼの蓄積，クロマチン修飾の変化，DNA損傷・応答の低下，そして代謝の変化などとしてとらえることができる．細胞老化を説明する仮説に**プログラム説**と**エラー破局説**（あるいは“すり切れ説”）がある．プログラム説は“正常なヒト培養細胞は約50～60回しか分裂しないという事実に基づく．この説の分子生物学的根拠に，細胞分裂に伴う**テロメアの短小化**，テロメラーゼの発見，そしてがん細胞はテロメラーゼが多いという事実がある（§5・9）．**テロメラーゼ**の強制発現により細胞の寿命が延びることも確認されている．細胞に組込まれている仮想の**分裂時計**がテロメアで，テロメラーゼが時計針の進み具合を調節しているという考え方である．

エラー破局説は高分子の合成ミス，具体的には遺伝子に生じる変異の蓄積によって細胞が死滅するという仮説である．老化した培養細胞にはちぎれた微小染色体が多く，ハエや線虫からは寿命を変化させる遺伝子が単離されている．老化が早く進むマウスでは体細胞突然変異の蓄積が早くなるという現象や，ミトコンドリアゲノムの複製開始領域に加齢に伴って変異が蓄積する現象なども知られている．そうすると変異を修復する機能が細胞の老化に関わるという仮説が可能になるが，興味深いことに，短命を招くヒトの遺伝病の多くで，**DNA修復関連遺伝子**に原因がある［**ウェルナー症候群**（**RecQ様ヘリカーゼ**），**コケイン症候群**や**色素性乾皮症**（除去修復関連酵素），毛細血管拡張性失調症（**AT**，p53依存細胞傷害経路で働くキナーゼ）など］．

細胞老化の原因をストレスを受けた結果ととらえることもでき，**ストレス要因**としては**活性酸素**の発生やテロメアの短縮が考えられる．DNA傷害性ストレスを受けた細胞では**p53**の活性化や**p21**，さらには**RB**の活性化を受けて細胞増殖が抑制され，それが細胞老化を誘導する．低栄養が生物の寿命を延ばすことが知られているが，富栄養状態ではミトコンドリアで大量にエネルギーがつくられ，このとき副産物としてDNA損傷の原因ともなる活性酸素が大量に発生する．

16・3　細胞内シグナル伝達

細胞内シグナル伝達は作用物質（**リガンド**）が細胞の受容体（**レセプター**）に結合することから始まり，リガンド応答が起こるかどうかは受容体と細胞内シグナル伝達装置の有無によって決まる．受容体は基本的には細胞膜にあるが，**脂溶性ホルモン**（性ホルモンや甲状腺ホルモンなど），**ビタミンAやD**といった**脂溶性ビタミン**，そして**レチノイン酸**などは細胞に直接入って**核内受容体**に結合し，その複合体がDNAに結合することによって転写を直接制御する．細胞膜にある受容体は**キナーゼ型受容体**，**Gタンパク質共役型受容体**，**イオンチャネル型受容体**に分けられる（図16・4）．キナーゼ型受容体は**チロシンキナーゼ**とTGF-βファミリー受容体のような**セリン-トレオニンキナーゼ**に分類される．**Gタンパク質**（GTP結合タンパク質）共役型受容体に結合するものとして**三量体Gタンパク質**と**低分子量Gタンパク質**（**Ras**ファミリー，Rhoファミリー，Rabファミリー）群がある．

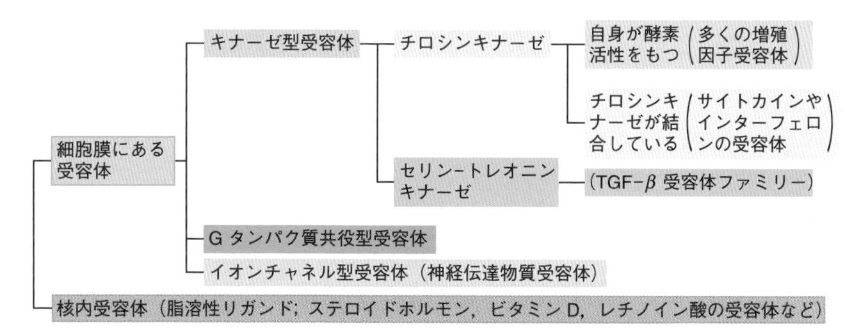

図16・4　細胞内シグナル伝達に関与する受容体

受容体がリガンドと結合した後の過程にもさまざまな様式がある（図16・5）．受容体に結合する酵素が別の酵素に作用し，それがまた次の酵素に作用する**カスケード**（反応の連鎖）を形成するものがある．チロシンキナーゼ受容体-MAPキナーゼカスケードでは，リガンドが結合して活性化したチロシンキナーゼがGタンパク質である**Ras**を活性化し，**Raf**（MAPKKK），**MEK**（MAPKK）が順次リン酸化され，最終的に**MAPキナーゼ**（**MAPK**）がリン酸化される．酵素活性で修飾された分子が新たな活性化因子である**セカンドメッセンジャー**［**cAMP**，**ジアシルグリセロール**（DG），**イノシトールリン脂質**，**カルシウムイオン**など］を動員する場合がある．cAMP系ではGタンパク質を介して**アデニル酸シクラーゼ**が活

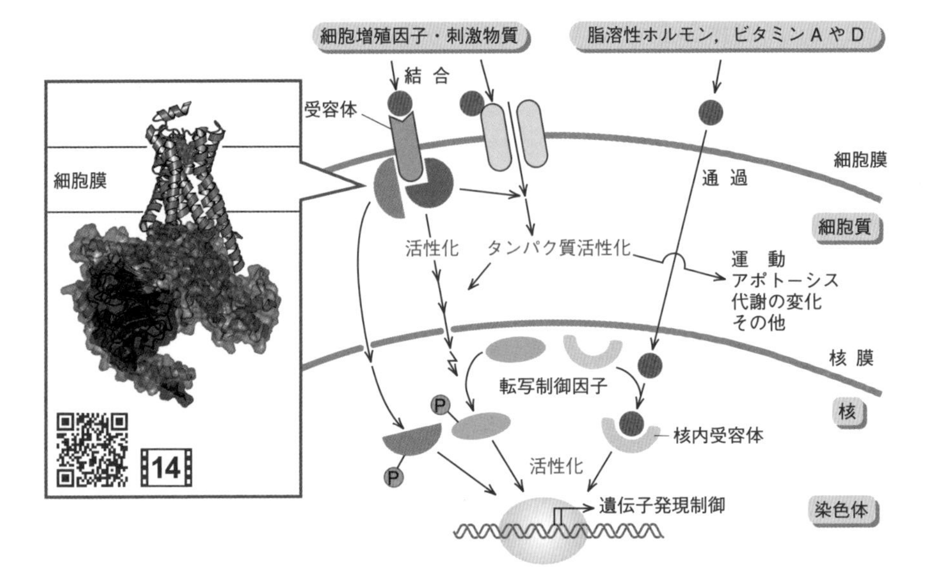

図16・5　細胞外情報の細胞内での伝わり方

性化されてcAMPが産生される．cAMPは**Aキナーゼ**を活性化し，活性化されたAキナーゼがさまざまなタンパク質をリン酸化する．DG系では**Gタンパク質共役型チロシンキナーゼ**が**ホスホリパーゼC**を活性化する．この酵素がイノシトールリン脂質に作用するとイノシトールリン酸とDGがつくられ，**イノシトール1,4,5-トリスリン酸**は特異的受容体への結合を介して細胞内にカルシウムイオンを動員させ，DGは**Cキナーゼ**を活性化する．

細胞内シグナル伝達では，活性化されたキナーゼの影響でさまざまな細胞現象が起こる．標的の大部分は**転写因子**で，その場合は結果として遺伝子発現状態が変化する（第8章）．カルシウムイオンも転写因子を活性化する**カルシウム依存カルモジュリンキナーゼⅡ**（**CaMKⅡ**）を活性化する．**STAT**は**インターフェロン受容体**と**JAK**（ヤヌスキナーゼ）と結合しているが，JAKによってチロシンのリン酸化されたSTATが核に移行し，DNAに直接結合して転写を活性化する．**TGF-β受容体**は**SMAD**をリン酸化し，活性化されたSMADが核に移行して間接的にDNAに結合し，転写を制御する．

16・4　がん遺伝子・がん抑制遺伝子の発見

がんは増殖能が制御を逸脱して高まった変異細胞である．ある種のがんはウイルスにより起こるが（表16・2），そのなかでもレトロウイルスはがん研究に重要な役割を果たしたという意味で特別な存在である．**レトロウイルス**は感染後，**逆転写酵素**によりゲノムRNAがDNAに変換され，染色体に組込まれる．組込まれたDNA（**プロウイルス**）から転写と翻訳が起こり，子ウイルスが細胞を殺さずに出芽形式で放出され続ける（図16・6）．プロウイルスの両端には**末端反復配列**（**LTR**）があり，**トランスポゾン**としての構造的特徴をもつ（§12・5）．レトロウイルスは増殖に必須な3個の遺伝子（*gag*，*pol*，*env*）をもつが，ウイルスによってはそれ以外(あるいはその代わり)に細胞増殖を推進させるように働く遺伝子，いわゆる**がん遺伝子**をもつ場合があり，そのようなウイルスが感染すると細胞はがん化する．ウイルスのもつがん遺伝子を一般に **v-*onc*** という．H. E. Varmus（ヴァーマス）と J. M. Bishop（ビショップ）はがん遺伝子v-*onc*とそっくりの遺伝子 **c-*onc***（**がん原遺伝子**）が宿主染色体内

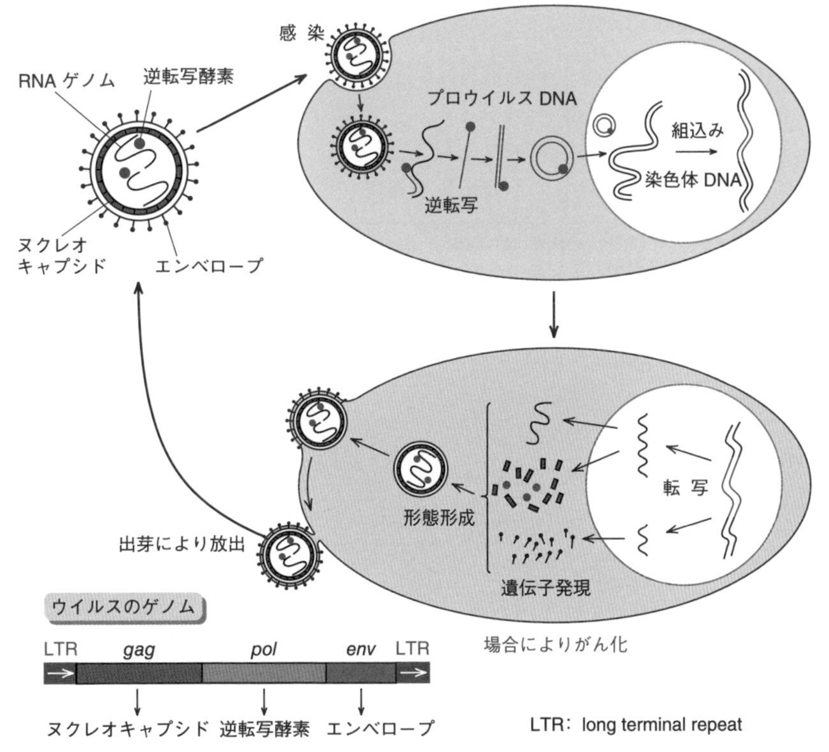

図16・6　レトロウイルスの生活環　内部にがん遺伝子を含むと，細胞をがん化させる．LTRをもち，トランスポゾンとしての構造的・機能的特徴（ウイルスDNAの染色体DNAへの組込み）をもつ

表 16・2　動物のがん（腫瘍）ウイルス

ウイルス名	自然宿主	自然宿主における発がん	腫瘍の種類†
DNA 型ウイルス			
アデノウイルス	ヒト	−	肉腫
パピローマウイルス	ヒト	+	乳頭腫，子宮頸がん
ポリオーマウイルス	マウス	−	がん，肉腫
SV40	サル	−	肉腫
JC ウイルス	ヒト	−	肉腫
EB ウイルス	ヒト	+	バーキットリンパ腫
単純ヘルペスウイルス	ヒト	−（+？）	肉腫（子宮頸がん？）
伝染性軟疣種ウイルス	ヒト	+	軟疣種（いぼ，良性）
B 型肝炎ウイルス	ヒト	+	肝細胞がん
RNA 型ウイルス			
ラウス肉腫ウイルス	トリ	+	肉腫
白血病ウイルス	トリ	+	白血病
白血病ウイルス	マウス	+	白血病
肉腫ウイルス	マウス	+	肉腫
T 細胞白血病ウイルス	ヒト	+	白血病
C 型肝炎ウイルス	ヒト	+	肝細胞がん

†　肉腫，がん，白血病はそれぞれ結合組織，上皮組織，血液細胞に起こった悪性腫瘍をさす．自然宿主における発がん性のないものは，実験的に動物にできるがんについて示してある．？は疫学的に疑われているもの

表 16・3　がん遺伝子とがん抑制遺伝子

遺伝子名	産物の性質・機能・発現部位	遺伝子名	産物の性質・機能・発現部位
がん遺伝子		**がん抑制遺伝子**	
sis	増殖因子，PDGF β 鎖	*RB*	網膜芽細胞腫，転写を抑制
src	非受容体型チロシンキナーゼ，神経系	*WT*	ウィルムス腫瘍，転写を抑制
abl	リンパ球に発現	*APC*	大腸がん
H-*ras*	膀胱がん，G タンパク質	*p53*	転写因子，細胞周期調節
K-*ras*	大腸がん，G タンパク質	*NF-1*	神経線維腫症
jun	核内転写因子，*fos* 産物と結合	*K-rev1*	K-Ras に拮抗
myb	核内転写因子，赤芽球	*VHL*	フォン・ヒッペルリンドウ病，抗転写伸長
erbA	核内転写因子，甲状腺ホルモン受容体	*Brca*	乳がん，DNA 損傷修復など

にあることを発見したが，c-*onc* は転写活性化因子の遺伝子であったり，細胞増殖因子やその受容体の遺伝子であったり，細胞内情報伝達因子の遺伝子であったりと，いろいろである．強い活性を恒常的にもつように変異した c-*onc* がウイルスゲノムに取込まれたものが v-*onc* と考えられる．

レトロウイルスの研究から**がん遺伝子**という概念が確立し，またがん遺伝子の本来の役割が，細胞増殖や遺伝子発現の正常な制御であることもわかった．それらの質的あるいは量的不均衡ががんという表現型を生む．R. A. Weinberg(ワインバーグ) らにより初めて細胞のがん遺伝子が単離されたが，それは **Ras** とよばれる細胞内情報伝達に関連するタンパク質に，点変異が起こったものであった．ある種の発がん性レトロウイルスはこの変異した *ras* 遺伝子をもっている（表 16・3）．がん遺伝子に拮抗する遺伝子（**がん抑制遺伝子**）もあるのではないかと考えられ，*ras* に似ている遺伝子である *K-rev1* が発見された．現在まで多くのがん抑制遺伝子が見つかっており，一つの発がんに複数のがん原遺伝子，がん抑制遺伝子の発現変化や突然変異が関与し，同じがんでも悪性度が異なるという事実が明らかになっている（**発がんの多段階説**，図 16・7）．がんは遺伝しないが，なかには**遺伝性がん**，あるいは**家族性がん**といわれるものがある［例：家族性大腸ポリポーシス（*APC* の変異），遺伝性乳がん（*BRCA1*/*BRCA2* の変異），ウィルムス腫瘍（*WT* の変異）］．

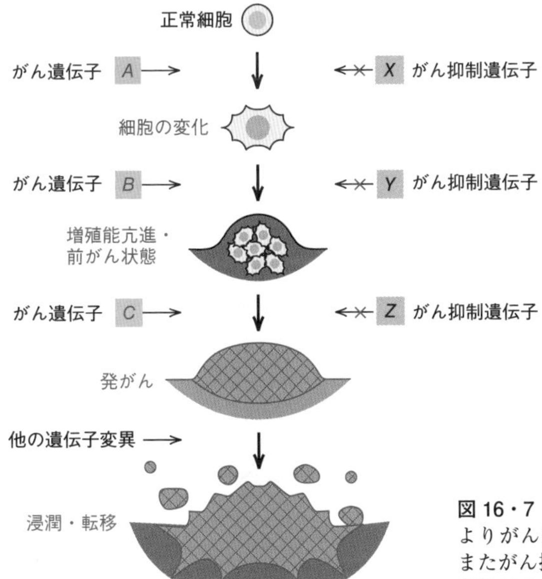

図 16・7 発がんの多段階説 変異によりがん遺伝子 *A*，*B*，*C* が活性化し，またがん抑制遺伝子 *X*，*Y*，*Z* が不活性化されて，細胞の悪性度が増大する

16・5 免疫応答の多様性

ヒトは一度はしかにかかると二度とかからなくなる．この病気を免れる現象を**免疫**という．広義には病原体や異物などの非自己物質を排除する能力をすべて免疫といい，多くの生物が生まれたときからもつ普遍的な**自然免疫**と，脊椎動物の体内で強く誘導されて**免疫記憶**を伴う**獲得免疫**に分けられる．獲得免疫の一つである感染免疫では，病原体が体内に入るとそれに結合する新規の**免疫グロブリン**が**Bリンパ球**（**B細胞**）でつくられる．これが**抗体**であり，抗体をつくるもとになったものを**抗原**という．抗原と抗体の反応は特異的である．非自己の抗原にはいろいろな種類がありうるので，抗体とその遺伝子もそれに応じて多数用意されているはずである．抗体遺伝子は可能なかぎり多種類用意されていなくてはならないが，ヒトの全遺伝子数は約2万個と有限であり，抗体分子（遺伝子）の多様性がどう生まれるかは長い間謎であった．

メモ16・1　**LOH**

染色体不安定性が原因で片側アレルが失われた状態を**ヘテロ接合性喪失**（**LOH**）という．LOHががん抑制因子に生じると，即座にそれにあたるがん抑制因子機能が細胞から消失する．LOHは多くのがんにみられる．

コラム30

エイズとヒト免疫不全症ウイルス

エイズ（**AIDS**，**後天性免疫不全症候群**）は免疫機能の低下をきっかけに，真菌症，がん（**カポジ肉腫**）を発症し，やがて神経症状を呈して衰弱し，発病後10年以内に死亡する疾患である．1983年，患者からレトロウイルスの一種HIV-1（ヒト免疫不全症ウイルス1型）が発見され，その後の疫学的研究からエイズの病原体とされた．エイズウイルスはレトロウイルスの一種で，ヒトの**CD4陽性ヘルパーT細胞**（リンパ球）に感染後，染色体に組込まれる．感染後しばらくすると患者のつくる抗体（免疫）によりウイルスは検出できなくなり，ウイルスは潜伏する．この期間は数年から10年くらいとされているが，何らかの原因で免疫システムが弱まるとウイルスが増殖し，それとともにCD4陽性リンパ球が破壊され，全身の免疫力が低下してエイズになる．HIV-1はウイルス粒子の形態的特徴から**レンチウイルス**というサブグループに属する．

AIDS: acquired immunodeficiency（immune deficiency）syndrome

利根川 進はこの問題を，抗体の遺伝子構造を調べることにより解決した（図16・8）．抗体は，分子ごとで異なる**可変部**と，タンパク質としてのおおまかな性質（IgM，IgG といった**抗体のクラス**）を決めている**定常部**からなる．重鎖の場合，可変部はさらに N 末端より V，D，J（軽鎖は V，J）の各領域からなる．これらの遺伝子に関し，最初に免疫グロブリン遺伝子の数は少ないことがわかった．リンパ球に成熟する前の未分化細胞では V 領域と C 領域ははるか離れたところにあり，重鎖遺伝子の場合はその間に D 領域と J 領域とがやはり離れて存在している．しかし成熟した B 細胞（形質細胞）では V 領域と C 領域は組換えを起こして接近している．D 領域と J 領域に相当する DNA も異なるものが多コピー存在するが，これも組換え［**V−（D−）J 組換え**］の結果，各 1 個ずつが選択される．一つのリンパ球では，数百個ある V 領域から一つの V 領域が選ばれ，D 領域と J 領域も多くの中から 1 個ずつ選ばれ，抗体遺伝子の再構築が行われる．これで抗体の多様性は数千となるが，V–J 領域の組換えで不等交差が起こるため多様性はさらに 1 桁上がることになる．抗体分子は重鎖と軽鎖の 2 種類からなるため，最終的にできる抗体分子は各鎖の組合わせの数だけ可能で，その多様性は数百万から 1 千万にもなること

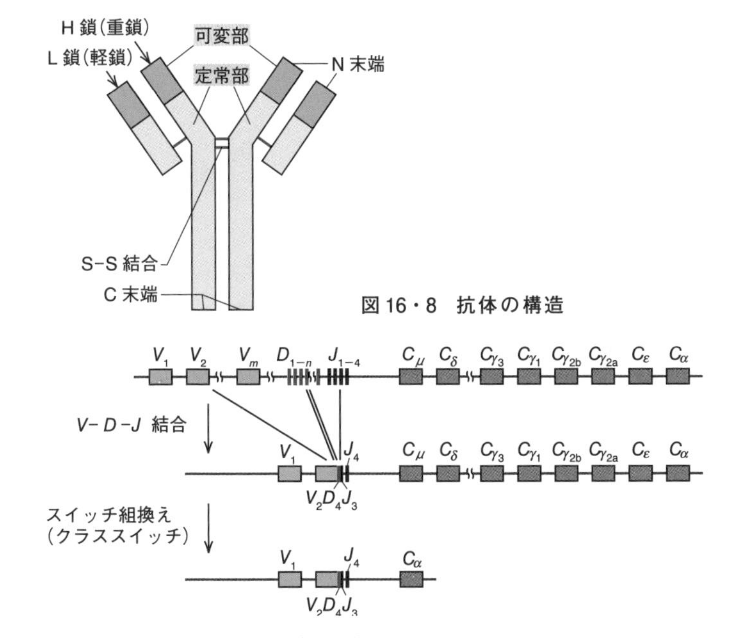

図 16・8　抗体の構造

図 16・9　マウス免疫グロブリン重鎖遺伝子の再配列の例

がわかった．さらに，遺伝子再編時には高頻度で点変異やRNA編集も起こり，特異性はさらに1万倍以上に高まる．無限とも思える抗体分子の多様性が生まれる仕組みはこのようになっていたのである（図16・9）．T細胞受容体も類似の機構で多様性を獲得する．

16・6　発生：受精卵が成体になる過程

1個の受精卵から個体ができる**発生**は，受精卵が細胞分裂を繰返し細胞数を増やす時期（**初期胚形成**），細胞の**分化**が進み細胞に個性が生じる時期，**形態形成**が進む期間，そして統率のとれた器官形成を経て成体が完成する時期というように段階的に進む．ショウジョウバエで触角が足になった変異体**アンテナペディア**が発見され（図16・10），その遺伝子*Antp*も同定されたが，その遺伝子産物が**転写制御因子**であったことから，発生に転写制御因子が関与することが明らかにされた．昆虫の身体には節があり，上のような変異は体節の特徴が変化するので，**ホメオティック変異**といわれる，それに関係する遺伝子の多くは**ホメオボックス**といわれる共通配列をもち，**ホメオボックス遺伝子**と総称される．

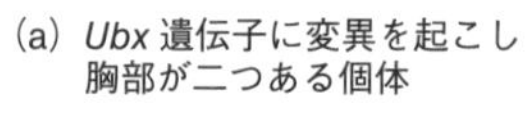

(b) *Antp*遺伝子に変異をもち，触角が
脚に変わった個体

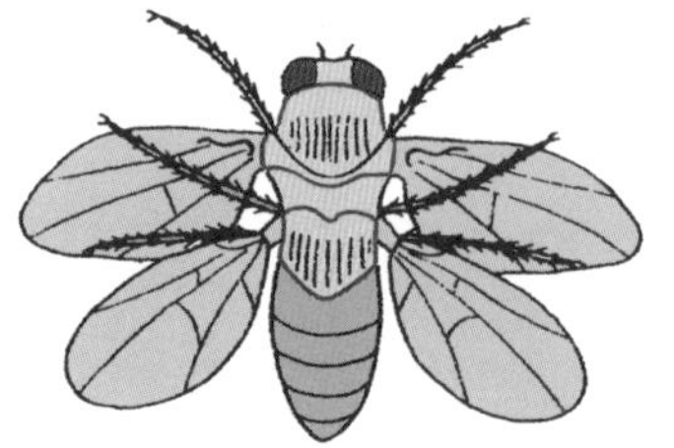

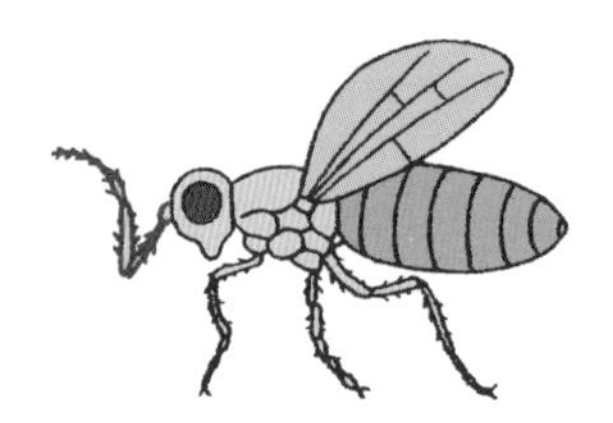

図16・10　ショウジョウバエのホメオティック変異

形態形成遺伝子には体節が減少する**フシタラズ***ftz*といわれる**ペアルール遺伝子群**に属する遺伝子もあり，より上位で遺伝子発現を制御している．さらに上位の遺伝子として，胚を大まかに領域化する**ギャップ遺伝子群**に属する遺伝子も知られており，それら全体が階層性を成している（図16・11）．さらに，最初の体軸決定には受精卵に含まれる**ビコイド**や**ナノス**といった**母性効果遺伝子**の産物の細胞内濃度差が影響していて，それがギャップ遺伝子の発現を支配している．形態形成遺伝子には，増殖因子など別のクラスのものもある．ホメオボックス遺伝子に相当するものは哺乳類や植物にもあり，哺乳類では***Hox***とよばれるクラスター（遺伝子の集

団）を形成しており，遺伝子の種類と並び方がショウジョウバエと似ていて，これら遺伝子群の進化的保存性が確かめられている．

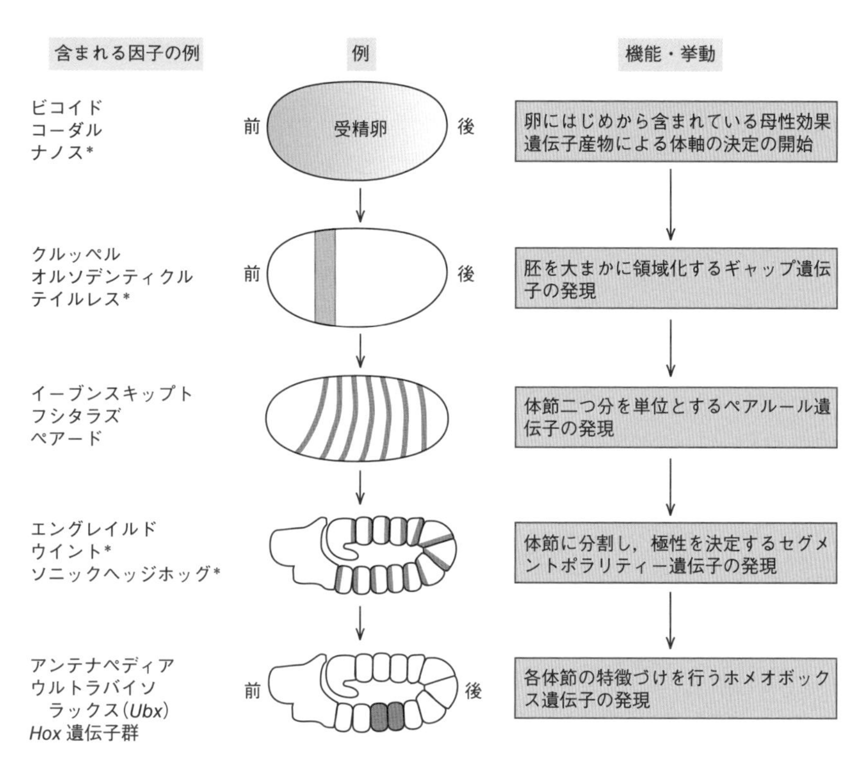

図 16・11　ショウジョウバエ発生における形態形成遺伝子発現の順序
赤色の部分で遺伝子産物が発現する．＊は転写制御因子以外の因子

16・7　分化: 個性をもつ細胞ができる

発生初期，胞胚まで（**初期胚**の時期）の細胞では，分裂しても胚全体の容積は変化しないため，細胞は分裂に従ってどんどん小さくなる．この時期まで，細胞にはこれといった特徴がみられないが，その後は胚のさまざまな部位で個性をもった多様な細胞（例: 筋肉前駆細胞，神経前駆細胞）がつくられる．このように個性をもった細胞が生成する過程を**分化**という．分化は成体中のさまざまな場所でも起こっており，**再生**といわれる．

分化細胞をつくるもとの細胞を**幹細胞**という．幹細胞は自己複製能と分化能をもち，内外の増殖刺激要因の分布の偏りによって**非対称分裂**が起こり，分化細胞が生成する．ショウジョウバエの**神経芽細胞**から神経細胞やグリア細胞ができる場合，神経芽細胞では細胞運命決定因子である転写因子 **Prospero** や **Notch シグナル**の制御分子の Numb が非対称に分布する．

どれだけ多くの種類の分化細胞をつくれるかによって幹細胞を分類することができる．**単能性幹細胞**は 1 種類の細胞しかつくらないが，**多能性幹細胞**は多くの分化細胞をつくる．多能性幹細胞には成体では**骨髄間葉系細胞**などが，胚では胞胚の内部細胞が相当するが，後者はほとんどの種類の細胞に分化することができ，一般には**万能細胞**とよばれる．胞胚の内部細胞を培養化した **ES 細胞**（**胚性幹細胞**）は人為的にいろいろな組織に分化させることができる．受精卵や植物細胞のように完全な個体になることができるものは**全能性細胞**という．発生の場合と同様，分化でも**転写制御因子**が重要な働きを示し，幹細胞や未分化状態の維持には Nanog や Oct-4 といった転写制御因子が役割を果たす．

IV

核酸に関わる分子生物学的技術

17

DNAの基本的な取扱いと分析

17・1 DNAの抽出と検出

DNA実験は細胞からDNAを取出す（抽出する）ことから始まる．まず激しいすりつぶし操作で細胞を機械的に壊す．細胞破壊液に界面活性剤の**SDS**（ドデシル硫酸ナトリウム）を加えるとほとんどのタンパク質が溶解するが，食塩（NaCl）や**EDTA**（エチレンジアミン四酢酸）などのキレート試薬はこの効果を増進する．次に核酸とタンパク質の混合液にフェノールを加えて混ぜる．**フェノール**はタンパク質を不可逆的に変性（§4・4）させて水不溶性とする．これを遠心分離するとDNAが水層（上層）に集まるので，水層を取出してエタノールを加える．DNAはエタノールに溶けず，白い沈殿となって析出するので，集めた後，適当な溶液に溶かす．この核酸溶液中にはRNAも混入しているため，DNAだけにするには後述するようにRNAとDNAを分離するか，**RNA分解酵素**である**RNアーゼ**（RNase）でRNAを分解する（図17・1）．

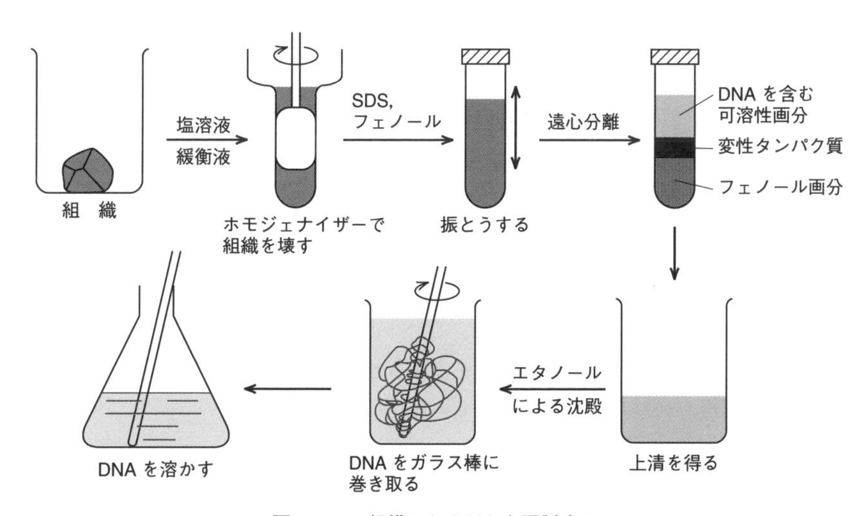

図17・1　組織からDNAを調製する

DNAを溶液状態で安定に保存するために，1）力学的切断（剪断(せん)ともいう）が起こらないよう激しく振とうせず，2）温度を低くし，3）pHを中性に保ち，4）NaClなどの塩を加え，5）**DNA分解酵素**である**DNアーゼ**（DNase）が働かないように注意を払う．DNアーゼ（Mg^{2+}やMn^{2+}といった二価金属イオンを必要とする）を不活化するためには**キレート試薬**を加える．RNAの抽出も，pHを少し低く設定（pH 5.5）することを除けばおおよそはDNAのための方法に準ずる．

メモ17・1　**界面活性剤とキレート試薬**

界面活性剤には，SDSのような陰イオン性で強力な作用をもつものや，作用の弱い非イオン性のものまでさまざまな種類がある．分子内に水に溶ける極性基と溶けにくい非極性基をもつため，水と油の両方に溶け，水と油の界面を消して互いに混ざるように作用する．EDTAは**キレート試薬**として代表的なもので，ほかにクエン酸，EGTAなどがある．分子内のカルボキシ基で金属原子（Mg^{2+}など）と大きな化合物（錯体）をつくって金属を分子内に閉じ込める．

メモ17・2　**分光光度計による濃度の測定**

吸光度（absorbance）からAと略す．ほかに光学密度（optical density）からODとも表す．なお，

$$A = \log \frac{I_0}{I} = \varepsilon l c$$

I_0＝入射光の強さ，I＝溶液を通過した後の光の強さ，
A＝吸光度（OD），ε＝モル吸光係数（L/mol･cm），
l＝光路長（cm），c＝モル濃度（mol/L）

の関係がある（**ランベルト・ベールの法則**）．

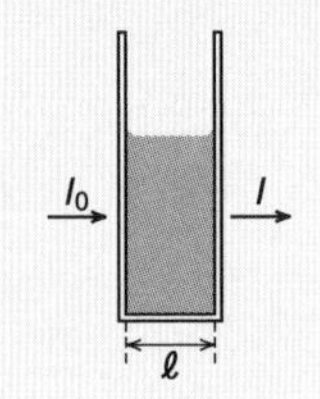

核酸は260 nmの**紫外線**を強く吸収する（§3・5）．濃度が1 μg/mLの二本鎖DNAの場合，260 nmの吸光度（OD）は約0.02なので，DNA濃度を260 nmの**吸光度**から求めることができる．一本鎖DNAのOD値は二本鎖の1.25倍，RNAは部分的二本鎖領域を分子内にもつので，この中間の値となる．**臭化エチジウム**（図17・2参照）と結合したDNAは紫外線を受けるとオレンジ色の蛍光を放出するため，この物質をDNAの検出に使うことができる．

17・2　安定なDNAと不安定なRNA

DNAは安定で扱いやすいが，RNAは比較的不安定である．**RNA**は通常一本鎖

でコイル状になっており，溶液にはDNAのような粘性がなく，物理的に切れにくいが（45S rRNAでさえもふつうのピペット操作では切れない），糖の2′位がOHのために化学的には不安定で，アルカリ溶液中（たとえば0.1 M NaOH）ではヌクレオチドにまで加水分解される．生物学的にみても，RNAはRNA分解酵素（RNアーゼ）により速やかに分解される運命にある．細胞内RNAの半減期は数時間から数日程度であり，なかには数分という短いものもある．RNAを細胞から抽出する場合には，RNアーゼが作用しないような強力なタンパク質変性剤（例：グアニジン塩酸塩）を加え，作業中は手袋を用い，汗などの体液（RNアーゼを含む）をつけないよう，細心の注意を払う．

17・3　核酸同士を分離する方法

a. 遠心分離機を用いて分ける　超遠心分離機を用いて核酸を毎分20,000～150,000回転で遠心分離すると，1万塩基長のDNAを数時間のうちに遠心管の底に沈降させることができる．分子が小さいほどゆっくり沈降するため，核酸を大きさ（あるいは沈降係数）に従って分離することができる．

DNAとRNAの分離には高濃度の**塩化セシウム**を遠心分離の溶媒に用いる．密度1.8 g/cm^{3}という濃い塩化セシウム溶液でもRNA（比重＝1.9）は沈殿するが，DNAは相対的に比重が小さく（比重＝1.7）沈殿しない（**平衡密度勾配遠心分離**）．同じ大きさのDNAでも，比重の違いによって分けられる（GC含量が高いほど比重も高い）．閉環状DNAと線状（あるいは開環状）DNAでは，後者の方が臭化エチジウムが結合しやすい．その結合によりセシウムイオンがDNAに入りにくくなり，比重が小さめになる．この状態で塩化セシウム平衡密度勾配遠心分離を行うことにより，閉環状DNAと線状DNAを分離できる（図17・2）．

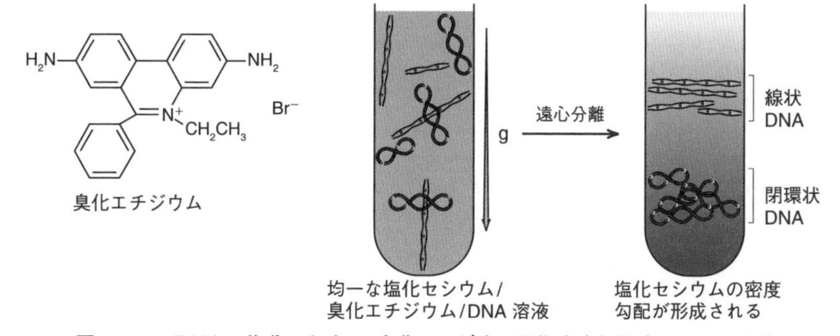

図17・2　DNAの塩化セシウム/臭化エチジウム平衡密度勾配遠心による分離

b. 電気泳動で分ける　核酸は強く負に荷電しており，電圧のかかっている場所（電場）に置くと陽極に向かって動く．物質を電気的に移動させ，それにより物質を分離・分析する技術を**電気泳動**という．核酸の電気泳動の場合，その担体（保持材）として，小さな核酸の分離には高分子化したアクリルアミド（**ポリアクリルアミド**）のゲル（メモ17・3参照）を，大きな核酸の場合には**アガロース**（精製された寒天）のゲルを用いる．ゲル中では大きな分子ほど移動しにくいので，核酸は分子量の小さい順に分離される（図17・3a）．電気泳動は遠心分離よりも分離精度がよく，1塩基長の違いも分離できる（図17・3b）．核酸は含まれる塩基配列により，分子内でさまざまな二次構造をとったり，折れ曲がったりするため，このような特異的二次構造に基づいて，核酸を分子形態で分けることもできる．核酸にタンパク質が結合すると電気泳動に時間がかかるので，核酸に結合するタンパク質を調べることもできる[電気泳動移動度シフト解析（**EMSA**），**ゲルシフト法**．図17・4]．ゲルに変性剤を加えてDNAを電気泳動するとDNAを一本鎖として分離でき，**変**

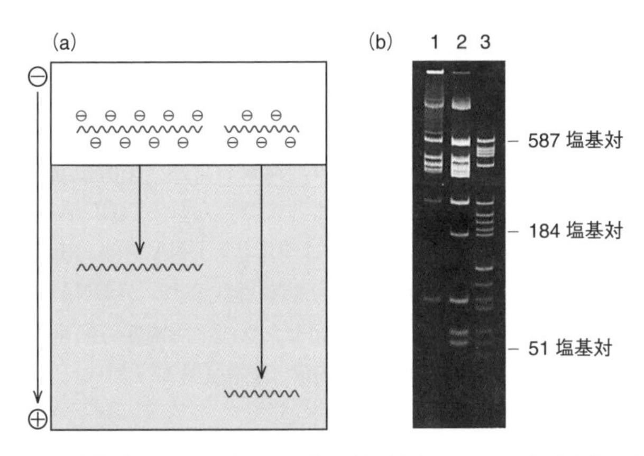

図17・3　ゲル電気泳動による核酸の分離　(a) 低分子DNAほど速く（＋）側に移動する．(b) 写真はさまざまな長さをもつ線状DNAを10%ポリアクリルアミドゲル電気泳動で分離した例．レーン3はpBR322 DNAを制限酵素*Hae* Ⅲで切断したもの

メモ17・3
ゲルとゾル

ゲル（gel）は**ゾル**（sol，高分子の物質が液体中にコロイド状に分散し，流体の性質をもつ状態）に対する用語．分子が凝集し，網目状構造をとり，中に大量の溶媒を保持した固体の状態．生卵や溶けた寒天はゾルで，ゆで卵や固まった寒天はゲルである．

性剤として尿素やホルムアミド，ホルムアルデヒドなどが用いられる．DNAの長さが数万塩基長以上になると，どのようなDNAも進行方向に線状に並ぶので大きさによる分離が困難になる．そこで，電圧をかける方向を短時間・周期的に変えながら電気泳動をすると分子ふるい効果が発揮され，数十万～百万塩基長のDNAでも分離できる．これを**パルスフィールド電気泳動法**という．

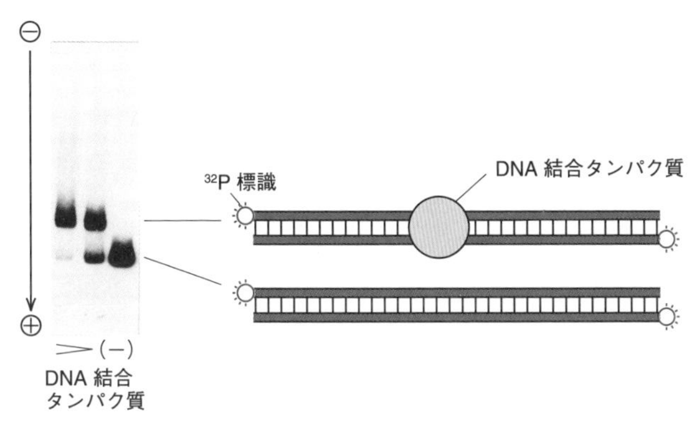

図 17・4　DNA結合タンパク質の検出：ゲルシフト法

17・4　放射能を使った核酸の検出

核酸を追跡・検出するには，**放射性同位体**（**ラジオアイソトープ**あるいは**RI**，表17・1）の使用が有効である．核酸の標識には，おもに ^{32}P が使われる．^{32}P は β 線（陰電子線）を出すので，ガイガーカウンターなどの検出器で簡単に検出できる．また放射線はX線フィルムを感光させるので，その存在を写真に撮って記録することもできる．組織内や電気泳動後のゲル内の標識物質の位置を写真で検出する技術を**オートラジオグラフィー**という（図17・5）．

表 17・1　生物学でよく用いられるRI

元　素	同　位　体	
	安定・基準	放射性(放射線，半減期†1)
水　素	^{1}H	トリチウム ^{3}H†2(β 線，12.3 年)
炭　素	^{12}C	^{14}C†2(β 線，5730 年)
リ　ン	^{31}P	^{32}P†2(β 線，14.3 日)
硫　黄	^{32}S	^{35}S†2(β 線，87.5 日)
ヨウ素	^{127}I	^{125}I(γ 線，60 日)，^{131}I(γ 線，8 日)

†1　半減期：放射性核種の原子核の数が半分に減衰するのに要する時間
†2　^{32}P，^{14}C，^{3}H，^{35}S などがおもに核酸の標識用に用いられる

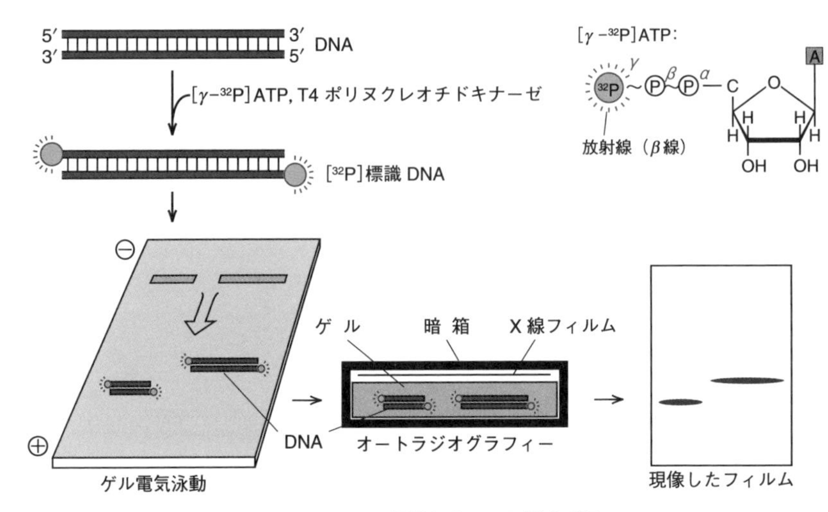

図 17・5　DNAのRI標識とオートラジオグラフィー

RIで標識された核酸が，細胞内でどのように代謝されて変化するかを調べる，**パルスチェイス法**という実験方法がある．細胞を短い時間だけRI標識し（パルス：“短時間”の意味），ついで同位体を除いて細胞を生育させる（チェイス：“追跡する”の意味）．この方法により，標識されたばかりの分子について，細胞内での大きさや分子形態の変化を追跡することができる．

17・5　ハイブリダイゼーションで未知DNAの所在を突き止める

a. ブロッティング　　§3・4で述べたように，同質・異質にかかわらず，一本鎖の核酸が相補性に従って二本鎖になる反応を**ハイブリダイゼーション**といい，相補性が100%でなくても起こる．DNAを酵素で切断した後でアガロースゲル電気泳動を行い，ゲル中のDNAを多孔質で親水性の**メンブランフィルター**に浸み込ませて移す．検体をこのようにしてフィルターに移すことを**ブロッティング**という．DNAを変性後，^{32}P標識した既知DNA［これを**プローブ**（探知針）という］を加えてハイブリダイゼーションを行い，未反応プローブを洗った後にフィルターをX線フィルムに乗せて感光させると，プローブがハイブリダイズしたDNAの位置を知ることができる．この方法は考案者の名前をとって，**サザンブロッティング**［あるいは**サザン**（Southern）**法**］とよばれる（図17・6）．RNAをゲル電気泳動して行う類似の方法を**ノーザンブロッティング**という．応用例として，組織中のRNA

の存在を検出する ***in situ***（"その場で" の意）**ハイブリダイゼーション法**や，蛍光色素をつけた DNA をプローブに用いる方法（**FISH 法**）もある．

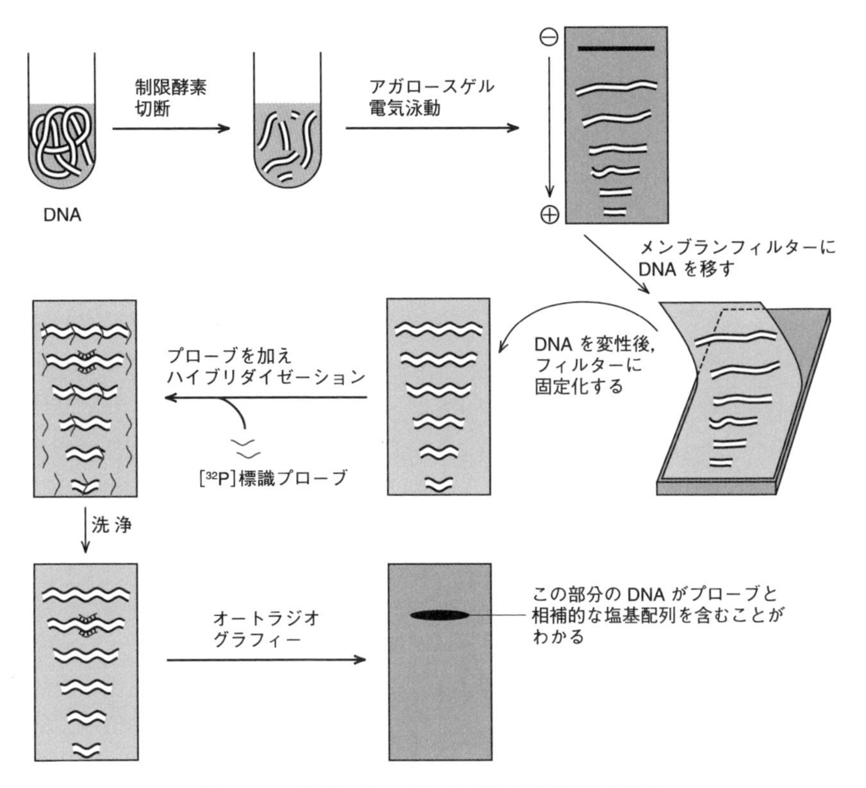

図 17・6　サザンブロッティングによる DNA の検出

> メモ 17・4　**サザン法，ノーザン法，ウェスタン法**
>
> ノーザン法はサザン法をもじった名称．同様の対応によりタンパク質を抗体で検出する方法は**ウェスタン法**という．DNA 結合タンパク質と DNA を反応させて検出するサウスウェスタン法や，タンパク質 A のブロットに対して A 結合タンパク質である B を反応させ，次に抗体で B を検出するファーウェスタン法などもある．

b. DNA マイクロアレイ　細胞で発現している遺伝子すべてをノーザンブロッティングで解析しようとすると数千から数万の個別の材料と装置を含む実験が

必要となり，非現実的であるが，この問題は**アレイ解析**をすることで解決された（アレイ＝列）. 解析のポイントはプローブと調べたい核酸の関係を逆にしているところで，フィルター側に非標識DNAを**プローブ**として貼付け，ハイブリダイゼーション溶液中にRNA混合物をもとに合成した蛍光化合物標識cDNA混合物（これをターゲットあるいは**キャプチャー**という）を用いる（図17・7）.

図17・7に示すように，各遺伝子の部分配列をもつDNAをガラス板などの基板にスポット状に付け，それに組織から抽出したmRNAをもとにつくった標識cDNAをハイブリダイズさせる. ハイブリダイゼーション・洗浄後にフィルターにレーザー光を当てると，発現遺伝子のスポットDNA部分には特定の標識cDNAがハイブリダイズしているためその部分で蛍光が光り，シグナルから発現遺伝子が特定できる. スポットのサイズをごく微細にして膨大な数の遺伝子を付着すれば発現遺伝子が同定できる. これが**DNAマイクロアレイ**で，結果はレーザーを照射した基板を顕微鏡で観察する. 酵母であれば1枚のアレイ基板ですべての遺伝子発現が一挙に解析でき，次世代シークエンサー（§17・7）が登場するまでは唯一の**ハイスループット**な（大規模，網羅的，高速な）遺伝子発現解析法であった.

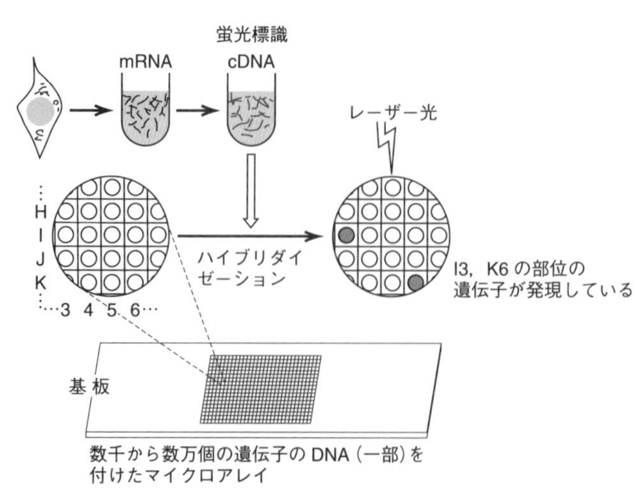

図17・7　DNAマイクロアレイによる遺伝子発現解析

17・6　DNA塩基配列の分析：DNAシークエンシング

古典的DNAの塩基配列分析法の一つは**マクサム・ギルバート法**で，DNAを塩基特異的に化学的に切断し，切断されて生じたDNA断片を電気泳動で分離する方法であった．もう一つの方法は，F. Sanger（サンガー）によって考案された塩基特異的にDNA合成反応を止め，それぞれの断片を電気泳動で分析する方法である．この原

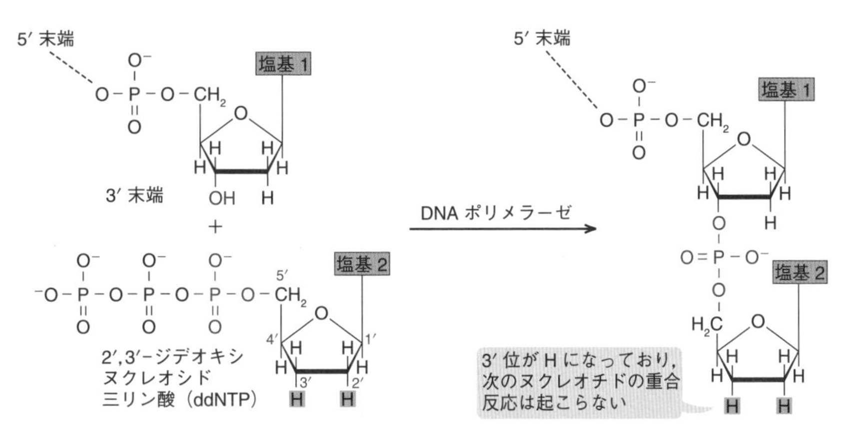

図 17・8　ジデオキシヌクレオチドによる **DNA** 鎖伸長反応停止の原理

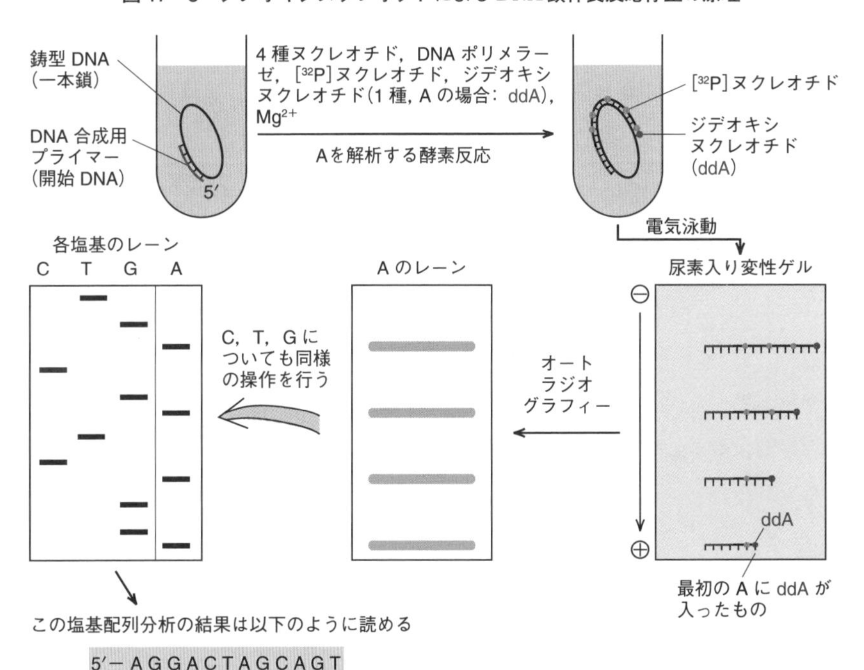

図 17・9　マニュアルで行うジデオキシ法による **DNA** 塩基配列の解析

理による初期の方法（旧サンガー法）は**プラス－マイナス法**（ヌクレオチドを加えたり除いたりするという意味）といわれる．その後Sangerは，DNA合成の鎖伸長の停止をより確実に行える**ジデオキシ法**（**サンガー法**）を開発し，この方法が標準的な古典的シークエンス法となっている．この方法では，DNA鎖伸長反応時に3′位と2′位両方の炭素のヒドロキシ基がデオキシ型になっているジデオキシヌクレオチド（**ddNTP**）を加える．ddNTPはDNAへの取込み反応には使われるが次のdNTPは結合できないので，鎖伸長を完全に止めることができる（図17・8，図17・9）．生成物は定法に従って分離・分析する．現在，この原理を取入れた塩基配列自動解析機（**DNAシークエンサー**，DNA sequencer）が広く使用されている（いわゆる**第一世代シークエンサー**）．

17・7 次世代シークエンサー

古典的な**DNAシークエンサー**で新規DNAの配列を決定しようとすると，まず遺伝子組換え操作でDNAを純粋に増やす必要があり，解析塩基数もそれほど多くない．そして，たとえ一度に30検体解析できたとしても，1日に10万塩基対（bp）程度しか解読できず，ヒトゲノム（30億bp）のような巨大なDNAを解読しようとすれば，機械を100台使ったとしても1.5年程度はかかる．実際には，遺伝子組

表17・2 シークエンサーの進化と概要

世代	分類	原理	リード長	リード数	DNA増幅	DNA合成	検出
第一	古典的	ジデオキシ法(サンガー法)を適用．蛍光基質による標識，キャピラリー電気泳動での分離	300～1500	1～30	必要／不要	必要	光
第二	NGS(次世代シークエンサー)	対象DNAの増幅とDNAポリメラーゼなどによる合成(連結)反応で生じるシグナルを検出	300～500	1×10^6～5×10^7	必要	必要	光
第三		1分子DNAをDNAポリメラーゼで検出し，生じる微弱なシグナルを検出	500～2500	1×10^7～1×10^9以上	不要	必要	光
第四	ナノポア	1分子の核酸が放つ塩基特異的な物理・化学的シグナルを物理的方法で直接検出	1×10^4～1×10^6以上	0.1～5 × 10^6以上(理論的に無制限)	不要	不要	電気的

NGS: next-generation sequencing

換え体の数が解析塩基数の3倍程度は必要なので，1人の研究者が気楽に行える操作ではない．

この状況を打破したのが2000年代中頃から使い始められている**超高速シークエンサー**で，古典的な初代シークエンサーに対して**次世代シークエンサー**（**NGS**）とよばれている．NGSにもいろいろな原理のものがあるが，最初に登場した第二世代シークエンサーは増幅したDNAをもとに酵素反応でDNA合成させるというもので，サンガー法は用いず，ヌクレオチド取込み反応の段階ごとに取込まれた塩基の種別を，反応により放射される光シグナルをリアルタイムでモニターすることで調べる．電気泳動による分離をせず，一度に膨大な数の試料を並列処理することにより，古典的シークエンサーとは比べものにならない高い能力を発揮する．

次に登場した第三世代シークエンサー（**第三世代NGS**）は，PCRもその後の酵素反応によるシグナルの発生と検出などもすべて行わず，1分子のDNAを微小な容器に入れてDNAをDNAポリメラーゼで合成させる．合成時に生じる微弱なシグナルを検出する，1分子リアルタイムシークエンサーであり，得られる個々の配列生データ（**リード**）の長さ（リード数）が長く，PCRによるバイアスが入らないという利点がある．

その後登場し，現在盛んに使われている第四世代シークエンサー（**第四世代NGS**）は，いわゆる**ナノポアシークエンサー**である．1分子DNAの1本鎖を微細孔（ナノポア）に通し，そのときに電場に置かれたイオンの流れが塩基特異的に影響を受けるのでそれを検出する（図17・10）．物理的方法だけで検出するシステム（=**プラットフォーム**）であり，理論上はリード長に制限がない．検出デバイスがきわめて小型なため，PCやスマートフォンにUSB端子でつないで使用でき，屋外でも使える機動性がある．RNAの直接解析もでき，ペプチド鎖のアミノ酸配列

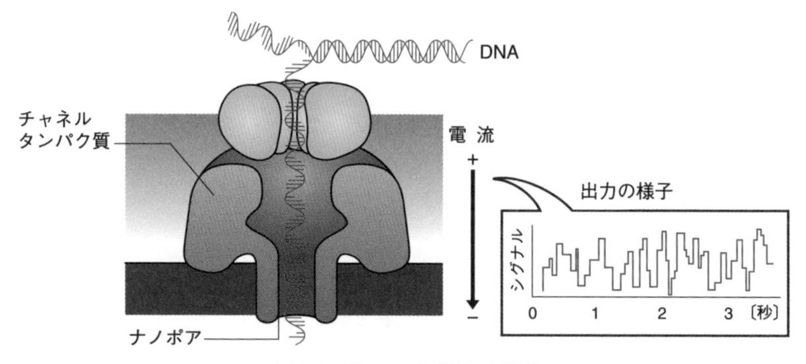

図17・10 ナノポアの構造

解析も可能といわれている．

以上のように，次世代シークエンサーはこれまでの機械とはまったく異次元のものであり，その利用は**全ゲノム解析**（**WGS**）に限らず多岐にわたっている（表17・2）．このなかには，細胞で発現する全 RNA 決定（**RNA Seq**，cDNA に変換した後で行う）や，ある DNA 結合タンパク質が結合するゲノム DNA/クロマチン DNA の全領域の抽出（**ChIP Seq**），膨大な数の生物間におけるある特定の DNA 領域の構造比較，自然界に生存する DNA クローニングや培養の困難な未同定生物集団の全ゲノム解析（**メタゲノム解析**）などが含まれる．

17・8　試験管の中で DNA を増幅する：PCR

DNA 合成を試験管内で行うときに必要なものは，二本鎖の鋳型 DNA，DNA ポリメラーゼとその補助因子である二価金属イオン，基質である 4 種類のヌクレオチド，そしてプライマー（一般的には短い一本鎖 DNA）である．耐熱性の DNA ポ

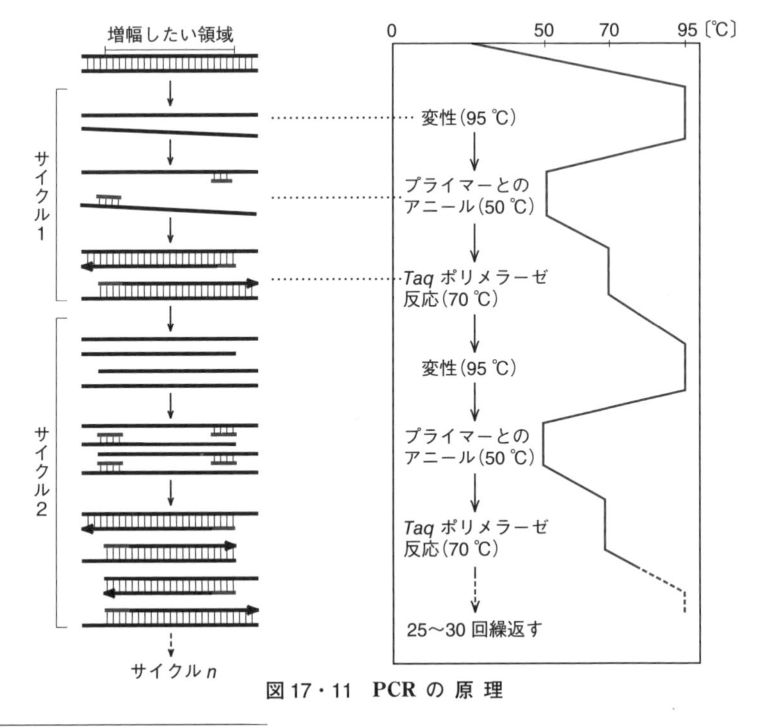

図 17・11　**PCR の原理**

WGS：whole genome sequencing

リメラーゼ（***Taq* ポリメラーゼ**など）を使用すると，温度を周期的に変化させるだけでDNAを短時間で大量に増やすことができる．この方法は**PCR**（polymerase chain reaction，**ポリメラーゼ連鎖反応**）といわれ，K. B. Mullis（マリス）らにより開発された（図17・11）．PCRでは，まず増幅したいDNAのそれぞれの両端の配列を含む2種類のプライマーを用意する．全体を熱してDNAを変性させ，少し冷やすとプライマーがハイブリダイズするので酵素反応が進む．各々のプライマーからDNAが合成されると，2分子の二本鎖DNAができる．溶液をまた熱してDNAを変性させ，少し冷やしてプライマーをハイブリダイズさせ，酵素反応を行わせるとDNAは4分子になる．この反応を繰返せば，DNAが指数関数的（$\times 2^1$，$\times 2^2$，$\times 2^3$，…）に増幅する．1分子のDNAを数時間で電気泳動で見える量にまで増やすことのできるPCRは，組換えDNAによらないでDNAを増やせる画期的な方法であり，1993年ノーベル化学賞が授与された．PCRはその後さまざまな方法との組合わせでその応用範囲を広げ，今や分子生物学研究になくてはならない方法になっている．DNA塩基配列がわかってさえいれば目的領域の両端にプライマーを設定し，任意のDNAを簡単に大量調製でき，逆転写酵素（§17・10）を使えばRNAからも大量のDNAを増幅することができる（これを**逆転写PCR**，**RT-PCR**という）．PCRは微量の特定DNAの存在を簡単に検出できるため，DNAの多型解析（§12・9），**DNA診断**（第20章），犯罪捜査などにも応用されるほか，変異プライマーやリンカー付加プライマーを使うことによりそれぞれ変異DNAや特定配列が付加されたDNAの作成にも使われる．

コラム31

デジタルPCR

PCRを行う場合，DNA濃度が極端に薄いと増幅産物を確実に検出することは現実的にはほぼ不可能である（例：10 μLに1分子のDNAが存在する試料から1 μLを分取し，10 μLの反応系でPCRを行う）．しかし10 μLを1 nLの微細な液滴（微分画）1万個に分けると，DNAが1分子入った1個の微分画と入っていない残りの9999個の微分画ができる．個々の微分画に対して超微量スケールでPCRを行うと，ほぼすべての微分画ではDNA増幅はみられないが，1分子のDNAが入った微分画ではDNA濃度がもとの1万倍に濃縮されたことになり，PCR産物がモニターできる量にまで増幅できる．この方法によって増幅結果が“有”か“無”のいずれかで得られるため，この方法を**デジタルPCR**という．正のデジタル信号は濃度に比例して増え，DNA絶対濃度も簡単に求められる．

17・9　定 量 PCR

PCRは鋳型DNAの量が多ければDNA増幅量も多くなるので，DNAの定量に使える．増幅量が増幅回数（サイクル）に比例して得られるのは，反応基質が十分にある初期のサイクル時だが，この時点では増幅量がまだ少なくゲル電気泳動での検出ができない．他方，サイクル数が多すぎると基質量の減少などによって反応速度が落ち，サイクル数に比例したDNA量にはならない．以上の欠点を克服し，鋳型DNA量に比例したPCR産物の検出をするPCRを**定量PCR**という．この方法の要点は，反応初期状態の反応物を検出する点と，検出の感度を高めるためにDNAを電気泳動と染色ではなく，合成DNA量に比例した蛍光が出るようにする点であり（図17・12），PCR反応と検出を同じ機械で同時に行うため**リアルタイムPCR**ともいわれる．この方法は二つの試料間の濃度比較が正確にできるだけでなく，濃度既知の標準DNAの増幅率と比べることにより，濃度の絶対値も求めることができる．

増幅DNAの検出法には，サイバーグリーンのようなDNA二本鎖に結合する蛍光試薬を使う方法（**色素結合法**あるいは**インターカレーター法**）や，蛍光色素が付いた特定のDNA配列にハイブリダイズするオリゴヌクレオチドを使う**タックマンプローブ法**などがある．後者の方が正しく増えたPCR産物のみの蛍光量が反映されるので，特異性は高い．

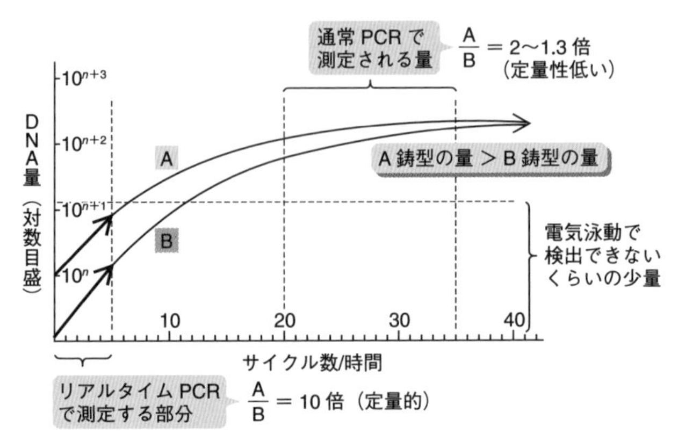

図17・12　PCRで鋳型DNA量を比べる二つの方法と得られる結果

17・10　RNAからDNAをつくる：逆転写

逆転写酵素（reverse transcriptase）は，RNAを鋳型にDNAを合成することのできるDNAポリメラーゼである．B型肝炎ウイルスやテロメラーゼ（§5・9）も逆転写酵素活性をもつが，試験管内DNA合成では**レトロウイルス**（§16・4）がもっている酵素を使う．H. Temin（テミン）とD. Baltimore（ボルティモア）によって発見されたこの酵素は，逆転写活性のほかに通常のDNA依存DNA合成活性，DNA/RNA不均一二本鎖（**ヘテロ二本鎖**）のRNA部分を分解する**RNアーゼH**活性，ウイルスDNAを染色体に組込ませる**インテグラーゼ**活性［トランスポゾン（§11・11）がもつ**トランスポザーゼ**に相当する］を併せもつ．

細胞内における本来のDNA合成プライマーはtRNAであるが，一本鎖オリゴヌクレオチドもプライマーになりうる．逆転写酵素はもっぱら試験管内でRNAから**相補的DNA**（**cDNA**）を合成する際に使用され，遺伝子発現研究や，遺伝子組換え操作を用いたタンパク質合成になくてはならない．ポリA鎖をもつmRNAからcDNAを合成するときには，まず**オリゴdT**をポリA部分にハイブリダイズさせてプライマーとし，mRNAの5′末端に向けてDNAを合成した後（RNアーゼH活性のために鋳型RNAは分解される），適当な酵素を用いてDNAを二本鎖とする．逆転写酵素は，遺伝情報の流れに関し，セントラルドグマから逸脱する経路をつかさどる酵素であり（§3・1），進化的にみた場合，原始の**RNAワールド**から今日のDNAワールドへの移行（第3章コラム4参照）に重要な役割を果たしたのではないかと推測されている．

18

遺伝子組換え操作

18・1　遺伝子組換え操作とは

1972年，P. Berg（バーグ）らはSV40ウイルスとλファージのDNAを用い，酵素で切断してからまたつなぐといった操作で，初めての**遺伝子組換えDNA**，いわゆる**キメラDNA**（メモ18・1参照）をつくった．翌年S. Cohenらは，2種類の大腸菌のプラスミドのキメラ分子が大腸菌の中で複製し，しかも遺伝子が機能することを見いだした．これらの実験結果により，原理的にはどんなDNAからでも組換え操作に

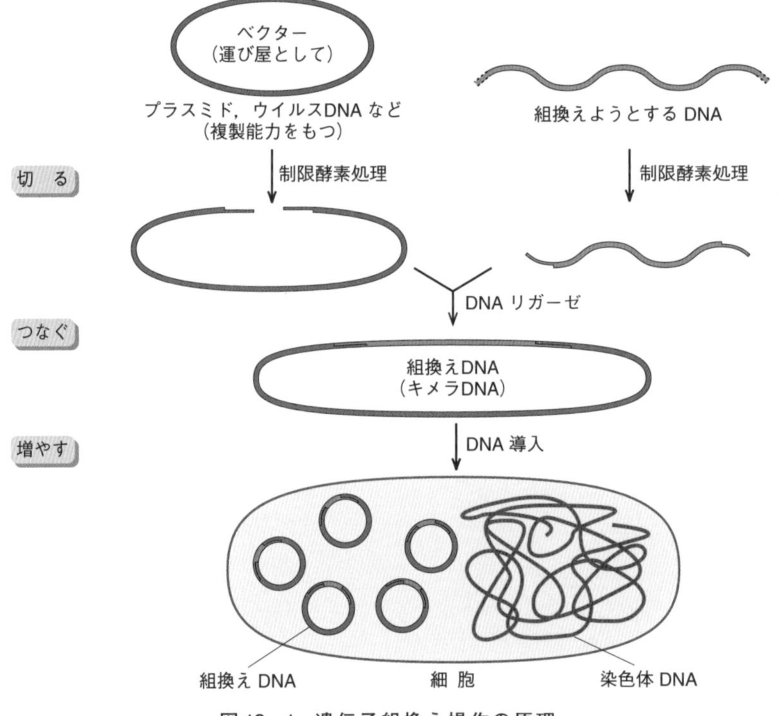

図18・1　遺伝子組換え操作の原理

よって新たな分子をつくり，それを細胞内で増やせることが明らかとなり，**遺伝子組換え操作**がスタートした．基本となる組換え操作の手順は非常に簡単で，人為的にDNAを“切り”，それを希望するように“つなぎ”，最後にそれを細胞で“増やす”の三つからなる（図18・1）．遺伝子組換え操作は目的DNAを純粋に増やし，それを解析したり利用したりすることで，それまで困難だった真核生物の遺伝子の解析も可能にし，**遺伝子工学**という新しい学術領域を生み出した．

メモ18・1 **キメラ分子**

ギリシャ神話に出てくる架空の生物（頭がライオン，身体がヒツジ，尾がヘビ），**キメラ**（chimera）に由来する．雑種分子という意味．

遺伝子組換え操作の目的の一つは，目的遺伝子の単離（純粋に取出し増やすこと）である．1種類の遺伝子や均一な遺伝子集団を**クローン**とよぶが，遺伝子組換え操作でつくられた一つの分子も一つのクローンであり，遺伝子組換え操作で目的遺伝子/DNAを単離する操作を**クローニング**（**クローン化**）という．クローン化したDNAを組換え直す操作は**サブクローニング**という．遺伝子組換え操作にはさらに，得られたクローンDNAを用いてのDNAの構造解析，遺伝子の発現解析，さらには遺伝子をゲノムに組込ませることによって細胞や個体を改変するといった操作も含まれる．タンパク質をコードする遺伝子であれば，タンパク質をつくらせるという目的もある．有用なタンパク質であれば薬や食糧に応用でき，DNAそのものを遺伝子資源として利用する道もある．

18・2 DNAに関連する酵素

次に，核酸の操作に欠かすことのできない酵素についてみていこう．

DNA関連酵素は，1）DNAを切る，2）DNAをつなぐ，3）ヌクレオチド鎖を合成する，4）ヌクレオチドを修飾する，5）DNAのトポロジーを変えるものに分けられ，5）を除く酵素が遺伝子組換え操作に汎用される（図18・2）．DNA切断酵素には，DNAを内部で切る**エンドヌクレアーゼ**と，外からヌクレオチドを順番に削る**エキソヌクレアーゼ**がある．前者としては，認識塩基配列に特異性がある**制限エンドヌクレアーゼ**（**制限酵素**）が特に重要であるが（§18・3），このほかにも特異性の低い**DNアーゼⅠ**（DNaseⅠ）などがよく用いられる．一本鎖DNAを切るものとして**S1ヌクレアーゼ**（RNAも分解する）などがあり，**S1マッピング**

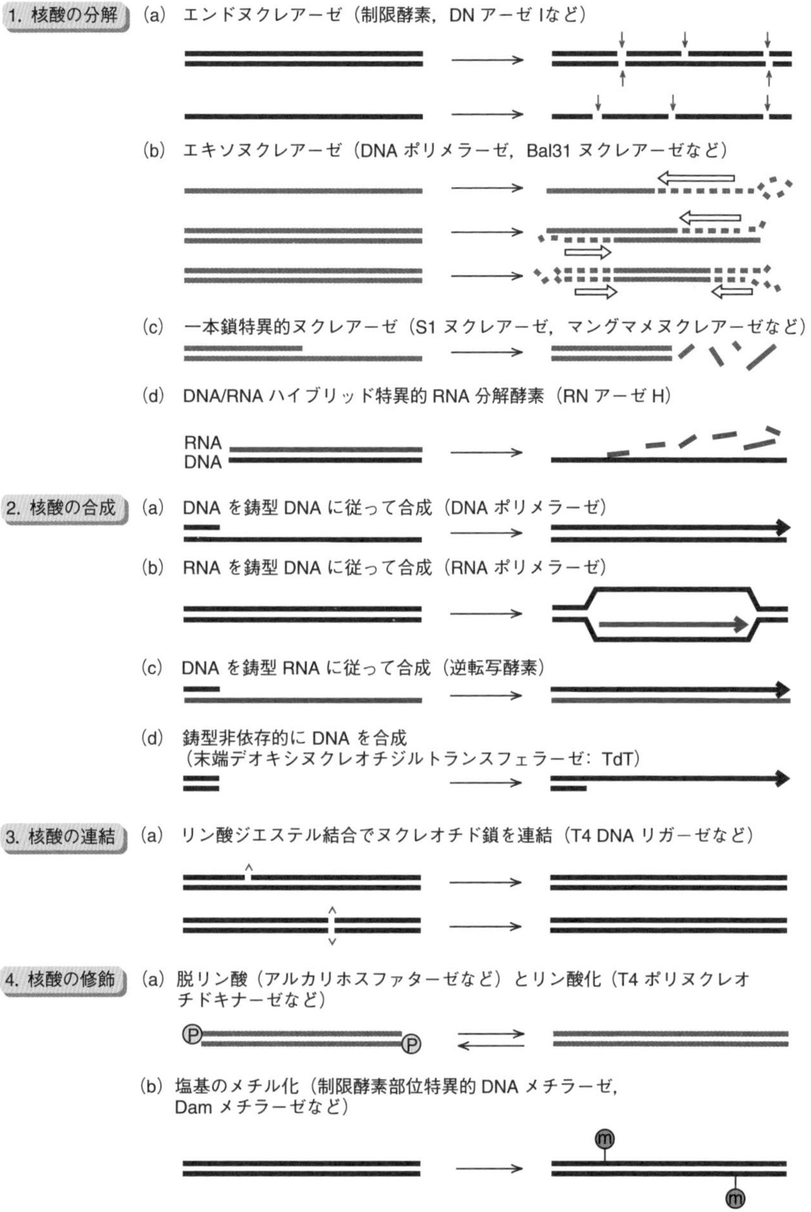

1. 核酸の分解

(a) エンドヌクレアーゼ（制限酵素，DN アーゼ Iなど）

(b) エキソヌクレアーゼ（DNA ポリメラーゼ，Bal31 ヌクレアーゼなど）

(c) 一本鎖特異的ヌクレアーゼ（S1 ヌクレアーゼ，マングマメヌクレアーゼなど）

(d) DNA/RNA ハイブリッド特異的 RNA 分解酵素（RN アーゼ H）

RNA
DNA

2. 核酸の合成

(a) DNA を鋳型 DNA に従って合成（DNA ポリメラーゼ）

(b) RNA を鋳型 DNA に従って合成（RNA ポリメラーゼ）

(c) DNA を鋳型 RNA に従って合成（逆転写酵素）

(d) 鋳型非依存的に DNA を合成
（末端デオキシヌクレオチジルトランスフェラーゼ：TdT）

3. 核酸の連結

(a) リン酸ジエステル結合でヌクレオチド鎖を連結（T4 DNA リガーゼなど）

4. 核酸の修飾

(a) 脱リン酸（アルカリホスファターゼなど）とリン酸化（T4 ポリヌクレオチドキナーゼなど）

P P

(b) 塩基のメチル化（制限酵素部位特異的 DNA メチラーゼ，Dam メチラーゼなど）

m m

図 18・2　遺伝子組換え操作に用いられるおもな核酸関連酵素
DNA を黒，RNA を赤，DNA および RNA を灰色で表す

(RNAと標識したDNAをハイブリダイズさせ，S1ヌクレアーゼで切断後にRNAに相当する消化されずに残ったDNAを検出する）などに利用される．エキソヌクレアーゼとしては，**Bal31ヌクレアーゼ**や**T4 DNAポリメラーゼ**，あるいは大腸菌の**DNAポリメラーゼⅠ**（**polⅠ**）なども用いられる．細菌由来のミクロコッカスヌクレアーゼはタンパク質周囲のDNAを切らないので，DNAのタンパク質結合状態（例：クロマチン）を解析する目的でよく使われる．

DNA合成酵素である大腸菌のpolⅠは，切れ目（ニック）部分からDNA鎖を進行方向に削りながら新たなDNA鎖を合成する**ニックトランスレーション**に用いられる（§5・3）．polⅠの断片である**クレノウフラグメント**（図5・5参照）やT4/T7ファージのDNAポリメラーゼは，5′末端が突出して一本鎖になっている部分を修復的に合成して二本鎖にし，平滑末端（§18・3参照）にするのに用いられる．**TdT**（図18・2）は，鋳型がなくてもDNAの3′末端側にデオキシヌクレオチドを連結する活性をもつ．耐熱菌から得たDNAポリメラーゼ（***Taq*ポリメラーゼ**など）は反応温度が高く，**PCR**に用いる（§17・8）．修飾酵素のうちATP存在下でDNAのニックをつないだり，DNA鎖を連結する酵素に**T4 DNAリガーゼ**がある．DNAやRNAの末端のリン酸基を除くためには**アルカリホスファターゼ**を，逆にリン酸基をつけるには**T4ポリヌクレオチドキナーゼ**などを用いる．制限酵素によってDNAが切られないように保護するときには制限酵素部位特異的**DNAメチラーゼ**が用いられる．

18・3 制限酵素

制限酵素はDNAを塩基配列特異的に切断する**制限エンドヌクレアーゼ**で，細菌が示す制限という現象を起こす主体になる．制限酵素により末端構造のそろった特定のDNA断片を得ることが可能となり，遺伝子組換え操作が創出されるきっかけとなった．細菌にはファージから自身を守る**制限-修飾**という現象があり，制限酵素はそのうちの**制限**に関与する酵素として発見された（図18・3）．制限酵素をもつ細菌はDNAのメチル化酵素（**DNAメチラーゼ**）を併せもち，DNAをメチル化，つまり**修飾**することにより自身が産生する制限酵素によって自身のDNAが分解されるのを防いでいる．制限酵素がメチラーゼと一つになっているものとしてⅠ型とⅢ型の酵素があり，遺伝子工学にはメチラーゼを含まないⅡ型制限酵素が利用される．*Eco*RⅠ，*Hin*dⅢ，*Bam*HⅠなどと非常に多くの種類があり，4〜8塩基の**パリンドローム配列**（§3・6）を認識し，そのなか，あるいはその外側の決まった部位でDNAを切断する（表18・1）．

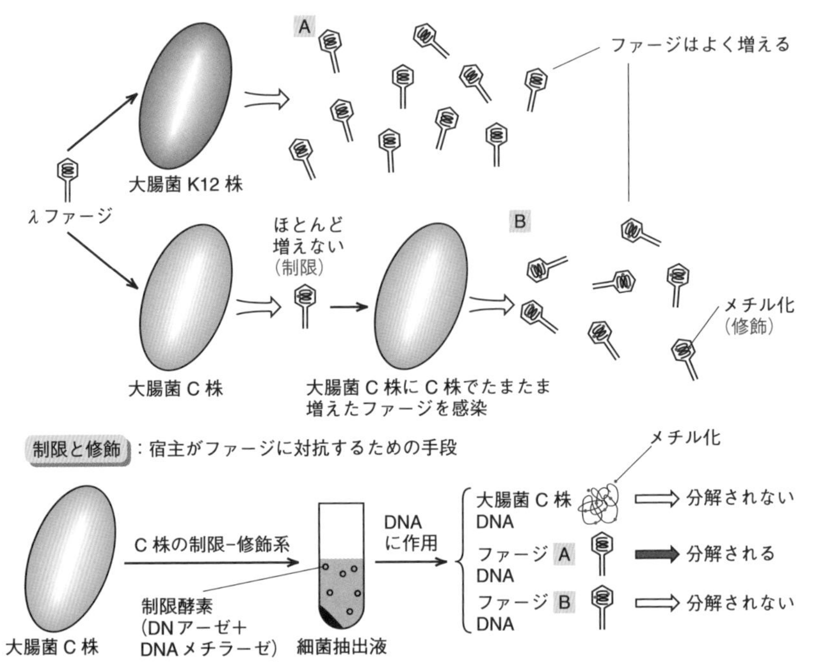

図 18・3　制限酵素発見の経緯　このファージは K12 株に含まれる制限酵素のもつ DN アーゼ活性で分解されないように，もともと DNA が修飾（メチル化）されている．一方このファージ（A 群）は，C 株に含まれる制限酵素のもつ DN アーゼ活性で分解を受ける．しかし C 株からわずかに増えたファージ（B 群）の DNA は大腸菌 C 株内で宿主のメチル化酵素により修飾されているため，次の感染では分解を受けない．

切断された後の切断面の多くは 5′ 末端や 3′ 末端側が数塩基突出している．このような末端は，その一本鎖部分を利用して DNA が容易に塩基対結合するので，**粘着**（あるいは付着性）**末端**とよばれる．粘着末端をもたない（**平滑末端**）ように切る酵素もある（図 18・4）．制限酵素が切断する場所を DNA 上で示したものを**制限**（**酵素**）**地図**あるいは**切断地図**といい，**物理地図**（**遺伝子地図**に対する名称）の一種で，D. Nathans により SV40 DNA を用いてはじめてつくられた．

メモ 18・2　**制限酵素の命名と分布**

標準的には名称の最初の 3 文字が細菌の種名，つぎが株名などに由来する．最後のローマ数字はそこで見つかった酵素の順番を表す．同一菌種が複数の制限酵素をもったり，別種菌由来の酵素でも同じ認識/切断部位をもつ場合がある．

表 18・1 認識部位による制限酵素の種類†

	・・・・	A・・・・T	C・・・・G	G・・・・C	T・・・・A
AATT				*Eco*RⅠ	
ACGT	*Mae*Ⅱ			*Aat*Ⅱ	*Sna*BⅠ
AGCT	*Alu*Ⅰ	*Hin*dⅢ	*Pvu*Ⅱ	*Sac*Ⅰ	
		*Hsu*Ⅰ		*Sst*Ⅰ	
ATAT			*Nde*Ⅰ	*Eco*RV	
CATG	*Nla*Ⅲ		*Nco*Ⅰ	*Sph*Ⅰ	

† 左から1列目は4塩基認識．2列目以降は両側各1塩基が加わった6塩基認識の例

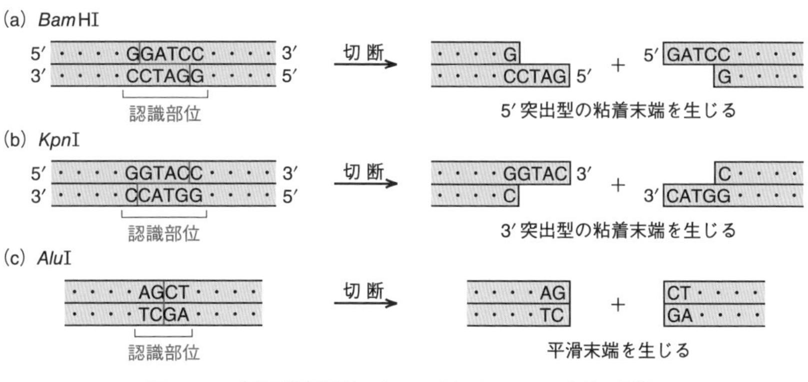

図 18・4 制限酵素分解によって生じる DNA の末端の形状
（いずれの場合も末端は 5′-P，3′-OH となる）

18・4 ベ ク タ ー

遺伝子組換え操作では DNA を何の細胞で増やすかを最初に決める．組換え DNA を増やす細胞を**宿主**といい，目的とする DNA を組込むことができて宿主細胞に導入するための DNA を**ベクター**（vector，運び屋の意味）という．ベクターに組込まれる目的 DNA を**インサート**という．ベクターには，1）インサートを組込める制限酵素部位がある，2）宿主で増えるための複製起点（*ori*）がある（増やす必要がある場合），3）目的に合った遺伝子や制御配列がある，そして 4）目的クローンの有無をモニターするための遺伝子，すなわち**選択マーカー**があるという基本的な条件がある．選択マーカーは，1）ベクターが細胞に入ったかどうかを識別するものと，2）目的 DNA をもつクローンかどうかを判定するためのものに分けられるが，使われる遺伝子は利便性を考えて，薬剤耐性，栄養要求性などのように，増殖能に直結するものや色素産生能や発光能など，目で見て容易に識別できるもの

に関わる酵素の二つに分けられる．目的遺伝子自身が選択マーカーになることもある．

遺伝子組換え操作では特別な理由がないかぎり，大腸菌を用いてDNAを増やすのが一般的である．大腸菌のベクターの材料にはプラスミド由来のものとウイルス（ファージ）由来のものがある（図18・5）．**プラスミドベクター**としては，ColE1を基本にしたものが一般的で，代表的なものに**pUC系ベクター**がある．pUC系のベクターにはアンピシリン耐性遺伝子のほかに，クローニングに使用できる制限酵素部位がまとまって用意されている部分（**マルチクローニング部位**）があり，しかもそこが大腸菌β-ガラクトシダーゼ遺伝子の5′末端の一部になっている（図18・6）．クローニングの成否は，培地に**IPTG**（イソプロピル-1-チオ-β-D-ガラクトシド，ラクトースオペロンの強力な誘導物質）と**X-gal**（5-ブロモ-4-クロロ-3-インドリル-β-D-ガラクトシド）という，**ラクトースオペロン**（第8章 コラム14参照）に関連する2種類の試薬を加えて行う．クローニングが成功すると，**β-ガラクトシダーゼ遺伝子**（***lacZ***）が壊されて（**挿入失活**という原理）酵素はつくられないが，クローニングが失敗すると酵素がつくられ，X-galは**β-ガラクトシダーゼ**により分解されて青く変色する．この方法（**ブルーホワイト選択**あるいは**カラーセレクション**）はファージベクターにも応用される（図18・6）．**薬剤耐性遺伝子**をマーカーに使えばベクター導入で細胞が薬剤耐性になるが，インサートの挿入失活により薬剤感受性になる（生育できなくなる）．ウイルスベクターとしてはλファージM13ファージなどがよく使われる（§11・8，§11・9）．

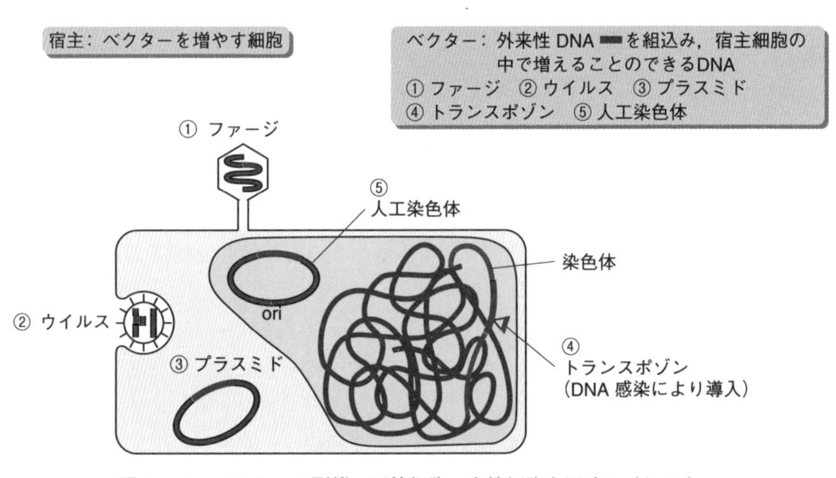

図18・5　ベクターの形態　原核細胞・真核細胞を同時に示してある

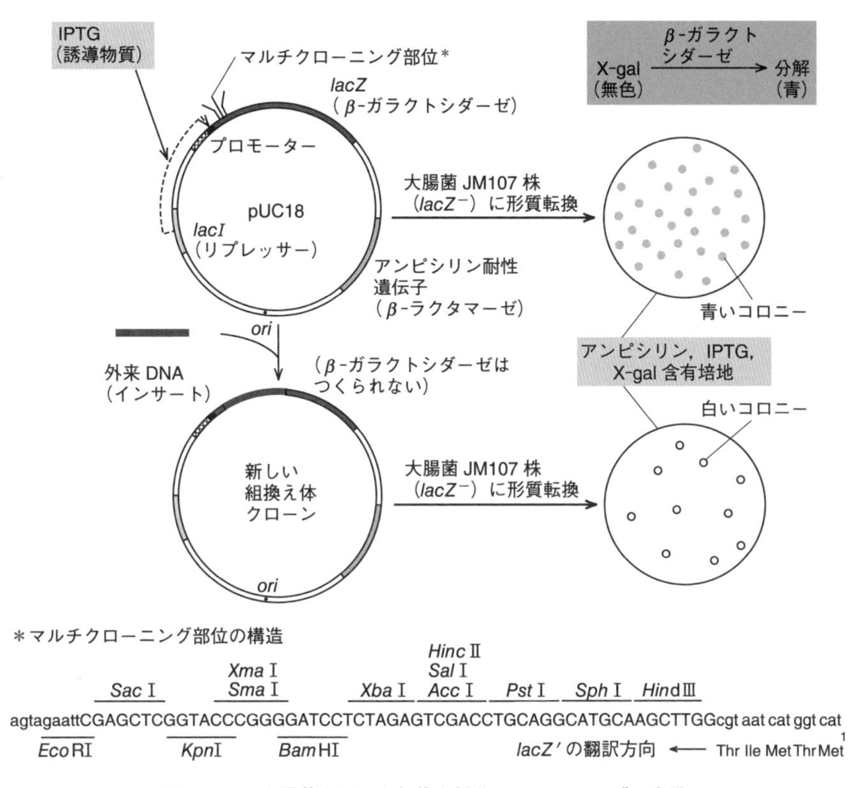

図 18・6　大腸菌を用いた組換え操作，クローニングの実際

真核生物にも，それぞれの宿主に適したベクターがいろいろと用意されており，いずれの場合も，そこで増えるプラスミド（おもに酵母に使用）やウイルス（おもに動物細胞に使用），トランスポゾン（もっぱらゲノム組込み用）を用いる．特殊な例として，染色体 DNA などの一部分で**自律複製配列**（**ARS**）をもつ DNA をもとにしたものもある．2 種類以上の生物の細胞（酵母と大腸菌など）で増えることのできる**シャトルベクター**というものもある．植物細胞（おもに双子葉植物）のゲノムに DNA を導入したい場合は **Ti プラスミド**が用いられる．

18・5　組換え体の作成と細胞への導入

DNA を制限酵素で切り，切られた DNA をその粘着末端を利用してアニーリングさせ，DNA リガーゼで再度連結することができる．連結は粘着末端が同じであれば，異種DNAであっても連結することができ（図18・1，図18・4），DNAの一方をベクターとしておけば，そこに目的のDNAを入れて組換えDNAがつくられる．使用できるDNAは化学合成したものでもよく，合成した短鎖DNA（**オリゴヌクレオチド**）は2種のDNA断片をつなぐ**リンカー**としても使われる（図18・7）．RNAは逆転写酵素（§17・10）でcDNAにしてから用いる．

DNAを細胞に効率よく導入することも遺伝子組換え操作の重要な技術の一つで

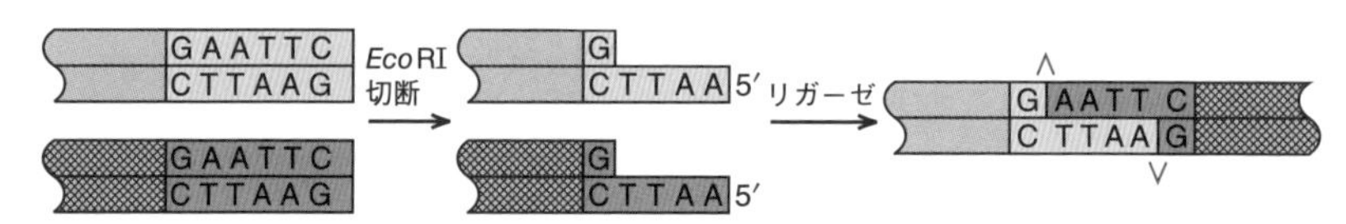

図18・7　リンカーによる平滑末端DNAの連結

コラム32

制限酵素やDNAリガーゼによらない組換え

遺伝子組換え操作をする場合，標的DNA領域の周辺に適当な制限酵素が常にあるとは限らない．さらに標準的操作だけでは，非常に込み入った操作がいくつも必要な場合もある．こうした困難さを回避する方法として通常のように制限酵素やDNAリガーゼを使用しない手法がとられる場合がある．

Red/ET法では目的配列の両端に専用の組換え用の配列を付加し，それをやはり専用の組換え配列を2個もつベクターとともに細胞に入れる．そこに組換え配列間で組換えを起こす酵素を発現させると細胞内で組換え配列間の相同組換えが起こり，インサートが細胞内でベクターにクローニングされる．これは試験管内の切断・結合反応を行わない方法であるが，別に大部分の操作を *in vitro* で行う方法もある．特定部位での切断・連結を行わない方法は組換えたつなぎ目がわからないため，一般に**シームレスクローニング**と称される．

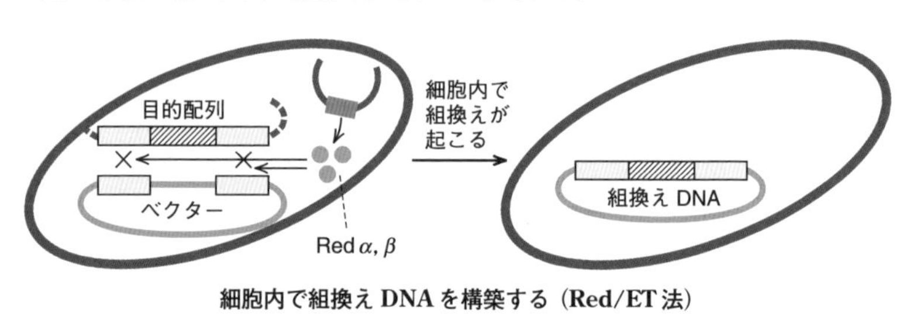

細胞内で組換えDNAを構築する（Red/ET法）

ある．細菌や酵母の場合，プラスミドや裸のDNAであれば，適当な金属イオン処理をしてDNAを取込ませやすくした細胞（**コンピテント細胞**）にDNAをかけて形質転換させる．ファージベクターであればまずDNAをファージ粒子内に入れ（**パッケージング**），その後感染させる．動植物細胞を宿主とする場合は，DNA感染（**トランスフェクション**．人工脂質二重膜リポソームを使う方法は**リポフェクション**という）かウイルスベクター，あるいは**マイクロインジェクション法**（**微量注入法**）や**電気穿孔法**などを用いる．

18・6　DNA断片や遺伝子のクローニング

遺伝子クローニング（**分子クローニング**ともよばれる）とは，不特定多数のDNAや遺伝子集団のなかから特定のものを細胞内で増やすこと，すなわち**単離**することであるが，これにはゲノムDNAを目的とする**ゲノミッククローニング**と，RNA配列を写し取ったDNA（cDNA）を目的とする**cDNAクローニング**の二つがある．現在はおもな生物のゲノム構造が解明されており，ゲノム構造が未知か既知かでクローニングの方法はまったく異なる．構造既知の方が操作が格段に簡単であることはいうまでもない．

a．塩基配列未知の場合のDNAクローニング　クローニングにあたり目的DNAを含む不特定多数の組換えDNA集団を用意する必要があるが，この集団を**遺伝子ライブラリ**といい，**ゲノミックライブラリ**と**cDNAライブラリ**の2種類がある．ライブラリは大腸菌での操作を念頭に，感染効率が高くインサートが長いという理

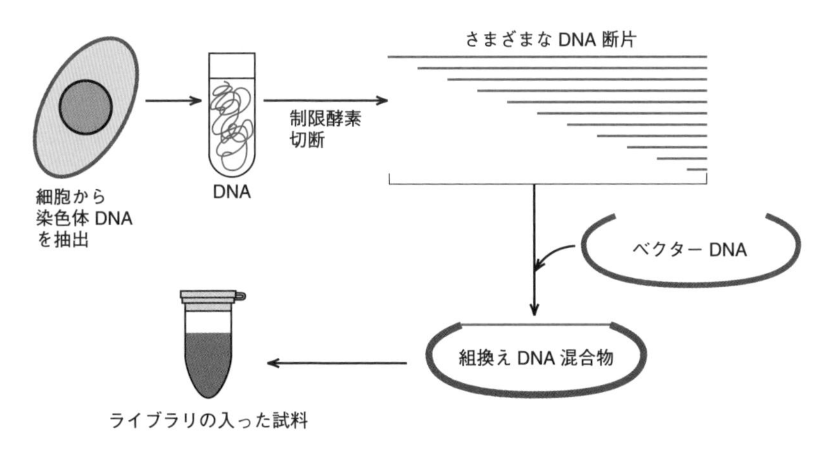

図18・8　ゲノムライブラリの作成（プラスミドベクターを使う場合の例）

由で，ファージベクターやプラスミドベクターが使われることが多い（図 18・8）．ライブラリのなかから特定クローンを得ようとする場合，まず多数のライブラリを大腸菌に導入し，プラークやコロニーをつくる（図 18・9）．それらをフィルターに移し，付いている DNA を ^{32}P で標識した類似 DNA をプローブとしてハイブリダイズさせ，オートラジオグラフィーで目的クローンの位置を見つける（図 18・9）．真核生物のゲノム遺伝子は長いイントロンを含んでいるため，完全長の遺伝子を 1 回のクローニング操作で得るのは困難である．このため得たクローンをプローブに，さらに両脇に伸びている DNA を取得する必要がある．このような“芋づる式”のクローン選択法を**遺伝子歩行**（**ジーンウォーキング**）という．このような操作には，長い DNA を組込むことができる**細菌人工染色体**（**BAC**）や **P1 由来人工染色体**（**PAC**）などのベクターが適している．

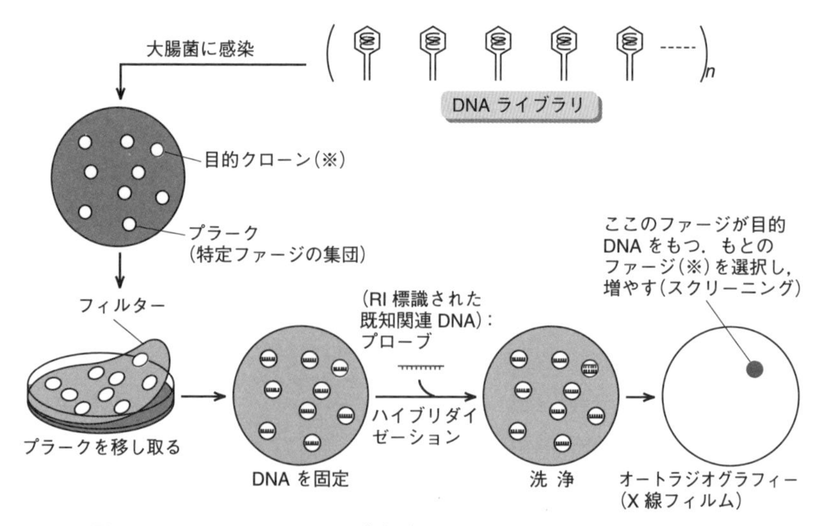

図 18・9　**DNA のクローニング法**（ファージライブラリを使用する場合）

b. 既知塩基配列の場合の DNA クローニング　　ゲノム構造や遺伝子構造が既知であれば，**PCR** によって希望する DNA 断片を遺伝子組換え操作ができるまでに増幅でき（ただし数 kbp 以上の長い DNA 断片の増幅は難しい），**RT-PCR** を行えば不特定多数の cDNA 集団のなかから特定のものを単離することも可能である．増幅した DNA 産物をゲル電気泳動で精製し，通常どおりベクターを使ってクローニングすることができる．方法の原理からわかるように，PCR を介したクローニングではライブラリは必ずしも必要ではない．新規生物の遺伝子でないかぎり，現在はほとんどのDNAクローニングがこの方法で行われている．

コラム33

ヒトゲノム計画

ヒトゲノム計画はDNA二重らせん仮説で知られるJ.D.Watsonが提唱し，米国政府を中心に世界数カ国がチームを組んで進められたヒトゲノムの塩基配列をすべて解読しようとした計画で，1990年に始まった．日本も21番染色体を分担した．途中で民間会社が割り込むなどの激しい競争もあったが，最後には共同でプロジェクトを進めて，概要版が2000年，完成版が2003年に発表された．ヒトゲノム計画の完了は“われわれ自身を解き明かした”という心情的充実感と，巨大ゲノムも解明可能という自信をもたらしたとともに，遺伝子工学や分子生物学分野の研究に要する時間を大幅に短縮するという実務的利益をもたらした点で重要なエポックとなった．その後の遺伝子工学やゲノム解析が劇的に変わったことはいうまでもない．

ゲノム計画完成には後日談がある．実はヒトゲノムの“完成”には“当時の技術で可能な解析はやり終えた”という隠れた注釈が付いていた．高度反復配列（例：セントロメア，テロメア）などは当時の技術では正確には解読できず，約8%はまだ未解読であった．しかし最近になってナノポアシークエンサーによる超ロングリード解析が可能になったり，DNA分子をレーザーで直接読み取れることによって染色体の端から端までの解読ができるようになり，2022年，ヒトゲノムの完全解読版が発表された．これによりタンパク質コード遺伝子の数は約2万と算定された．

18・7　発現クローニングと物質生産

cDNAクローニングでベクターに組込まれたcDNAがタンパク質コード領域をもち，転写・翻訳の仕組みが備わっていれば，宿主細胞の発現系を利用して目的クローンを単離する**発現クローニング**ができる．ある確率でN末端にタンパク質をつくらせる方法としては，β-ガラクトシダーゼなどと融合させた形でタンパク質をつくる方法と，cDNA自前の開始コドンからつくらせる方法がある．

タンパク質を指標とするcDNAクローン選別法には二つある．一つはタンパク質に対する抗体が使える場合で，この場合はタンパク質に対する抗体を作用させる．次に抗体を検出する抗体（二次抗体）を用い，適当な発色法を組合わせてフィルター上の目的クローンを選別する（**免疫スクリーニング**）．もう一つはタンパク質の特性を利用するもので，これにはいろいろな方法がある．DNA結合性タンパク質では，抗体の代わりにRI（放射性同位体）標識DNAを用いる（**サウスウェスタンクローニング**）．その遺伝子が本来の細胞で発現するのと近い状況をつくれば，タンパク質の機能に基づく目的クローンの検出ができる（**機能クローニング**）．クローン導入細胞に増殖性・接着性・運動性・栄養要求性・形態・酵素活性など，何らかの機能的変化や生物活性を与えるものであれば，難易度の差はあるものの，スクリーニングに応用できる．

得られたcDNAクローンはタンパク質の大量生産に用いることができ（図18・10），すでに大腸菌でつくったインターフェロンやインスリン，成長ホルモンなどが実用化されている．純粋なものを簡単に大量につくれるだけではなく，DNAを変異させることにより，より付加価値の高いタンパク質を容易につくることもできる．DNA側からタンパク質をデザインし産生する技術は**タンパク質工学**の重要な手法の一つである．

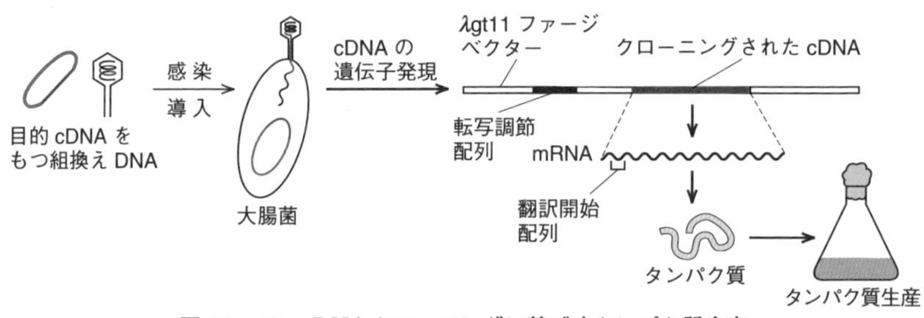

図18・10 cDNAクローニングに基づくタンパク質生産

18・8 遺伝子組換え実験の安全性確保：カルタヘナ法

遺伝子組換え実験が始まった当初，危険な細菌やウイルスが社会や環境にまん延してヒトに危害が及ぶのではないかと考えられ，組換えDNAを含む生物を実験室外へ出さないような対策がとられ，日本では“組換えDNA実験指針”が定められた．その後，遺伝子組換え生物拡散の健康への影響のみならず，生物多様性に与える影響も危惧され，2000年に“生物多様性に関する条約のバイオセーフティーに関するカルタヘナ議定書”が採択され，2003年に発効した．これを受け，日本では2004年に“遺伝子組換え生物等の使用等の規制による生物の多様性の確保に関する法律”，通称**カルタヘナ法**が施行された．

カルタヘナ法では**遺伝子組換え生物**（**LMO**，Living Modified Organismsの略．遺伝子組換え操作や細胞融合操作で作成した生物）の使用を，拡散防止措置をとらないで行う**第1種使用**（例：遺伝子組換えを施した植物の通常の栽培/流通や動物

表 18・2　遺伝子組換え実験における実験分類（クラス分類）

	クラス 1	クラス 2	クラス 3	クラス 4
生物などの例	ヒト，マウス シロイヌナズナ 大腸菌 K12 株 出芽酵母 バキュロウイルス 非病原性の生物やウイルス	ピロリ菌，らい菌 赤痢菌，コレラ菌 ヒトアデノウイルス 非増殖性 HIV-1 HCV，HTLV-1 ポリオウイルス	炭疽菌，ペスト菌 ツツガムシ病病原体 チフス菌，HIV-1 SARS ウイルス 西ナイルウイルス 強毒性インフルエンザウイルス	エボラウイルス ラッサウイルス マールブルグウイルス ニパウイルス 天然痘ウイルス

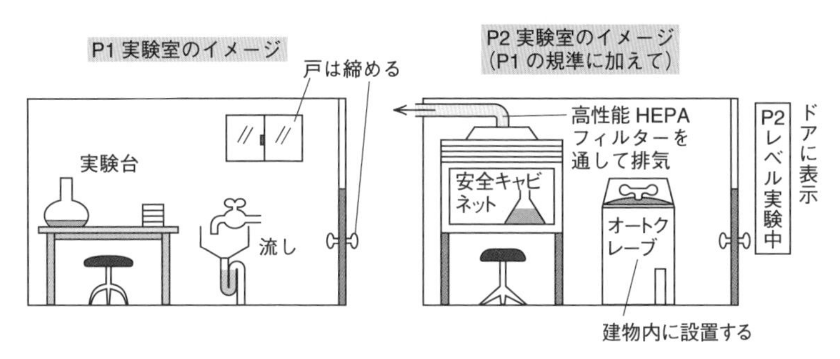

図 18・11　遺伝子組換え実験室

の放牧など）と，**拡散防止**（**封じ込め**）措置をとって行う**第 2 種使用**に分けており，通常の実験は第 2 種使用となる．実験操作は生物を危険度に応じて分類した（クラス 1～4）**実験分類**で基準が決められ（表 18・2），そこに生物学的封じ込めの強さ，宿主ベクター系の種類，毒素産生能など，いくつかの要素を加味して LMO の**封じ込めレベル**が決められる．封じ込めは物理的（Physical）に行い，実験の潜在的危険性が増すほど実験室の封じ込めレベルも P1～P3 と増す．**P1 実験室**は通常の実験室仕様だが，P2 実験室には安全キャビネットや建物内にオートクレーブを設置し，ドアに“P2 実験中”と表示しなくてはならない（図 18・11）．大学や研究所では研究者から提出された実験計画書を審査し，基準に合ったものだけが許可され，基準にない実験や危険度が高いと判断される実験はさらに主務大臣による確認が必要となる．実験従事者は教育訓練受講や健康診断受診の義務を負うなど，遺伝子組換え実験は安全性に十分配慮して行われている．

19

動植物のゲノムを変化させる

19・1 ゲノムの改変

日常的な遺伝子機能の解析では，遺伝子を含む核酸断片を細胞に導入して短時間に現れる一過的効果を検討する．解析はその方向性により，遺伝子導入による**機能獲得法**（**GOF**）と遺伝子ノックダウンなどに代表される**機能喪失法**（**LOF**）に分けられ，それぞれに長所と短所がある．一過的効果をみる方法は簡便ではあるが，遺伝子は本来クロマチン状態の中の各アリルが置かれたクロマチン条件で働くべきものなので，非生理的（例：非クロマチン状態，異常なコピー数，導入操作による細胞ストレス）な発現では真の機能解析はできないのではないかという懸念がある．

表 19・1　個体レベルのゲノム遺伝子解析・改変法

<table>
<tr><td>●ランダムなマーカー遺伝子のゲノムへの導入と発現解析</td><td>ジーントラップ法
エンハンサートラップ法</td><td rowspan="2">ゲノムのランダムな部位</td><td>もっぱら解析用</td></tr>
<tr><td>●遺伝子（ミニ遺伝子[†]）をゲノムに導入
【機能獲得に基づく】</td><td>トランスジェニック法</td><td rowspan="2">遺伝子機能解析
遺伝子改変個体作成</td></tr>
<tr><td>●遺伝子破壊（一部変換・不可）
【おもに機能喪失に基づく】</td><td>遺伝子ターゲッティング
ゲノム編集</td><td>特異的部位</td></tr>
</table>

†　mRNA を cDNA に変換したもの

> メモ 19・1　**古典的なゲノム遺伝子の解析**
>
> スプライシングシグナルをもつレポーター遺伝子をゲノムに組込み，イントロンに挿入されたものの発現からゲノム遺伝子の発現特性を解析する方法（例：刺激で発現する遺伝子の同定）を**遺伝子トラップ法**という．エンハンサーを欠くレポーター遺伝子を使う**エンハンサートラップ**という方法もある．

GOF：gain of function，**LOF**：loss of function

このような懸念を払拭する方法として，ゲノム中の目的遺伝子そのものを改変することがあり，近年はそれが可能になっている．その方法の一つはGOFの代表的技術である遺伝子導入個体の作成，もう一つは特異的遺伝子改変によるLOF法（ただし一部GOFもある）で，これには遺伝子ターゲティング法とゲノム編集があり，本章でそれらを順にみていこう．なお，上述のようにまずDNAがあり，それを使って遺伝子機能を決める手法を**逆遺伝学**（**リバースジェネティクス**）といい，遺伝子形質や変異体の解析から遺伝子を同定する従来の**順遺伝学**（**フォワードジェネティクス**）に代わって近年ますます増えている．

A. 遺伝子導入生物：トランスジェニック生物

外来遺伝子をゲノム中に安定に保持する個体を**遺伝子導入生物**あるいは**トランスジェニック生物**（trans＝移す，genic＝遺伝子の）という．単細胞生物での操作に対し，多細胞生物（特に動物）ではその生成に複雑な操作が多く含まれて時間もかかるため，この用語はもっぱら多細胞生物に関して使われる．真核生物のゲノム遺伝子は巨大で遺伝子組換え操作が困難なため，導入遺伝子にはサイズが小さく操作しやすいcDNA由来の**ミニ遺伝子**が使われるが，そのためにはそこに転写・翻訳のための制御配列を付加させる必要がある．特定のウイルスベクターを除き，細胞に入ったDNAはゲノムのランダムな場所に挿入される．

トランスジェニック技術は発現量とその制御（① コピー数，② 遺伝子発現の制御配列，③ クロマチン上の位置）が本来のものでないため，遺伝子機能をみるにはあまりよい方法とはいえないかもしれないが，ゲノムに遺伝子を付加するという最低限の目的は達せられるので，動植物の改良・育種にとっては重要な技術となっている．なお，ヒトの生殖細胞や胚に遺伝子を入れることは禁止されている．

19・2 トランスジェニック動物

トランスジェニック動物についてマウスを例に説明する．**トランスジェニックマウス**をつくる場合，マウス受精卵の核に顕微鏡下でDNAを注入し（**顕微注入**），それをマウス子宮に入れて発生させて仔マウスをつくる．導入遺伝子は，発生時期に，ランダムな細胞に対してランダムなタイミングと場所でゲノムに入るため，生まれたマウスは導入遺伝子に関して個体の細胞ごとに不均一な状態，すなわち**キメラ**となる（図19・2参照）．適当な組織を使ってキメラマウスであることを確認した後，交配で仔を得ると，生殖細胞（精子，卵）に導入遺伝子が入っていれば仔はトランスジェニックとなる．この状態の動物は通常，導入遺伝子に関してヘテロ接合だが，ヘテロ接合体同士の交配によりホモ接合体も得られる．**緑色蛍光タンパク質**（**GFP**）遺伝子を導入した全身から緑色の蛍光を発する**光るマウス**もこのようにしてつくられた．線虫などの下等動物では生殖巣組織に DNA を注入すれば，それが直接ゲノムに入るので操作は比較的簡単である．

19・3 トランスジェニック植物

a．遺伝子の導入と細胞の選択　植物細胞に遺伝子を導入する場合，細胞壁をもつ細胞では電気穿孔法を使うこともあるが，セルロース分解酵素で細胞壁を除いた細胞である**プロトプラスト**をつくり動物細胞のように扱うこともでき，また，組織に直接**遺伝子銃**で DNA を打込む方法もある．双子葉植物（工夫すれば単子葉植物も）であれば，**Ti プラスミド**をもとにしたベクターと宿主細菌である**アグロバクテリア**を使う方法がゲノムへの遺伝子導入効率が高く，一般的になっている．プラスミドには組込む領域内に目的遺伝子と選択マーカー遺伝子（通常は植物細胞でも働くカナマイシン耐性遺伝子）を入れ，遺伝子導入後，カナマイシン添加培地で増えてきた細胞を分化処理して成長させれば遺伝子導入植物ができる．

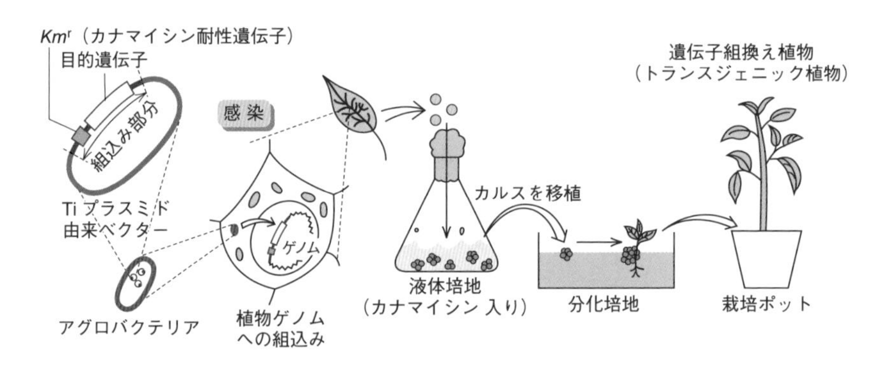

図 19・1　Ti プラスミドベクターを使った遺伝子組換え植物の作成

b．植物個体の作出　**植物**を対象とする生命工学は独特な手法で行われる．細胞工学から個体作成に関わる一連の操作は，どのような植物細胞にも**分化の全能性**がある（1 個の細胞から個体をつくることができる）ため，個体作出は動物よりもずっと簡単である．はじめに，酵素処理してバラバラになったプロトラストを液体培養する．細胞が不定形の多細胞凝集塊（**カルス**）として成長するので，これを分化ホルモンなどを含んだ寒天培地に移す．やがて根や茎，そして葉が分化成長してくるので，あとはそれを栽培ポットに移し，個体へと成長させる（図 19・1）．できた複数の植物体は，もとの個体とゲノム組成がまったく同じ**クローン**であり，このようにして個体数をいくらでも増やすことができる．高価なランが安価に入手できるようになったのはこのような技術よるところが大きい．

以上のようにしてつくられた植物は，一般に**遺伝子組換え作物**，**遺伝子組換え食品**といわれ，**青いバラ**もこうしてつくられた（バラには青色をつくる酵素がないが，遺伝子組換えによってペチュニアの酵素を入れてある）．食品として利用する場合はむろん安全性を確認する必要があり，品質，保存性，病原体抵抗性（低農薬によ

コラム 34

遺伝子組換え食品

遺伝子組換え食品は今や一般用語となった．英語では genetically modified food［**GM**（**遺伝子改変**）**食品**］といい，人為的に植物ゲノムに手を加えた遺伝子改変植物のことである．目的 DNA を染色体に組込ませ，タンパク質をつくらせようというもので，後述する**遺伝子ターゲッティング**や**ゲノム編集**といった技術も使われる．現在遺伝子改変植物は，コムギ，イネ，トウモロコシ，ナタネ，ジャガイモ，ダイズ，トマト，メロンなどを対象として 1000 種類以上にも及び，穀物では経済性に主眼がおかれることが多い．改変の目標は，除草剤耐性，病害虫耐性，自然環境抵抗性，保存性の向上などである．地球上の食糧供給が将来破綻するといわれている現在，食物の遺伝子操作は**食糧問題**を解決する技術として期待されている．

遺伝子組換え食品はまだ開発途上の技術で，規制と監視が必要だという意見も多い．ただ遺伝子組換え食品は遺伝子も宿主もそれぞれ異なり，それを同列には論じられないことに留意しなくてはならないだろう．

メモ 19・2

ビールにしてビールにあらず？

ヨーロッパは，米国に比べ遺伝子組換え食品導入に関し，どちらかといえば保守的である．元来穀物を商品とする伝統が希薄で，また米国を中心とする穀物支配に対する反感もあろうが，文化的相違も見逃せない．ドイツでは遺伝子操作を施した原料（麦芽や酵母）を使ったビールはビールとよぶまいという考え方がある．古き良きマイスターの職人気質を感じるが，別ものを使ったものは別の名前でよべばいいということらしい．フランスのシャンパーニュ地方の発泡ワインだけがシャンパンとよばれるのを許されるような，“商標”的意味合いも感じとれる．

る栽培が可能になる)，生育耐性（乾燥地，高温，低温での生育が可能になる）などを高められるという観点のみならず，将来食糧が不足すると予想されていることからも，有用性はけっして少なくはない．

B. 特定部位の改変

19・4 狙った部分を相同組換えで改変: 遺伝子ターゲッティング

前節で述べたように，トランスジェニック法は人為的影響が大きく，遺伝子機能を正しくとらえるには不十分である．この問題を解決した最初に発表された方法は，ゲノム上の狙った遺伝子をその場にある状態で改変させる**遺伝子ターゲッティング**（**ジーンターゲッティング**）である．改変によって遺伝子機能が欠損する場合を**ノックアウト**，ゲノムの特定の場所にある遺伝子を挿入することを**ノックイン**とよび，おもにマウスを使って始まった．細胞に入れたDNAともとのゲノムDNAの間で起こる正確な相同組換えがこの方法の原理である（図19・2)．

ノックアウトマウスをつくる場合，細胞には多分化能をもつ**ES細胞**（胚性幹細胞）を用いる（図19・2①〜③)．まずES細胞にネオマイシン耐性遺伝子を内部に組込んだ遺伝子*A*断片を導入する（④，⑤)．ネオマイシンは細胞を殺すが，耐性遺伝子があれば死なない．相同組換えで一方の（両方に入ることは確率的にまれ）*A*遺伝子座の内部にネオマイシン耐性遺伝子が入るので遺伝子が破壊される⑥．破壊細胞は，ネオマイシン存在下でも生き残る．こうしてつくった細胞をマウスの胞胚に入れ⑦，マウス子宮に戻して仔マウスをつくり⑧，目的遺伝子に関するキメラマウス⑨，⑩→ヘテロノックアウトマウス⑪→ホモノックアウトマウス⑫（遺伝子欠損マウス）を得る．この方法はM. R. Capecchi（カペッキ）らによって開発され，2007年のノーベル生理学・医学賞となった．この方法により遺伝子機能を正確にとらえることができるが，ゲノム中に同等の機能をもつ類似遺伝子があったり，狙ったエキソンをスキップする選択的スプライシングがあったりすると，遺伝子を破壊しても形質が変化しないことがある．

破壊遺伝子が生育に必須なものであればノックアウトマウスは発生せずに致死となって機能解析ができないが，時期特異的に目的DNAを欠損させる**Cre–*loxP*システム**（P1ファージの溶原化に働く組換え配列*loxP*と組換え酵素Creを使い，適当なエンハンサーを用いてCreを細胞・時期特異的に発現させて*loxP*で挟まれた配列を欠失させる方法）を使えばこの欠点を克服できる．このように，条件に依存したノックアウト操作を**コンディショナルノックアウト**という．また，通常の培養細胞を使って遺伝子破壊を二度行うと（二度目の操作ではヒスチジノール耐性遺伝子やピューロマイシン耐性遺伝子といった別の薬剤耐性遺伝子を使う），細胞レベルで両アレルの遺伝子が破壊された**ダブルノックアウト細胞**ができ，細胞の基本的な機能であれば，この細胞を使ってでも十分に解析することができる．

遺伝子ターゲッティングはよく練られた技術であるが，膨大な労力と時間を要し，ES 細胞を得られるような特定の動物にしか使えないため，誰もが気楽に使える普遍的な技術とはいいがたい面もある．

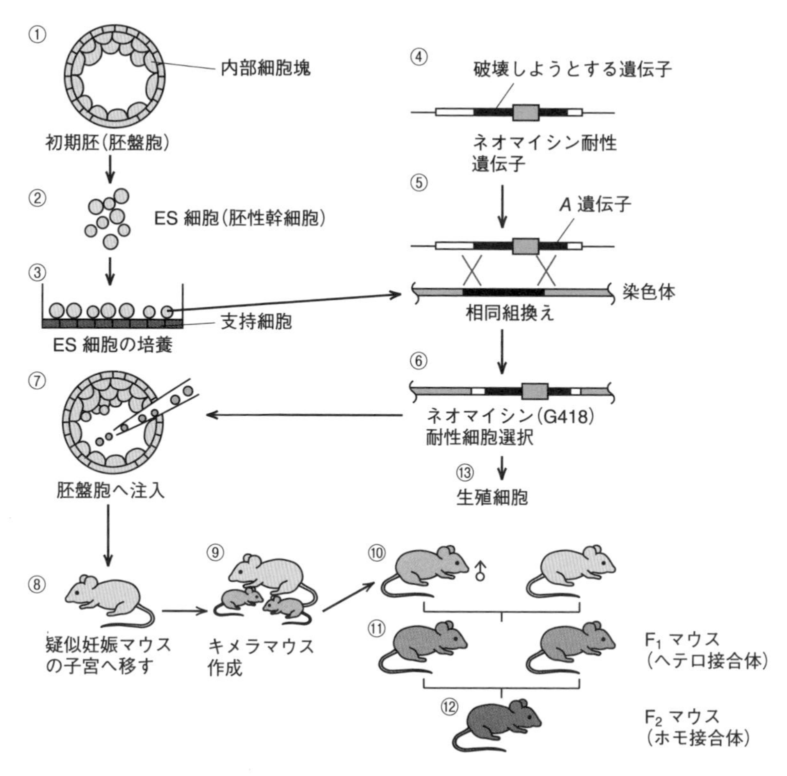

図 19・2　発生工学的技術を応用した遺伝子破壊実験　遺伝子を胚盤胞へ注入せず，直接，生殖細胞に導入する方法⑬もある．遺伝子の種類によっては F2 マウスの発生が途中で停止する場合もある

19・5　ゲノム編集

ターゲッティングに代わりゲノム破壊などの操作をより機動的に行える最新の技術に，**ゲノム編集**がある．この方法は DNA の特定部分を二本鎖切断させ，その後

に起こるゲノム修復機能の一つである非相同組換え修復を利用して（欠損や挿入を含んで連結しやすい）その部分を含む遺伝子を変異・破壊しようというものである（図19・3）．切断時に標的部位を含む修飾DNA断片を導入すると，ターゲッティングのときのように相同組換えによる修復が起こり，狙った部分でノックアウトやノックインができる．いろいろなやり方があるが，すべて特殊なDNA切断酵素を発現させてゲノムの決まった部位を切断することが要点である．

初期のゲノム編集は人工的にデザインされたDNA分解酵素，**人工ヌクレアーゼ**を使う方法として1990年代の中頃に発表された．このうちの**ZFN**（ジンクフィン

コラム35

CRISPR/Cas システム

CRISPR/Cas システムは，原核生物がファージなど外来遺伝因子の侵襲に対抗するためにもつ獲得性の免疫防御機構で（自然免疫に相当するものは制限修飾システムとみなされる），ゲノム上の反復配列を含むCRISPR部位とその近傍にあるCRISPR随伴遺伝子“*cas*”群が関わる．ファージDNAなどが入るとその特異的配列DNA断片がスペーサーとしてCRISPR部位に組込まれる．やがてスペーサーは短鎖のCRISPR RNAs（**crRNAs**）として発現し，これが**Cas**（ヌクレアーゼ活性をもつタンパク質）とともにCAS-crRNA複合体となり，スペーサーと相補的配列をもつDNAの侵入（つまり以前侵入したものと相同なDNA）に関し，crRNAがガイドRNA（**gRNA**）として機能して該当するDNAに塩基対結合し，その後種々の酵素反応が起こって侵入DNAが分解される（図1）．これがこのシステムが働く概要で，その過程は見かけ上は**RNAi**（第13章，コラム25参照）に似ており（ただし機構は異なる），スペーサーDNAが細菌のゲノムに“免疫記憶”として保存されて次の感染に備える現象ととらえられる．“獲得形質が遺伝する”という遺伝におけるラマルク説は一般的に否定されてはいるが，ここでは**ラマルク的遺伝様式**がみられる．

CRISPR/Casの具体的機構は生物種によって異なり，さらに1個体中においてもサブタイプがあるので，作用機構には大きな多様性がある．Cas9はRNA結合領域，プロトスペーサー隣接モチーフ（**PAM**，5′-NGG配列）結合部位などをもつヌクレアーゼである．crRNAがCas9に結合するとDNA結合活性をもつようになってPAMに結合する．するとDNAらせんが巻き戻されてcrRNAがPAM近傍にある相補的配列を探し出す．相補的塩基対結合が起こるとRNA-DNAヘテロ二本鎖が形成され，これがきっかけとなってヌクレアーゼが活性化され，標的DNAが二本鎖切断される（図2）．標的がファージDNAであればファージが不活化される．CRISPR/Cas9システムは現在**ゲノム編集**の中心的原理として活用されている．

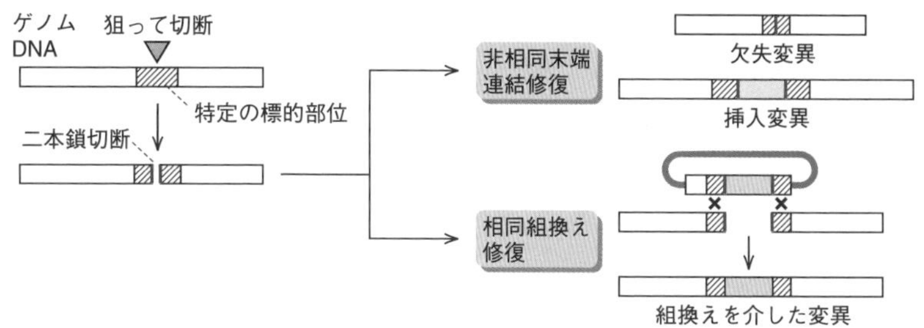

図 19・3　ゲノム編集の原理　全過程を細胞内で行わせる

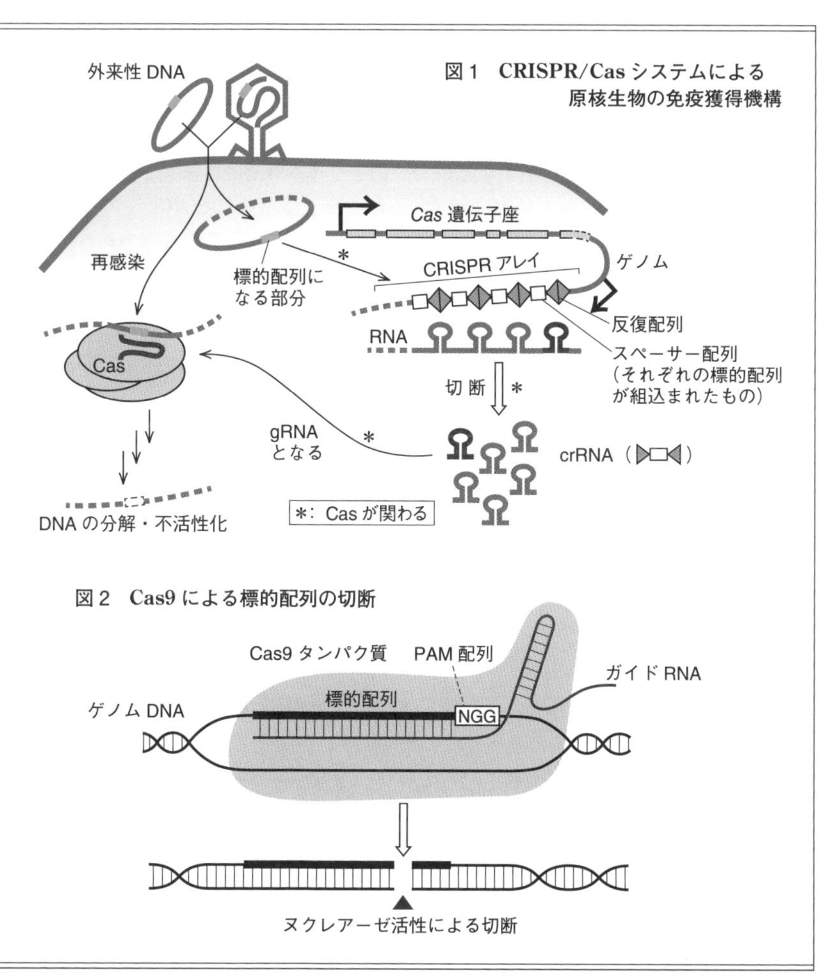

コラム36

二本鎖切断しないゲノム編集

ゲノム編集のポイントはゲノム特定部位の二本鎖切断であるが，そのきっかけはゲノム特定部位へのアクセスである．ゲノム編集ではそこでCas9が働くが，特定部位へアクセスできれば工夫によって切断以外のことも行えるのではと思われる．事実このアイデアに基づき，**二本鎖切断以外のゲノム編集**がいろいろと試みられている．

Cas9を変異させると一方のDNA鎖のみを切断する（ニックを入れる）**ニッカーゼ**をつくることができるが，ニッカーゼにたとえばDNA修復酵素（例：CをUにするシチジンデアミナーゼ）を連結するとニック部位から塩基修復を開始させることができる．さらにCas9のヌクレアーゼ活性を完全に失活させた**dCas9**にいろいろな因子をタグとして連結させ，タグを目的ゲノム/クロマチン部位で働かせてゲノム/クロマチンを修飾し，DNAメチル化，ヒストンマークの書き込み/消去などのエピゲノム修飾ができる．

gRNAやdCas9を**因子集結プラットホーム**にする使い方もある．gRNAに結合できるRNA結合ドメインをもつタンパク質を細胞に発現させ，そのタンパク質に付着するタグをもった作用タンパク質を目的部位で機能させるというアプローチである．さらにこの手法を発展させてdCas9にもタンパク質結合タグを付け，そこに希望する因子を連結させることもできる．これらの分子集積装置をdCas9の周りに集め，たとえばそこで種々の転写制御に関する因子を働かせると，複雑な作用によって進む遺伝子発現制御を特定の遺伝子について行うことができると期待される．

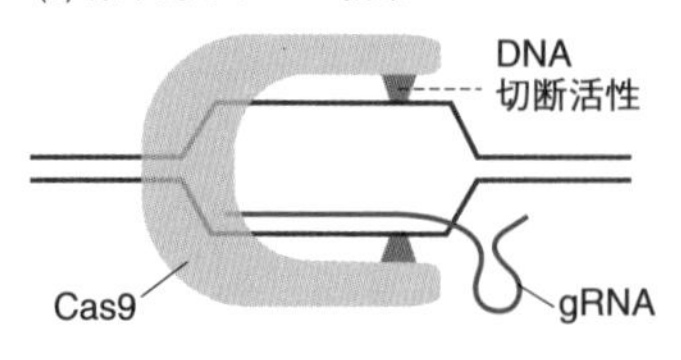

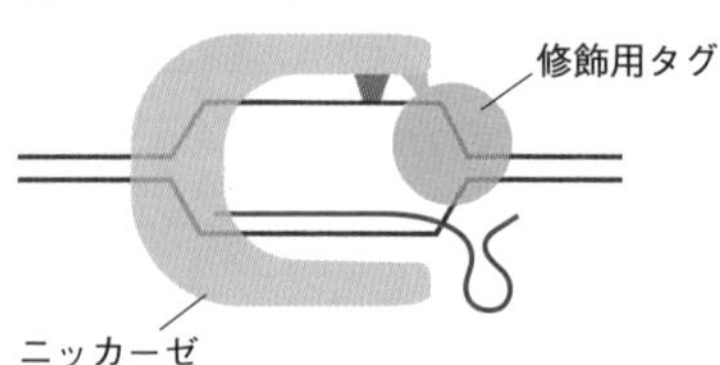

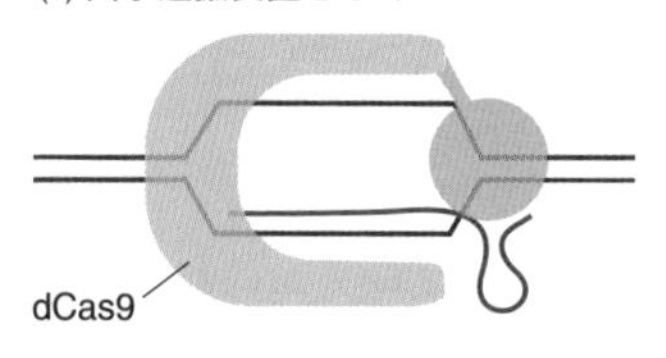

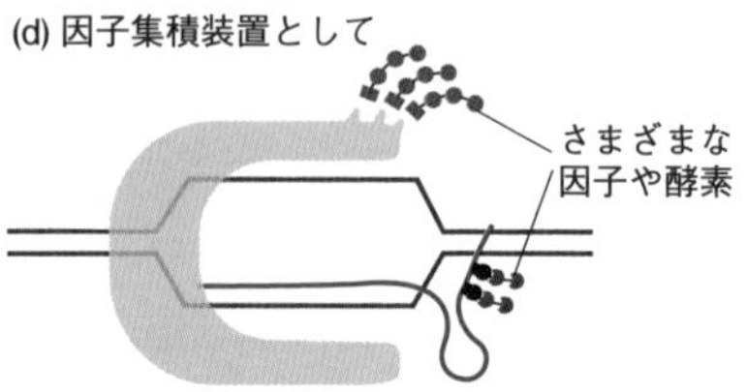

二本鎖切断しないゲノム編集

ガーヌクレアーゼ）はあるDNA配列に結合するタンパク質と***Fok*I**（結合部位と異なる非特異的DNA塩基配列を切断する制限酵素の一種）を融合させた人工ヌクレアーゼである．ただ，融合ZFNの作成が困難なうえ，DNA結合の特異性が厳密でなかったという欠点があった．つづいて発表された**TALEN法**は，ある種の細菌タンパク質にあるTALEというDNA結合領域（1領域で1塩基を認識）を連結したTALENを使う．TALEのアミノ酸の一部を変化させることにより結合する塩基を任意に変えることができ，狙った配列に結合するTALEを連結したTALENをデザインできるので，これを*Fok*Iと融合させる．この方法は比較的容易で成功率も高いが，依然として実験ごとにかなりの労力を必要とする．このような難点をさらに解消し，天然の酵素を使って日常行う実験レベルでゲノム編集が容易にできる画期的な方法が近年登場した．それが**CRISPR/Cas9法（クリスパーキャスナイン法）**で，細菌や古細菌がもつ獲得免疫系に似た細胞防御系の一種であるCRISPR/Casシステムを利用している（コラム35参照）．この方法は，**ガイドRNA（gRNA）**という標的DNAに塩基対結合する20塩基長のRNAを発現させるとともに，標的となったDNAを二本鎖切断する酵素のCas9を同時に発現させてゲノムの特定部分を切断するというものである．

ゲノム編集も，結果の出方や解釈は遺伝子ターゲッティングと基本的には変わらないが，操作の機動性などは比べものにならないほど高く，基本的にすべての生物で使える．しかも受精卵や植物細胞でも行えることから，個体作出も簡単にできるという特徴がある．CRISPR/Cas法は望まない配列が標的になってしまう**オフターゲット率**がまだ高く改良の余地があるものの，ゲノムが短くなるタイプのゲノム編集は遺伝子組換えにあたらないという判断があり，この方法によるゲノム改変の利用例が社会で急速に広がっている（例：GABAを大量につくるトマト）．

CRISPR：Clustered Regulatory Interspaced Short Palindromic Repeat

20
ヒトに関わる技術

20・1 分子生物学的技術の種類

生物学的技術，いわゆる**バイオテクノロジー**には，純粋に化学反応だけを利用するもの（例：バイオリアクター，バイオ燃料電池）から生物集団を環状/生態系の中で働かせるもの（例：天敵を利用する生物農薬，生物による環境浄化）までさまざまなものがあって多様である．このなかの分子生物学的なものには，一部はタン

表20・1 分子生物学に関連があるバイオ技術

対象が物質や反応の場合とその例	
・遺伝子工学	遺伝子工学，ゲノム構造解析，RNA発現解析，PCR，核酸合成，クロマチン構造解析
・タンパク質工学	タンパク質の分離と配列解析，精製，高次構造解析
・その他	バイオコンピュータ，バイオインフォマティクス
細胞・組織・個体を対象にするものとその例	
・保存/培養技術	冷凍保存（細胞，受精卵，個体），細胞培養（例：種々の細胞，ES細胞），器官培養
・細胞工学	核除去，核移植，細胞融合，核融合
・発生工学	初期胚操作，クローン動物，生殖工学，キメラ動物
・再生(組織)工学	幹細胞工学，臓器作成/オルガノイド，移植工学，生物工場
・ゲノム工学	トランスジェニック（遺伝子導入）個体，遺伝子ターゲッティング，ゲノム編集
・植物を対象に	カルス培養，カルスの分化と個体作出，遺伝子育種
・ヒトを対象に	核酸医薬，抗体医薬/分子標的薬，遺伝子治療，核酸ワクチン，再生医療

メモ20・1　**クローン動物**

遺伝的に同一の個体である**クローン**のうち，卵割のごく初期に離れた割球から個体になったものを**受精卵クローン**（例：一卵性双生児）という．これに対し，成体の分化した体細胞の核を未受精卵に移植してつくったクローンは**体細胞クローン**といい，はじめカエルで成功し，その後哺乳動物でも成功している（例：クローンヒツジのドリー）．体細胞クローンの成功により，分化した体細胞がもつゲノムの完全性/健全性が証明された．

パク質を扱う技術も含まれるが，大部分は遺伝子工学とよばれる核酸を中心とした操作それ自体と，その応用，すなわちそれを細胞や個体に利用した物質産生，検査，個体の改良/作出，ヒトの場合は治療などがある．後者の遺伝子工学の応用には，細胞工学，発生工学，組織工学/再生工学などの分野に及ぶものがあり，いくつかはすでに実用化されている．

20・2　再生医療とiPS細胞

a．ES細胞から始まった再生医療　病気やケガで失われた組織や器官を取戻すために，幹細胞をもとに *in vitro* で分化処理して作成した組織や器官を人体に移植する医療を**再生医療**という．再生医療は開発・研究が進んでおり，日本でもいくつかの疾患（例：パーキンソン病，脊髄損傷，加齢黄斑変性，重症心筋症）に関して臨床研究が実施され，良好な結果も得られている．

再生医療が始まるきっかけとして，ヒトの**ES細胞**（**胚性幹細胞**）をつくれるようになったことがある．ES細胞には**多分化能**があり，*in vitro* の分化処理（例：培養条件の変化，試薬の添加）で多様な細胞に分化させることができる．ただしES細胞を使う再生医療には，ヒトの萌芽である卵や胚を消費するので“命を奪う”などといわれる倫理的問題，また基本的に“他人”の細胞を移植することに起因する拒絶反応などの懸念もある．

b．iPS細胞の樹立　ES細胞には前述のような懸念があり，その払拭が模索されていたが，これを打破したのが**山中伸弥**らによる**iPS細胞**（**人工多能性幹細胞**）の樹立である（2012年ノーベル生理学・医学賞受賞）．作成に使う細胞は成体の分化した体細胞で，この細胞のゲノムに未分化状態を維持する遺伝子と細胞増殖に関わる遺伝子，いわゆる**山中4因子**（*Klf4*，*c-Myc*，*Oct3/4*，*Sox2*）を導入し，遺伝

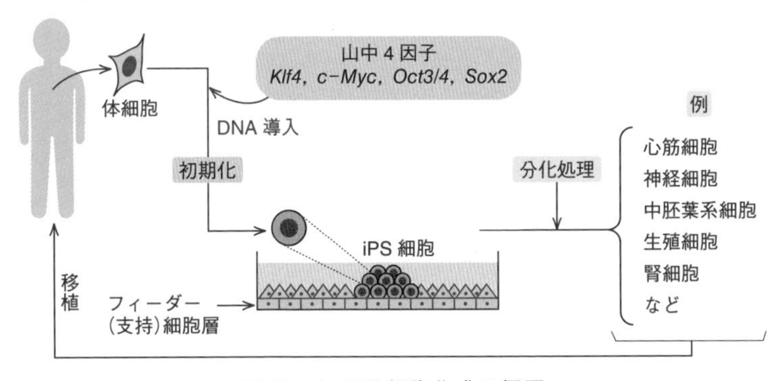

図20・1　iPS細胞作成の概要

メモ 20・2　**再生医療に関する普遍的な問題点**

幹細胞をそのまま移植するとがんになるため，再生医療では分化細胞の純化は必須である．また，培養の過程でウイルスなどの感染体が混入する恐れもある．他に，技術的限界によって希望する組織や器官が得られない場合もありうるし，当初よりは安価になったとはいえ，気楽にできる治療法でないことには変わりない．

子を発現させて増殖能をもつ未分化細胞に変換させる（図 20・1）．この措置を**初期化**といい，初期化された iPS 細胞は ES 細胞と同様に，分化処理で多様な細胞に変換させることができる．この方法のポイントは，望めば被移植者（**レシピエント**）自身が細胞供給者（**ドナー**）になって iPS 細胞をつくることができるので拒絶反応を考えなくてよいことである．他方，*c-Myc* 遺伝子はある種のがんで高発現するがん原遺伝子であり，それを懸念材料にあげる研究者もいる（ただし，今まで *c-Myc* が働いてがんが発症したという話はない）．

c. 現在の状況　iPS 細胞を最初の初期化から，純化→分化→純化→組織化と進めて移植に使えるまでにはかなりの時間を要し，個人使用ともなれば費用も相当な額になるため，一般的医療にはなりがたいという懸念がある．そのための対応策として，ある程度の**拒絶反応**は薬剤で抑えられるので，あらかじめ多数の HLA 型の iPS 細胞ストックを用意しておき，**HLA タイプ**の近いもので分化処理を使うという現実的な対応がとられるようになっている．ただ，使える細胞の型であれば，iPS 細胞より ES 細胞の方が適しているのかもしれない．

iPS 細胞には移植以外の使い道もある．このうちの**疾患 iPS 細胞**は，遺伝的素因の強い疾患をもつヒトから作成した iPS 細胞に薬剤を試し，その効果を検討しようとするもので，個体を介さずに薬効を評価できるメリットがある．

再生医療の最終関門は理想とする形態や機能をもつ組織や器官を得ることであるが，現状ではシート状に増やした移植片などをレシピエントの患部に貼り付けると

メモ 20・3　**動 物 工 場**

移植医療のアプローチの一つに，動物の臓器を使う**動物工場**という方法があり，ブタなどが使われる．むろんそのまま移植はできず，対処例として動物を遺伝子操作して HLA をヒト型に近づけるという方法があり，海外では 2022 年，心臓移植の臨床試験が実施された．いくつか問題点はあるものの，臓器不足の状況下では有望な技術になるかもしれない．臓器移植に使う臓器を保存できないことが移植医療のネックになっているので，上記の場合とは別に，免疫能を欠損させた動物にヒトの臓器を保存し，成長させるというアイデアもある．

いう使い方が大部分で，三次元的構造や機能をもつ器官の移植までにはもう少し時間がかかりそうである．現在，分化細胞を自主的に組織化させる技術開発が急ピッチに進められており，*in vitro* で腎単位（ネフロン）をつくらせたり，複数の分化細胞から肝臓−膵臓−胆嚢という集合体を模した構造をつくらせたなどの報告がある．このような模擬器官は**オルガノイド**といわれ，進展が望まれている．

20・3 医学と生命情報

医学や医療は分子生物学，とりわけ**生命情報**が最も普及し必要とされる領域であるが，状況はゲノム情報解析の前と後ではずいぶん変わった．医学・医療では病気の診断，治療に加えて予防も行われる．かつて診断は限定的な診察に基づき，医療者の能力や判断や経験の範囲で行われていたが，近代に入ると，おもに生化学検査や臓器機能検査の結果に基づいて行われるようになった．しかし，これは精密な医療という観点からはまだ不完全なものである．そもそもほとんどの疾患は大なり小なり個別の遺伝子あるいは遺伝子群によって影響を受けているため，疾患の本質を遺伝情報なしに完全に理解することはかなり難しい．ゲノム以前，疾患の遺伝的要因は“体質”という漠とした言葉で表現されていたが，ゲノム以降の現在，それは大きく変わろうとしている．

今やゲノムは簡単に解読でき，ゲノム情報を中心とする生命情報が医療・医学の根底に置かれることは疑う余地がない．とりわけこのアプローチは糖尿病などの代謝関連疾患や生活習慣病などに代表される**多因子疾患**では重要である（表 20・2）．ゲノム医療は**精密医療**，**オーダーメイド医療**（**テーラーメイド医療**）という最新の

表 20・2 多因子疾患のいろいろ

分類	例
生活習慣の要素の大きいもの	
循環器	脳出血，脳梗塞，心筋梗塞
がん	肺扁平上皮がん，大腸がん
代謝関連	2 型糖尿病，肥満，痛風，メタボリックシンドローム，脂質異常症
その他	歯周病，白内障，骨粗しょう症
遺伝子要素の大きいもの	
免疫関連	喘息，アレルギー，自己免疫病
内分泌関連	成長障害
精神・神経関連	躁うつ病，認知症，自閉症
その他	クローン病，川崎病

医療にとっても必須である．このような医療を達成するため，究極的には**ゲノムワイド関連解析**（**GWAS**）が必要となるが，現在でもすでに正確な診断をつけるために細胞検査や病原体検査などが遺伝子レベルで行われ，詳細な疾患タイピングが実施されている．これまで経験と試行錯誤で決められていた抗がん剤の選択も，ゲノム情報から即座に結論が導かれるようになるだろう．そこには当然AIの導入もあるだろうし，こうした取組みはIT化されることによってデータの共有が可能になり，無駄を省いた効率的医療が進むと期待される．

20・4 遺伝子治療

a. 遺伝子治療とは　遺伝子やDNAを用いて疾患を治療する医療を**遺伝子治療**あるいは**遺伝子療法**といい，狭義には遺伝子を細胞中で一定期間働かせて細胞の性質を安定的に変化させる使い方をいう．この場合の“治療”には，欠陥遺伝子の修復と遺伝子を補填して欠陥細胞を正常に戻すという二つの意味があるが，現在のほとんどの使い方は後者である．前者は**ゲノム編集**によって理論的には可能になってきたものの，効率の悪さや望まない部位が影響を受けるオフターゲットの問題もあり，まだ実用化の段階には達していない．生殖系列細胞〜配偶子〜胚で処置すれば，誕生する個体の根源的治療が望めるものの，倫理的理由などによってその実施は厳しく制限されている．

b. 遺伝子導入　遺伝子の導入法として，体外に取出せるリンパ球などはいったん取出して遺伝子を導入し，それを体内に戻す**体外法**（***ex vivo*** **法**）がよく使われる（図20・2）．取出せない組織や臓器の場合は，直接遺伝子を導入する体内法（*in vivo* 法）がとられる．実際の遺伝子導入では導入効率の高い増殖欠損型ウイルスベクター［例：**レトロウイルス**や**レンチウイルス**，**アデノウイルス**や**アデノ随伴ウイルス**（**AAV**）］に組込ませて感染させることが多いが，物理的方法（電子銃や電

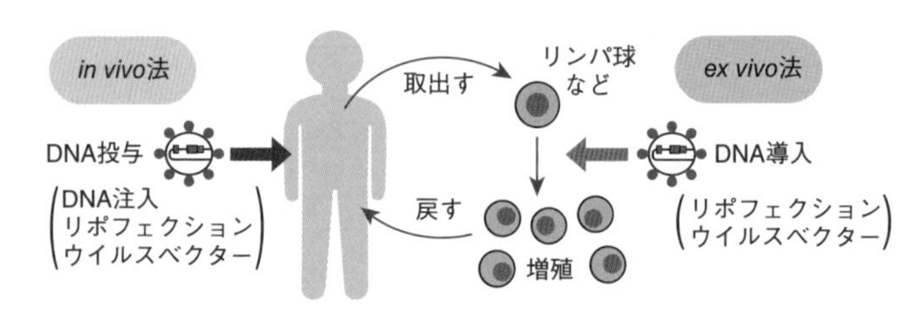

図20・2 遺伝子治療でのDNA導入法

GWAS: genome-wide association study

気穿孔法など）や化学的方法（リポフェクション法など）もあり，トランスポゾンベクターも検討されている．導入遺伝子の恒常的発現を狙う場合は，遺伝子をゲノムに組込むことができるレトロウイルス，レンチウイルス，AAV などのウイルスベクター（この順に組込コピー数が少ない）が使われ，非特異的組込みは**ゲノム撹乱**による発がんの可能性もあるので，組込ませない工夫もある．

c. 実 施 例 遺伝子治療は最初，**重症複合型免疫不全症**（**SCID**）の原因遺伝子でリンパ球での作用が特に必要な **ADA 欠損症**（**アデノシンデアミナーゼ欠損症**）で行われたが，現在ではがんがおもな対象になっている（表 20・3）．がんの場合はがん抑制遺伝子が使われることが多い．遺伝子治療はかつて不完全なベクターの使用によるがん化などの事故もあったが，その後は安全・安定に使用されており，現在では最新の **CAR-T 細胞療法**なども含めて実施例が増えている．いずれの場合も使用遺伝子は標準的にはタンパク質をコードする cDNA が使われる．**細胞溶解性ウイルス**（例：単純ヘルペスウイルス，アデノウイルス）によるがん細胞

表 20・3 これまでに実施された遺伝子治療の例

疾患カテゴリー	例あるいは導入遺伝子
が ん	主要組織適合抗原，自殺遺伝子，がん抑制遺伝子（*p53* など）
単一遺伝子疾患	SCID における ADA 遺伝子 血液凝固 IX 因子
感染症	エイズ
その他	リウマチ，アテローム硬化症，パーキンソン病

メモ 20・4

CAR-T 細胞

CAR（**キメラ抗原受容体**）は免疫グロブリン軽鎖と重鎖の可変部を一本鎖とし，そこに抗原刺激を細胞に伝える T 細胞受容体のシグナル伝達部をつなげたキメラ分子である．**CAR-T 細胞**の作出ではまず T 細胞を単離し，活性化後に遺伝子を導入し，培養・増幅後に体内に戻す *ex vivo* 法がとられる．現在よく使われる抗原は，B 細胞性造血器腫瘍細胞特異的に広く発現する CD19 である．

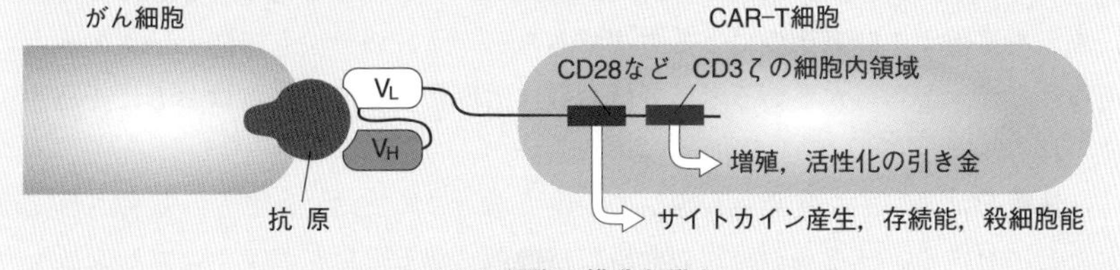

CAR-T 細胞の構造と働き

死滅，**RNA 干渉**による遺伝子ノックダウン，**DNA ワクチン**（後述）による免疫賦活化といった手法も，広い意味では遺伝子療法である．

コラム 37

ファージ療法？

細胞溶解性ウイルスの話題が出たので，ここでファージ療法について解説しておこう．第二次世界大戦後，多様な**抗生物質**の登場により感染症による重症化例は大幅に減り，医療に革命的改善がもたらされた．しかしその後**耐性菌**の事例が増え，最近では多数の抗生物質への耐性を一挙に獲得する**多剤耐性菌**も多くみられるようになり，治療を困難にする例が無視できないほど増えている（第 11 章コラム 18）．今では新規作用機序をもつ抗生物質はほとんど発見されず，あと 30 年もすると感染症が死因の 1 位になるのではと憂慮されている．

この状況を打破する手段として，細菌をその天敵である**バクテリオファージ**（ファージ）で駆逐する**ファージ療法**という着想があり，上述のような抗生物質耐性の問題もあるため，製薬会社のなかには開発を考えているところが出てきている．この着想は抗生物質以前にも検討されたことがあったが，細菌がファージ耐性になりやすく，抗生物質の発見もあったため，開発はじきに中断されてしまった．しかし旧東側諸国では西側の抗生物質が思うように使えなかったこともあってその後も開発が続き，今もいくつかの国ではファージが薬として使われているそうである．病原菌はじきにファージ耐性を獲得するようになるが，一種の細菌に感染できるファージは膨大な種類存在しており，一つの細菌が耐性を獲得してもファージが異なれば新規の薬となりうるため耐性はあまり問題にならないとされる．天然のファージは薬の特許にはなりにくいが，組換えファージは特許化しやすいので，製薬会社が腰を上げる可能性がある．

20・5 抗体医薬

医療における免疫能の利用法には二つの方向性がある．一つはすでにある免疫担当物質/細胞を接種する**受動免疫**による方法で，もう一つは免疫力をもたせるために抗原を接種する**能動免疫**による方法である．いずれの方法も予防と治療の両方に使われるが，どちらかというと前者はおもに治療薬として，後者はおもに予防的に使われる．

抗体医薬は典型的な受動免疫療法の手段である．歴史的にみると，接種された毒素などに対する抗体を含む動物の血清（**抗血清**．あるいは精製 γ グロブリン）を利用する**血清療法**が最初の例で，その後マウスの**ハイブリドーマ**を利用して産生された**単クローン抗体**が使われるようになった．ただ，この抗体は異種動物タンパク質であるために毒性があり，その後抗体の可変部を残して他をヒト型にしたキメラ抗体，超可変部位を残してヒト型にしたヒト化抗体，そして完全にヒト型に変化させたヒト抗体がつくられて毒性が軽減された．作成でも**ファージディスプレイ法**や遺伝子組換えタンパク質による方法が使われている．

抗体医薬はタンパク質性の**分子標的薬**の典型的なもので，その使い方は細胞をじかに攻撃させる方法のほか，化学薬剤を結合させそれを抗原が発現する標的細胞に届ける**薬剤送達**の道具として使用する**ミサイル療法**（**薬剤ミサイル療法**）もある（図 20・3）．薬剤にはメトトレキサートやネオカルチノスタチンなどの細胞毒が使われるが，放射性物質を使う場合もある．最近実用化された**光免疫療法**は，近赤外光で活性化する薬剤を抗体に結合させ，投与後に患部に光を当てて細胞を殺す方法である．本庶 佑らが発見した免疫チェックポイント因子 **PD-1** に対する抗体"オプジーボ"は近年の特筆すべき成功例となっている（2018 年ノーベル生理学・医学賞受賞）．現在では，複数の抗原結合部位をもつ二重特異抗体や多価抗体，抗体断片からなる小型抗体なども開発されている．

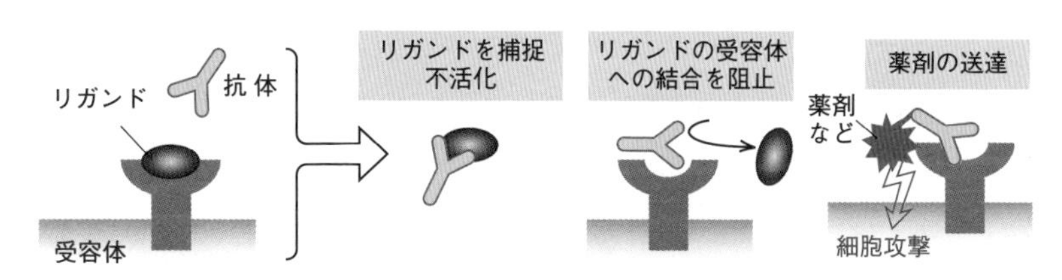

図 20・3 抗体医薬の使い方

メモ 20・5

RNA 抗 体

RNA 抗体はタンパク質の抗体に代わり，**アプタマー活性**を用いて RNA を特異的分子に結合させる使い方で，核酸医薬の一種である（§20・7 参照）．

20・6 ワ ク チ ン

接種することで体内で抗体をつくらせるための抗原を**ワクチン**といい，ワクチン接種（おもに予防的に使うので**予防接種**ともいう）は特効的な薬物療法が乏しいウイルス感染を中心とする**感染症**において，感染や発症を阻止したり増殖を抑制するための数少ない有効手段の一つである．ワクチンには，古典的には増殖能のある弱毒性/非病原性の病原体を使う**生ワクチン**（例：はしか，風疹），不活化した病原体を使う**不活化ワクチン**（例：インフルエンザ，日本脳炎），病原体の特性の成分を使う**成分ワクチン**（例：肺炎球菌，ヒトパピローマウイルス），そして無毒化した毒素成分である**トキソイド**（例：百日ぜき，破傷風）がある．成分ワクチンのなかには遺伝子組換えタンパク質を使う場合もある（組換えワクチン）．生ワクチンは抗原の持続期間が長く，免疫記憶をもつリンパ球も関わるなどの理由により，多くの場合，抗体産生期間は長期に及ぶ．

2020～2021年にかけて，**新型コロナウイルス感染症**（**COVID-19**）の世界的流行を受け，抗原タンパク質をコードするmRNAを使った**mRNAワクチン**が初めて使われた．mRNAワクチンは核酸ワクチンの一種で，非常に高い抗体産生能が得られる．mRNAは細胞内での寿命が短く大量の接種が必要なため，複製能を付加させた（→mRNA自身を複製させるRNA依存RNAポリメラーゼのコード配列も含めた）**レプリコンワクチン**の開発も行われている．抗原タンパク質遺伝子のDNAを接種する**DNAワクチン**のうち，プラスミドベクターを利用するものはプラスミドワクチンという．DNAワクチンの中でも核酸をウイルスベクター（例：アデノウイルスベクター）に組込んだものはウイルスベクターワクチンといい，エボラ出血熱で使用された．**核酸ワクチン**は接種後に細胞に取込まれて抗原タンパク質を生産し，それが実際の抗原として作用すると考えられる．核酸ワクチンは広義には核酸医薬に含まれ，DNAワクチンは遺伝子治療薬に似た意味合いをもつ．

表20・4　ワクチンの種類

接種抗原別 ワクチンの種類	種　別	内容・特徴
全病原体ワクチン （全粒子ワクチン）	生ワクチン	増殖能のある弱毒性病原体 長期に免疫が成立
	不活化ワクチン	不活化した病原体
成分ワクチン	古典的成分ワクチン	精製した病原体成分
	組換えワクチン	DNA組換えで作成
	その他	ウイルス様粒子，ナノパーティクル
トキソイド	トキソイドワクチン	無毒化した毒素
核酸ワクチン	mRNAワクチン （レプリコンワクチンも含む）	細胞内でタンパク質をつくらせる 抗原タンパク質のmRNAをそのまま使用
	DNAワクチン ・DNAをそのまま使用 ・ウイルスベクターワクチン ・プラスミドワクチン	DNAが細胞内で転写されて，mRNA→タンパク質がつくられる

20・7 核 酸 医 薬

新しい機序に基づく創薬が頭打ちになっている現在，**核酸医薬**が新しい**創薬モダリティ**（創薬の手段，戦略）として注目されている．核酸，たとえばRNAには，タンパク質鋳型となる以外に第13章で述べたような遺伝子抑制能，酵素（リボザイム）活性，塩基対結合能や物質結合能を介したさまざまな生理活性があり，さらにDNAにも配列特異的タンパク質結合能をもつものがある．このような観点から，核酸は有効な薬になると期待される．

核酸は薬剤に適した点がいくつかある．導入法を工夫すると小さな核酸はもちろん，mRNAのような巨大なものも細胞に効率よく導入できる（例：mRNAワクチン．§20・6）．さらに核酸自身は抗原になりにくく，修飾核酸も含めて合成が簡単である．核酸とりわけRNAは細胞内や血中で分解されやすいが，化学修飾により安定性を高めることができる．表20・5に核酸医薬の種類をまとめた．使い方のうち，mRNAは翻訳の鋳型として，そして他の多くの**機能性RNA**は第13章で述べたような働き方が利用される．**アンチセンスオリゴ**はおもに標的RNA分解の目的で使われ，DNA配列とアニーリングするRNA部分をRNアーゼHで分解・切断させる．**デコイ**（おとり）は二本鎖DNAオリゴの使い方の一つで，転写制御因子結合によってその因子の実効濃度を下げ，転写効率を修飾する．

核酸の成体内での使用では，培養条件とは別の課題がある．薬剤は腎臓から速やかに排泄されるが，これに対抗するには薬剤をナノ粒子に埋め込んだり表面に集合

表20・5 核酸医薬の種類（開発中のものも含む）

種類	構造	塩基(対)長	標的	作用，用法
アンチセンスオリゴ●	ssRNA/DNA	8〜30	mRNA，miRNAなど	RNA分解，miRNA阻害，スプライシング修飾
siRNA●	dsRNA	21〜23	mRNA	mRNA分解
miRNA	dsRNA	〜20	mRNA	翻訳阻害，miRNA補充
デコイ	dsDNA	〜20	DNA結合タンパク質	結合，捕捉，転写阻害
アプタマー●	ssRNA/DNA ds核酸	30〜40	タンパク質(細胞外)	結合，機能障害
CpGオリゴ	ssDNA	〜20	受容体(TLR9)など	自然免疫活性化
mRNA	ssRNA	〜100K	翻訳系	翻訳鋳型，mRNAワクチン●
lncRNA	ssRNA	〜100K	ゲノム(クロマチン)	遺伝子発現制御
リボザイム	ssRNA	〜50	種々のRNA	RNA切断

●日本で承認されているもの（2022年6月現在）

させるなどの粒子化の措置がとられ，たとえばポリエチレングリコールなどを核酸に共有結合させると血中での安定性が増す．細胞搬入効率を高めるには分子サイズを小さくする方法もあり，細胞表面に豊富に存在する受容体に対するリガンドを核酸に結合させる**コンジュゲート核酸**という使い方がある．毒性軽減も重要な課題であり，核酸が意図しない配列と塩基対結合する**オフターゲット効果**には特に注意する必要がある．

おわりに

分子生物学を学ぶ初学者のためにと本書をつくり，今回，版を重ねて第5版となった．分子生物学は現代生活になくてはならない教養の一つとなっているが，読者諸氏が本書を読み終え，分子生物学がなぜ必要なのか，そのアウトラインをおぼろげでも理解していただければ，本書は十分にその目的を果たしたと考えている．生物学に縁遠い読者にとってはいささか難解な部分もあったかもしれないが，生物の本質と分子生物学の骨格は理解できたのではないだろうか．これから生物学を究めようとする諸氏にとっては，いくぶんものたりないものであったかもしれない．しかし，これまでの知識を整理し，本格的な分子生物学を学ぶ基礎づくりに役立ったならば幸せである．これを機に分子生物学に対する理解と興味をさらに深めていただければと切に願う．

索　　引

あ　行

か 行

さ　行

た 行

な　行

は　行

ま　行

や　行

ら～わ　行

田村隆明（たむら たかあき）

1952年 秋田県に生まれる
1974年 北里大学衛生学部 卒
1976年 香川大学大学院農学研究科修士課程 修了
1993年～2017年 千葉大学大学院理学研究科 教授
専攻 分子生物学
医学博士（慶應義塾大学）

村松正實（むらまつ まさみ）

1931年 北海道に生まれる
1955年 東京大学医学部 卒
1960年 東京大学大学院医学系研究科 修了
埼玉医科大学ゲノム医学研究センター 名誉所長
東京大学名誉教授
専攻 分子生物学, ゲノム医学
医学博士

基礎分子生物学（第5版）

第1版 第1刷 1997年3月13日 発行
第2版 第1刷 2002年2月1日 発行
第3版 第1刷 2007年9月3日 発行
第4版 第1刷 2016年12月1日 発行
第5版 第1刷 2024年3月21日 発行

著者 田村隆明
村松正實
発行者 石田勝彦
発行 株式会社東京化学同人
東京都文京区千石3丁目36-7（〒112-0011）
電話 03-3946-5311・FAX 03-3946-5317
URL: https://www.tkd-pbl.com/

印刷・製本 新日本印刷株式会社

ISBN 978-4-8079-2058-7
Printed in Japan

立体構造動画について

本書では，理解をより深めるために，下記の立体構造動画を提供しています．

パスワード： mb2024

←QRコード*を読み取り，パスワードを入力すると動画の一覧が表示されます．再生したい動画をクリックしてご覧ください．

＊ QRコードは株式会社デンソーウェーブの登録商標です

No.	内　容	ページ	図表番号	PDB ID
1	**DNA二重らせん**	p.25	図3・5	1BNA
2	**DNA塩基対**	p.25	図3・4〜5	1BNA
3	**20種類のアミノ酸**	p.38	表4・1	理論モデル
4	**アミノ酸の構造**	p.39	図4・1	理論モデル
5	**タンパク質の二次構造**	p.41	図4・4	3ADK
6	**タンパク質の高次構造**	p.42	図4・6	1RNU
7	**プロテアソーム**	p.48	4章コラム9	4CR2
8	**DNA合成(ヌクレオチドの取込み)**	p.57	図5・4	3E0D
9	**DNA合成(ポリメラーゼ複合体)**	p.62	図5・9	5FKW
10	**チミン二量体**	p.74	図6・3	1TTD, 1COC
11	**RNA合成**	p.92	図8・3	5XON, 5XOG
12	**アミノアシルtRNAシンテターゼ**	p.118	図10・4〜5	1ZJW
13	**ヌクレオソーム**	p.169	図14・1	1AOI
14	**Gタンパク質共役型受容体**	p.190	図16・5	3SN6

［動画一覧URL：https://vimeo.com/showcase/10709245］

なお，動画のある図表には，各動画の番号を示すアイコン 1 とQRコードを付記しています．それぞれのQRコードを読み取り，同様のパスワード［**mb2024**（全動画共通）］を入力すると，個別に動画をご覧いただけます．

各動画は，タンパク質やDNAの立体構造を表示・解析するソフトウェアWaals（ワールス，https://www.altif-labs.com/site/Waals.html）を使用して制作しました．立体構造データはProtein Data Bank（PDB）より取得しました．

［制作協力：株式会社アルティフ・ラボラトリーズ］